设计史论丛书

李砚祖 主编

Industrial Design History

工业设计史

于清华 编著

中国建筑工业出版社

序言

人类的历史可以说是一部为了生存不断生产、不断造物的历史。从最初的制造木石一类的工具开始，到形成初期的手工业后，人类的造物进入了一个长达数千年的手工业历史阶段。在这个历史阶段中，人们边想边做，边做边想，创造出了无数实用的工具、用具，无数精美的器物和人生活所需要的一切用品；也形成了独特的手工业文明，并为新的文明奠定了基础和开辟了道路，迎来了人类生产的新纪元——工业革命和大机器生产时代。工业设计史正是以此为源头而书写的。

在现代设计史上，设计史学家把英国的手工艺艺术运动（亦称作工艺美术运动）作为现代设计的开篇，把威廉·莫里斯作为现代设计之父。英国的工艺美术运动距18世纪的工业革命已经百余年了，也就是说经过了百余年的大机器生产的洗礼，人们才自觉地发现和运用设计的方法来提升工业产品的品质尤其是造型的质量，以及将造型与其他功能、价值、使用者联系起来。工业设计是工业生产的自觉，是工业技术与艺术结合于生产的需要，是生产与市场与使用的桥梁，现代设计是工业革命后的一次新生产的革命和进步，是工业迈向艺术化生产的工具与方法。今天，设计与工业生产已经结成不可分离的关系，工业设计成为工业生产的前导，因而，一部工业生产史无疑也可以视作一部工业设计史。但就从设计而言，自人类开始手工劳作以来，就有设计行为即设计的发生。手工业时代的设计与大工业时代的设计是不一样的。

设计史的研究与书写，是人类对自身设计发展过程的总结与梳理，是总结经验、启迪来者即继往开来的需要。在职业化的设计教育普及的今天，设计史的教与学已经成为设计教育的不可或缺的内容。在中国，设计史的教与学不外乎中外两方面，即中国设计史与外国设计史，现在，外国设计史除外国学者著作的译介外，中国学者编著的此类著作和教材日益增多，早在20世纪80年代，国内设计史的教学与研究已经有一定规模，有影响的设计史著作如王受之先生的《世界现代设计史》，90年代初何人可先生的《工业设计史》，朱铭、荆雷先生的《设计史》以及高丰先生的《中国设计史》，赵农先生《中国艺术设计史》等；通过设计史的教学，普及设计史的知识，使学生了解中外设计史的发展过程，了解设计史上的重要人物、作品以及设计思潮、设计方法、设计思想等诸多内容。近年的设计史著作如朱怡芳、宋炀编著的《中外设计简史》，李砚祖、王春雨编著的《室内设计史》等。

于清华的这本《工业设计史》，可以说为设计史的研究和著述增添了中国学者的又一力作，这是于清华十年磨一剑的产物。她本人学设计出身，又长期从事工业设计的教学工作，对设计史和设计理论研究充满兴趣，并有深刻的体会和认知，这本设计史的著述，对于众多设计的学子和创业者而言，应是一部极好的专业读物。

当然，就中国目前设计史的研究和著述的整体情况看，我们还处于初步阶段，主要在于资料的收集、整理、叙述。即使是中国设计史的著述与研究，不仅量少而且基本上处于工艺美术史的框架内，朱铭先生在《设计史》的开篇中认为作为"史"的研究，重要问题是分期问题。这实际上仍然是基于工艺美术史研究的路数所进行的思考。就目前所见到的中国设计史方面的著述而言，可以说中国还没有一部真正意义上的设计史。而对于外国设计史的研究与著述，主要沿袭的西方早期设计史研究的路子和成果。但近十余年来，西方设计史的著述与研究无论从理论到方法都发生着巨大的变化，西方设计史学者基于西方史学甚至是人文学科的发展，不断反思设计史的著述与研究思路与方法，不断探索和更新自己的史学观和方法论。如英国学者黑兹尔·康威编著的《设计史》，简直就是一本设计史认知与写作方法的探讨书。最近，挪威学者谢尔提·法兰编著的《设计史：理解理论与方法》更是一本全面反映西方设计史学界对设计史进行反思的著述。是书认为，西方设计史的著述从一般艺术史的阴影下走出，逐渐还原自身，并不断从集中于经典作品和设计大师的"英雄史诗"的书写状态走向设计文化史的表述与研究。其理论自觉是其关键。因此，我亦希望于清华君在完成这本设计史的写作后，可以进一步思考法兰提出的一些问题，也希望中国治设计史的学者关注这些问题，以期把中国设计史的著述和研究推向一个新的阶段，取得新的成就。

李砚祖

2017 年 2 月于清华大学

前言

　　"对设计理解的第一语境就是历史。设计必须被放置在承认设计史的多样性的基础上才能加以理解。"[1] 设计史是设计研究的基础,对设计实践的理解要依赖历史性和社会性的观点。工业设计史是研究工业设计的历史、理论和实践三者之间关系的学科,是学习工业设计的理论基础。对工业设计史的正确、全面理解,有助于深入了解设计实践活动,了解设计的哲学观、美学观、方法论以及设计的社会职责等问题。

　　1. 本书的写作模式

　　(1) 注重对设计作品的评述,避免以知名设计师为主线的写作模式,这是艺术史的写作方式。知名艺术家成为艺术史中的"神化"和"主题"。在设计史的写作中要更注重设计作品的风格脉络,注重技术、生产、消费对设计的影响,将产品作为社会和历史环境中的产物进行分析。

　　(2) 以设计史发生的时间为主线,介绍 1750 年至 2010 年间工业设计的历史和理论。

　　(3) 注重对历史性的、方法论上的批评与自我反省。关注设计现象背后的社会、哲学和美学关系。

　　2. 本书关注的几个焦点

　　1) 现代主义

　　现代主义的历史曾经是建筑的历史,现代主义从建筑设计肇始逐渐辐射到其他设计领域。工业设计始于现代主义,现代主义的方法论和意识形态影响着工业设计的走向。现代主义将工业制造、技术和消费三者联结起来,这是工业设计产生的基

1　(美) 维克多·马格林 . 设计问题——历史·理论·批评 [M]. 柳沙,张朵朵
　　等译 . 北京:中国建筑工业出版社,2010:210.

础。工业设计是以工业制造为根基的，具有技术创新背景的设计模式，与消费主义有着紧密的联系。

2）各种设计风格和潮流

工业设计史也是各种风格和潮流的历史，经济发展到一定阶段，就必然伴随着设计艺术的勃兴。在经济和社会发展的推动下，不断出现各种设计风潮，这种风潮是特定时期物质文化和精神文化的物化体现。

3）工业设计与社会、文化、经济和技术的关系

工业设计作为特定社会与文化关系的传承与体现，受到一定历史环境的制约，经济和技术的发展都会带来设计的变革。工业设计是社会价值、文化价值、群体价值和经济价值的再现。透过工业产品可以追溯到特定时期的社会和文化环境，经济和技术的发展脉络，工业产品也为我们研究历史提供了实体样本。

4）当代工业设计史

当代社会被称为后工业社会或信息社会，是以信息技术的广泛应用为基础的新型社会模式。当代工业设计史也是信息技术发展史的体现，技术性因素导致了工业设计方式和手段的变化。由计算机辅助设计引发的变革给工业设计带来了深远的影响。当代工业设计史还是一部当代时尚潮流和文化的历史，在形形色色的产品和设计现象的背后，是技术、文化、经济和社会关系的交织融汇。厘清当代工业设计史可以把握时代前沿的发展脉络，在提升设计欣赏水准的同时，对多方面的知识融会贯通，真正了解工业设计在社会、经济和文化发展中的地位和作用。

目 录

第三篇　1866～1910 年的工业设计

第 4 章　工业革命与设计

第 5 章　设计革新

第四篇　1911～1944 年的工业设计

第 6 章　现代主义设计

第六篇 1990～2013年的工业设计

第11章 发达国家工业设计的发展

第12章 信息时代的工业设计

参考文献

第一篇　工业设计概述

第1章 绪论

1.1 工业设计的缘起

设计是一门造型艺术，它整合了其他狭义艺术和工艺门类。赫伯特·西蒙在《设计科学》一书中这样界定设计："设计是所有以实用为目的的形式创造活动的共同之处。它提供智力、思想或者构思，'Design'，这个词语的一种解释是思考和计划，即组织各种水平的创造，无论是平面设计、工程设计和工业设计，包括建筑设计或者城市规划的更大型的综合系统的设计"[1]

工业设计是设计中的一个门类，工业设计一词来源于英语"Industrial Design"，在国内曾经被翻译为工业美术设计、产品造型设计、产品设计等，近年统称为"工业设计"。工业设计是以现代工业化生产为基础的新兴实用学科，工业设计的产生具有深刻的技术背景和社会背景，技术的进步和社会的变革都会影响工业设计的发展。

工业设计的历史和技术的发展史息息相关，伴随着大机械化生产方式的出现，工业设计逐渐产生、发展并自我完善着。如今工业设计已经走过近百年的历程，在这百年的时间里，随着技术的发展和社会的进步，工业设计的内涵也在不断发展变化着。工业设计完成了从改变丑陋和不安全的产品为目标的设计模式，到人性化设计的转变；完成了从参与产业后期开发，起"装饰"产品的配角，到参与现代企业整体研发过程的转变；完成了由单项分离设计发展到现在的系统设计模式的转变；完成了由主要依靠人工设计制作的方式和手段，过渡到以电脑和全自动制作为主的现代化设计制作流程的转变；完成了由注重统一的、大众化的、大批量的生产为审美标准，过渡到以多款式、多变化、短周期的设计物来满足消费群体个性化需求的转变……

工业社会是物质产品生产和消费的社会，工业设计是针对物质产

1 （美）维克多·马格林. 设计问题——历史·理论·批评 [M]. 柳沙，张朵朵等译. 北京：中国建筑工业出版社，2010：1. 转引自：赫伯特·西蒙著. 设计科学：创造人工物·人工科学 [M].MIT 出版社，1969：55.

品进行批量化生产所进行的设计模式。工业社会物质生产的积累，是工业设计产生的物质基础，工业设计正是物质生产发展到一定阶段的产物。

1.2　工业设计的概念

　　工业设计的概念和内涵也是一个不断发展变化的范畴，随着社会的进步、生产的发展，工业设计的内涵也在不断更新着。关于工业设计的定义，国际工业设计联合会 ICSID（International Council of Societies of Industrial Design）曾经组织研究人员进行交流，先后给工业设计下过四次定义。国际工业设计联合会成立于 1957 年，其目的在于促进各国工业设计专家进行交流。在 1969 年国际工业设计联合会为工业设计进行了一次完整的界定："工业设计，是一种根据产业状况以决定制作物品之适应特质的创造活动。适应物品特质，不单指物品的结构，而是兼顾使用者和生产者双方的观点，使抽象的概念系统化，完成统一而具体化的物品形象，意即着眼于根本的结构与机能间的相互关系，其根据工业生产的条件扩大了人类环境的局面。"从定义中可以看出，这一时期的工业设计着眼于结构与机能之间关系的研究，没有把使用者的需求放在考虑的首要位置。工业设计还受制于产业现状，在已有技术条件下，进行物品的制造活动，工业设计关注的层面局限在物质产品的设计和生产环节上。

　　国际工业设计联合会在 1969 年的工业设计定义研究的基础上，又在 1980 年举行的第十一次年会上，对工业设计定义进行了修正。修订后的工业设计的定义为："就批量生产的产品而言，凭借训练、技术知识、经验及视觉感受而赋予材料、结构、构造、形态、色彩、表面加工以及装饰以新的品质和资格，叫做工业设计。根据当时的具体情况，工业设计师应在上述工业产品的全部侧面或其中几个方面进行工作，而且，当需要工业设计师对包装、宣传、展示、市场开发等问题的解决付出自己的技术知识和经验以及视觉评价能力时，也属于工业设计的范畴。"随着时代的发展、科技的进步，工业设计在发展过程中不断出现的新情况和新问题，远远不是 1980 年代的这个定义能够涵盖的。

　　2006 年，国际工业设计联合会对工业设计的概念进行了重新界定："设计是一种创造性的活动，其目的是为物品、过程、服务以及它们在整个生命周期中构成的系统建立起多方面的品质。因此，设计既是创新技术人性化的重要因素，也是经济文化交流的关键因素。"

　　2015 年，国际工业设计联合会又发布了最新版本"工业设计"的定义。这是对工业设计的第四次重新界定，工业设计联合会也更名为世界设计组织，新定义内容如下："工业设计旨在引导创新、促发商业成功及提供更好质量的生活，是一种将策略性解决问题的过程应用于产品、系统、服务及体验的设计活动。它是一种跨学科的专业，将创新、技术、商业、研究及消费者紧密联系在一起，共同进行创造性活动，旨在建立更好的产品、系统、服务、体验或商业机会。工业设计的核心意义在于提供一种更为乐观的通过重塑问题来看待未来的机会。它将创新、科技、研究和客户联系起来，给经济、社会和环境领域带来了新的价值和竞争优势。"

从前后四次工业设计定义的变化可以看出工业设计从最初的关注产品的结构与机能，到设计为批量化生产服务，再到关注设计的整个生命周期，直到现如今的设计关注点变为产品、系统、服务及体验，体现了近 50 年间世界工业设计的发展历程与潮流。

1.3　工业设计的范畴

工业设计的核心是产品设计，关于工业设计的范畴在各个国家也有着不同的界定。在英国，把平面设计、服装设计、室内设计等和工业设计关联性不大的科目也划归到工业设计的范畴。在美国，工业设计的范畴则更广泛，美国人把所有关于人与物品发生关系的设计，都称作工业设计。但是，工业设计通常情况下是指批量生产的产品和有用性的设计，即产品设计是工业设计的核心。工业产品一般包括：个人使用的产品、群体使用的产品、公共设施、机械设备和科学仪器等。

除了产品设计之外，视觉传达设计也是工业设计的另一个范畴，国际工业设计联合会给工业设计下的定义中，把视觉传达（主要指宣传）设计也列为工业设计的范畴。"视觉传达设计这一术语流行于1960 年在日本东京举行的世界设计大会，其内容包括：报纸杂志、招贴海报及其他印刷宣传物的设计，还有电影、电视、电子广告牌等传播媒体，它们把有关内容传达给眼睛从而进行造型的表现性设计统称为视觉传达设计。"简而言之，视觉传达设计是"给人看的设计，告知的设计"。

1.4　工业设计的任务

工业设计的发展经历了机械时代、电子时代，现如今进入资讯发达的信息时代。这期间由于技术的进步，工业设计也在快速发展变化着。工业设计的任务也随着时代的进步而有所不同。在机械时代，工业设计的任务是进行批量化的大规模生产，满足消费者的使用需求。随着原子能时代和太空技术时代的到来，也使工业设计的发展面临着新的要求。过去的大批量生产模式，用来满足消费者物质需求的做法，已经跟不上时代发展的脚步，各种新需求、新问题不断出现。消费者致力于追求产品的精神需求和心理层面的满足，同时，又对产品的个性化设计提出了新的需要。进入 1990 年代，随着科技的飞速发展，世界发达国家率先进入信息化时代。随着互联网的普及，消费群体层次的不断细分，工业设计的任务也不再局限于使用需求和精神需求的满足等层面，消费者对工业设计的任务提出更加全面、细致的要求，具体内容如下：

1.4.1　可持续性发展与环境保护

工业设计经历了近百年的发展历程，如今已经取得了辉煌的成果，为人类物质文明史添加了浓墨重彩的一笔。但是，伴随着工业设计的发展，各种弊端也不断暴露出来，首先反映在资源环境方面，工业生产在为人类创造大量物质财富的同时，也成为浪费资源、破坏环境的罪魁祸首。因此，工业设计的首要任务是在保护资源和环境的前提下，实现人类的可持续发展。既要满足当代人的需求，又要保障子孙后代的生存发展的需要，保护好人类赖以生存的大气、淡水、海洋、土地和森林等自然资源，使人类能够安居乐业地继续生活在这片土地上。

在工业设计中要贯彻哪些原则才能保障可持续发展的顺利执行呢？首先，倡导消费者进行适度消费。不要购买过多的物质产品，造成不必要的资源浪费。这需要整体国民素质的不断提高，这不是一朝一夕能够完成的事情。其次，在产品的全部生命周期内，进行合理的资源配置，优化设计过程，合理利用原材料和能源，尽可能减少对环境的危害。再者，在产品的材料选择方面，尽可能选择可再生、可回收、可进行生态循环的材料。要求设计师关注产品从使用到报废回收的全过程，考虑环境因素，尽量减少物质资源的浪费。

现如今，可持续发展日益显露出它的价值和作用，世界各国对可持续发展和环境问题都给予高度的关注。工业设计领域的可持续发展，是一项伟大的社会系统工程，需要政府部门、企业和消费者的共同参与和大力支持，形成规模化、制度化的运行机制，再加上法律体制的保障，才能得到全面的发展，使工业设计和资源环境之间形成良性的循环，从而造福全人类以及子孙后代。

1.4.2　文化的多样性与设计的多元化

快速发展的互联网和通信技术，加速了发达国家对发展中国家的文化侵蚀，全球化的局面已经成为普遍的社会现象。世界各国在各自的历史发展过程中所形成的特定文化习俗，也经历着日益严峻的考验。

如何在全球化的趋势下，保持自己民族文化的传承和延续，走多元化的设计创造之路，成为新时代的挑战。

多样性的文化是人类在发展过程中逐渐形成和积累下来的，任何一种文化都有着各自的特征和适用族群。文化一直对设计具有持久而深刻的影响，因此，支持文化的多样性，也就意味着支持设计的多元化发展方向。这有利于世界各国保持自己的民族文化特色和设计特色，避免千篇一律的设计局面的出现，就如单调的国际主义风格一统天下的时代那样，设计取消了多面性和迷人性，取而代之的是一种近乎单调和乏味的设计风格和面貌。

因此，工业设计应立足本民族的文化传统，在不断研究和学习国外先进文化和设计资讯的同时，保持自己的文化特色和设计特色，使设计的产品以多姿多彩的面貌呈献给观者，避免单一设计风格和理念的出现。

第 2 章　工业设计发展的影响因素

2.1　技术与工业设计

　　从 20 世纪初期开始，人类经历了几次重大的技术变革，从机械时代过渡到原子能时代、太空技术时代、再到信息化时代，在未来的新世纪可能出现一个以生物化学和信息超级公路技术为中心的时代。在时代的更替中，技术的发展是主线，同时，技术的发展也深刻地影响到工业设计的革命，无论从设计的对象和设计的手段来讲都变得与众不同。尤其是近几十年个人电脑的发展，使设计的工具和手段与以往发生了很大改变，过去由人工完成的许多工作，让位于电脑来完成。

　　在技术发展的每一阶段，都会对工业设计产生阶段性的影响，影响范畴不仅波及设计的方式和方法，也会对设计实践活动产生深远的影响。比如：在太空技术时代，许多设计师迷恋宇航技术，这些喜好也都体现在他们的产品设计中。其中最典型的例子莫过于芬兰设计师艾洛·阿尼奥（Eero Aarnio）的设计作品，他的设计带有浓郁的太空和科幻味道，好像为太空人设计的。

2.1.1　工业技术

　　工业设计赖以存在的基础就是工业技术，工业设计是工业革命引发的产业变革而带来的产物，因此，工业设计和工业技术的进步有着密切的关系。第二次世界大战之后，科学技术和工业技术的迅速发展，也引起了工业设计的深层次变革。

　　工业设计的发展与新技术的发明有着密切的关系，几乎每一种新发明的技术都会立即被应用到产品设计中，比如石英数码计时技术和液晶显示技术（简称 LED）的发明，大大促进了钟表设计的发展。现如今的许多钟表设计都大量采用液晶显示技术，这种技术生产的产品成本低、性能好，因此深受生产商和消费者的青睐。

2.1.2　加工技术

　　工业设计还受到加工技术发展的约束和影响，生产工艺的发展会影响到产品设计的形式，比如：塑料加工工艺的发展对于战后工业设计的影响是巨大的，随着塑料加工工艺的不断发展，我们今天才能拥有品类众多、加工精良的塑料制品。比如，菲利普·斯塔克（Philippe Starck）的家具设计中所使用的众多塑料材质，正是在塑料加工工艺不断成熟的基础上，斯塔克才能进行不断的设计创新，也让塑料这种材质以不同面貌，多姿多彩地呈献给消费者，来美化家居、满足消费者的审美需求。

2.1.3　信息技术

由计算机和网络技术的迅速发展而引发的技术浪潮——信息技术时代到来了。信息技术的出现彻底改变了人们的生活模式和工作方式。由于计算机的广泛应用，人们每天要使用它处理、交换和传播各种信息。因此，良好的人机界面（Human-Machine Interface）设计成为工业设计研究的方向之一。

人机界面也称用户界面（User Interface），是指人与机器的交互模式。广义的人机界面包括硬件界面和软件界面，硬件界面是人机交互过程中硬件物质的界面，比如：手机的按键、计算机的键盘等。硬件界面设计与工业设计息息相关，硬件界面是实现人机交互的基础。硬件界面设计不仅要美化产品造型，还要优化产品的功能，尽可能让用户便于操作。软件界面是人机交互的信息界面，比如：屏幕上的字体、图像、动画、文字等信息。软件界面是用户面对机器时最直接的层面，是系统与用户进行信息沟通的渠道。对软件界面设计的研究不再局限于设计学科领域，要从认知心理学、语言学等相关学科入手，研究软件界面对用户的影响。

2.2　材料与工业设计

当你驻足留心观看我们生活的物质世界的时候，会发现我们看在眼里的一切东西，都是由不同材料组成的，材料就存在于我们的身边，存在于我们生活的方方面面。我们手中的笔、饮水时使用的杯子、我们身上穿的衣物、使用的各种家用电器等，都是由不同的材料加工成型的。正因为材料无处不在，所以我们很少关注它们，但是，它却是维持我们日常生活、提高社会生产力、满足不同消费群体各种需求的物质载体。

材料的发展和应用是实现工业设计的重要物质保障。战后材料工艺的飞速发展，对工业设计产生了深远的影响。二战之后塑料取代了金属材料，成为产品设计的主要原料之一。这些塑料材质在工业生产中的使用，对传统材料造成巨大的冲击。因为塑料造价低廉，而且加工成型方便，可以使用铸造、挤压、吹泡、热塑成型、发泡等方式进行加工，因此，塑料材质比其他材质拥有更广泛的使用潜力和发展空间，这也使得塑料在短期内取代金属而成为工业制品和日常生活用品的宠儿。

在工业设计中材料作为设计的重要因素之一，得到越来越多的关注，许多设计师都以对特殊材料的应用作为自己设计的注册商标。他们投入越来越多的精力来关注材料的应用，或发现新的材料，或对已有材料进行创造性的再利用。对于设计师来讲，在发现新材料的同时，不要忘记我们身边的传统材料。有这样一句格言："如果你有柠檬，那么把它做成柠檬汁。"但是，你是否可以考虑把柠檬做成冰棍呢。这个例子很形象地说明了可以通过已有材料进行设计创新。不要只关注新材料，在我们身边现存的许多材料，仍然具有巨大的研究空间，对这些传统材料进行创造性的再利用，可以达到意想不到的产品视觉和触觉效果，形成不一样的美感体验。

材料不仅是一种物质，在设计师眼里，它们是滋生创意的温床，是实现生产制造的保障。每位工业设计师都需对材料有着深刻的了解和掌控，这是工业设计生产的前提和依据。比如：我们日常生活中使用的椅子大部分都是用木材或者金属材料制成的，而荷兰设计师马歇尔·万德斯（Marcel Wanders）设计的结绳椅（Knotted Chair）（图2-1），却创造性地使用了绳子，这种并不常用来制作家具的材料。用来编织椅子的绳子经过特殊处理，内置碳纤维材料，外包特种纤维。编结后的椅子是柔软的，还需浸入环氧树脂中，再被悬挂烤干。这把20世纪末期的经典座椅设计，看起来弱不禁风，但是却有着稳固的结构，能够承载成年人的体重。设计师要善于处理各种不同的材料，使其成为设计创作的灵感来源。

图 2-1　结绳椅

材料就像一个万花筒，不同的材料呈现出不同的物理和化学特性，可以采用不同的加工成型工艺制成各种产品。同一件产品也可以采用不同的材料制作，使用不同材料制成的相同物品，呈现出来的面貌和质感也是完全不同的，这就是材料的魅力。现如今，在工业设计中应用最广泛的材料莫过于金属、塑料、自然材料、玻璃和陶瓷。每种材料都有自身的特色，对于工业设计师来讲，要熟练地掌控和运用材料，这是成为一名合格设计师的关键。

2.2.1 金属

在材料加工过程中，只有少数的材料会保持固有特征不变，大部分的材料都可以通过加工和表面处理工艺改变其本来的面貌，比如：塑料材质可以通过表面处理呈现出金属的光泽。许多材料经过相关的加工处理工艺后，改变了本身的色彩、纹理、光泽和质感，从而使产品表面装饰多样化，不仅提高了产品的审美功能，还增加了产品的附加值。

长久以来，金属一直是制作各种物品的主要材料之一，人们对各种金属的不同性能和加工成型工艺不断改进和研发，从而创造出不同的产品外观形态。金属是各种合金材料的总称，金属材料的自然属性经过加工处理之后，呈现出千差万别的产品样貌：富丽堂皇的金、高贵典雅的银、深沉凝重的青铜、亮光闪闪的不锈钢等，都是金属材质不同美感和外观特性的体现。

金属的表面处理可以采用切削、研削、研磨、表面蚀刻等工艺，采用切削和研削工艺可以得到高精度的表面效果；采用研磨工艺可以得到光面、镜面、梨皮面的效果；采用表面蚀刻工艺，可以得到一种斑驳、沧桑的表面装饰效果。不同的表面处理工艺可以产生不同的装饰效果，这些装饰效果可以让产品的表面呈现出不同的面貌，比如：罗恩·阿拉德（Ron Arad）设计的"Tom Vac"椅（图 2-2），采用真空成型铝和不锈钢材料制成。这系列的家具采用了"超级造型"（Superform）铝加工工艺，是阿拉德运用新型加工工艺制作的椅子。超级造型工艺可以加工最大厚度为 10mm 的铝合金薄片，并且可以确保产品具有坚固的强度和轻巧的重量。这把椅子既轻巧又坚固，还具有极高的舒适性。阿拉德一直对金属材质情有独钟，他设计了许多金属材质的家具，比如：弹性回火钢椅就是其中最杰出的一件作品（图 2-3），这把椅子采用 1mm 厚的优质钢材经回火处理制成。椅子具有良好的弹性和韧性，给人华丽、精致和时尚之感，具有很强的视觉冲击力。同时，椅子表面覆盖了一层金属塑料膜，可以防止搬运过程中在椅子上留下划痕。

一般来讲，金属很少以单一的成分应用在产品中，大部分的金属

图 2-2（左）
"Tom Vac" 椅

图 2-3（右）
弹性回火钢椅

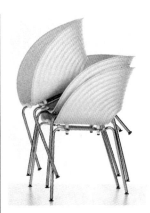

都是含有两到三种以上的添加物质。还有一些金属本身质地较软，不适合单独作产品的材料，只有添加其他成分才可以使用。比如：纯铝的强度低、质地比较柔软，不适合单独使用，只有通过合金化才能得到可作结构材料使用的各种铝合金。在铝中加入锰、镁、钛等其他金属，铝的化学性质会发生很大改变，生成的铝合金材料拥有良好的塑性和较高的强度，可以用来制作各种产品，或者作产品的承重部件。再如：我们经常使用的笔记本电脑，一部分外观材料就是使用铝镁合金或者钛铝合金制成。还有数码相机也经常使用铝合金作外观材料。现在，铝合金材料被广泛应用在各种产品中，因为铝的导电性能好，仅次于银、铜和金，铝还具有良好的加工成型性能，而且价钱也较其他金属便宜。

2.2.2 塑料

相比较其他材料而言，人类开始使用塑料的历史很短暂。塑料是高分子材料，研发于 20 世纪初期，经过近百年的发展，它已经成为人们日常生活中最常见的材料。塑料存在于我们生活的各个空间中，从我们的居室、日常生活用品、各种交通工具、办公和娱乐空间都可以见到塑料的踪影。这种人工合成材料在日常生活中扮演着越来越重要的角色，可以毫不夸张地说，当今世界就是一个塑料的世界。

塑料的种类很多，按照不同的用途可以分为通用塑料和工程塑料，按照加热时的性能可以分为热固性塑料和热塑性塑料。与其他材料相比，塑料加工成型方便，性能稳定、着色容易、强度高、适合批量生产，因此，塑料备受设计师的喜爱，成为工业设计的首选材料之一。

塑料的加工工艺方法很多，有吹塑、轮压、挤压成型、环铸、注铸、加热成型等多种工艺。吹塑工艺被广泛应用于各种饮料瓶和奶瓶的生产中，这种工艺就像我们吹气球一样，把塑料充气成型，不过塑料的形状由模具的形状决定。轮压是将塑料制成薄片，应用这种工艺可以生产浴帘和桌布等产品。挤压成型可以制造管道、胶卷、窗帘横杆等产品，这种工艺是将塑料颗粒倒入一个漏斗中，添加其他成分后加热，通过一个螺旋形状的部件将融化的塑料输出，再冷却后制成。环铸主要用来生产空心产品，适合进行大批量生产，它的制造成本很低，同时也是小批量生产的理想工艺。注铸这种工序几乎能够制造出设计师所能够想象出的任意形态，并且可以应用在所有塑料产品的生产领域。加热成型分两个主要的工序，即抽吸成型和加压成型，典型的用途可以用来生成浴盆、船体外壳和午餐盒等物品。

一般来说，塑料的着色和表面肌理装饰，在塑料成型时可以完成，但是为了增加产品的寿命，提高其美观度，一般都会对表面进行二次加工，进行各种装饰处理。塑料的表面处理工艺种类很多，有热喷涂、电镀、离子镀等多种类别，这些工艺可以产生不同的表面装饰效果，使塑料制品呈现出千差万别的外观效果。比如：塑料电镀工艺，可以使塑胶件的表面产生金属的装饰效果，这是金属电沉积技术之一，是一种使用电化学处理方法在塑胶件表面获得金属沉积层的金属覆层工艺。热喷涂则是采用专用设备把某种固化材料加热熔化，用高速气流将其吹成微小颗粒加速喷射到基件表面上，形成特制覆盖层的处理技术。离子镀是在真空条件下，利用气体放电使气体或被蒸发物质离子化，在气体离子或被蒸发物质离子轰击作用的同时，把蒸发物或其他反应物蒸镀到基件上。塑胶件表面装饰的作用在于，可以延长基件的使用寿命、赋予被镀材料光泽和色彩。

罗恩·阿拉德的作品"非手工制造，非中国制造"（图 2-4），这系列产品采用特殊的塑料成型工艺生成，这种工艺被阿拉德称为"第五种制造方法"，是传统塑料成型工艺之外的方法。此系列作品都是在一个箱子中，通过电脑控制的激光进行照射"生长"而成的，是传统塑料成型工艺不能完成的。采用这种工艺制造产品的具体成型过程如下：先将三维电脑影像传送到一台机器中，然后控制激光束在聚酰胺粉末的指定位置上穿过，这些粉末就固化成花瓶的造型。

图 2-4（左）
非手工制造，非中国制造

图 2-5（右）
"潘顿椅"

维纳·潘顿（Verner Panton，1926 ～ 1998 年）设计的"潘顿椅"（图 2-5），采用塑料一次成型技术生产，这把椅子造型优美、色彩艳丽，让塑料制品呈现出完美的品质。塑料虽然是廉价的人造物，但它所带来的价值并不廉价，塑料被越来越多地运用到各个领域，它可以模拟和取

代其他材料，从而降低成本、减少不必要的浪费。但是，我们也不能忽视塑料材料所带来的环境污染，如何在降低环境危害的同时，更好地运用塑料材料，把塑料的性能淋漓尽致地发挥出来，是对设计师和工程师提出的新挑战。

2.2.3　天然材料

天然材料是指自然界原来就有，未经加工或基本不加工就可直接使用的材料。这些材料可分为如下几大类：①天然的金属材料，几乎只有自然金。②天然的有机材料，有木材、竹材、草毛皮、兽角、兽骨等。③天然的无机材料，有大理石、花岗石、黏土等。④某些自然物的派生物，比如由木材纤维制成的纸，用淀粉制作的塑料等。这些都属于天然材料的范畴。

设计师经常使用各种木材来制作产品，这种传统材料，自古以来就被用来生产各种家具和生活用品。如今木材加工工艺不断提高，可以在木板中加入树脂，使它们能像一张纸那样轻薄，可以作室内装潢壁纸的替代品，还可以作半透明的灯罩等。这是对木材使用方法的重新诠释，与传统木材生产制成品有着天壤之别。

除了木材之外，现今技术的发展，已经可以从许多种回收材料中提取原料制造复合材料了。比如：以马铃薯和玉米、大豆为原料生成的复合材料，这些材料都可以成为制作产品的原材料。设计师也越来越关注环保问题，多种再生材料被不断应用在设计中。有使用回收纸浆制成的纸制品，这种纸制品很坚固、轻巧，用它制成座椅后可以承载成年人的重量。还有使用粗纤维纸壳制成的灯具等。

2.2.4　玻璃

人们几乎无法想象这个世界没有玻璃将是什么样子，我们身边使用的各种玻璃制品，还有建筑使用的玻璃幕墙等，玻璃充斥在我们日常生活的每个角落。玻璃这种材料的使用具有悠久的历史，它的起源可以追溯到公元前几千年。关于玻璃的起源有几种传说，传说之一认为玻璃是在公元前 3000 多年前，由腓尼基人发明的。传说之二认为玻璃出现在五六千年前的埃及。传说之三来自大英博物馆的记载，认为玻璃是由经常行走在沙漠中的商旅骆驼队意外发现的。关于玻璃的起源虽然众说纷纭、莫衷一是，但是玻璃起源的故事却流传了几千年。迄今为止，我们仍无法断定世界上第一块玻璃发明的具体时间和地点。

组成玻璃的主要成分是二氧化硅,原料主要来自于石英砂。在《简明不列颠百科全书》中对玻璃的描述是这样的：“玻璃通常是一种透明而坚硬的固体，由某些液体冷凝而成。这种液体在冷凝的过程中不会结晶，而是越来越稠，直至成为固体。在一切能形成玻璃的物质中，二氧化硅应用最广，常与其他的辅助材料按照不同的配比混合后熔成各种玻璃。"

　　玻璃可以说是浴火而生，没有火的洗礼，就不可能有晶莹剔透的玻璃器皿的诞生。玻璃这种材料在加热融化时，可以被塑造成各种器皿的造型，玻璃的成型与玻璃的熔化是同时发生的。几千年来玻璃工艺大致可以分为两类，一类是热工艺，是将玻璃熔化之后采用各种工艺加以成型的，另外一种是冷工艺，是在热工艺初步成型之后，在常温状态下进行各种工艺处理。

　　我们日常生活中使用的各种玻璃器皿，可以采用多种工艺方法制作，比如：可以使用铸造、吹制、软化工艺成型，也可以使用切割、研磨、雕刻、化学蚀刻等装饰工艺进行表面装饰，不同的工艺也使得玻璃器皿呈现出不同的样貌。举个例子来说明玻璃器皿的制作过程，图 2-6 所示是阿尔托花瓶的制作过程：先将半液化的玻璃吹塑出基本形状；然后用湿纸把玻璃尽量塑成圆筒形状，以便于让吹玻璃过程能够顺利完成；工匠再使用吹管吹制玻璃器皿，然后把吹制的半成品玻璃放进模具，阿尔托花瓶的形状就做出来了；之后查看形状是否合格，合格品送去切割，切割之后再度回火，软化玻璃锋利的边缘，最后打磨边缘，完成整个花瓶的制作过程。

图 2-6　阿尔托花瓶的制作过程

2.2.5 陶瓷

陶瓷这种材料的运用也有几千年的历史了，它是我们日常生活中不可或缺的一种材料和陶瓷日用品的总称。陶瓷的书面定义是指"所有以黏土为主要原料与其他天然矿物原料经过粉碎混炼、成型、煅烧等过程而制成的各种制品。"[1] 我们常见的日用陶瓷制品、建筑陶瓷以及电瓷等都属于传统陶瓷的概念。而广义的陶瓷概念是指"用陶瓷生产方法制造的无机非金属固体材料和制品的通称。"[2] 按照陶瓷的概念和用途，陶瓷分为两大类，一种是普通陶瓷，另外一种是特种陶瓷。普通陶瓷就是指传统陶瓷，特种陶瓷是指广义的陶瓷概念，特种陶瓷是使用现代高新技术生成的陶瓷制品，所用原料和生产工艺与普通陶瓷有着很大不同。可分为结构材料陶瓷和功能陶瓷两类，结构材料陶瓷可作耐磨损、抗冲击、耐腐蚀、耐高压的结构之用。功能陶瓷包括具有电磁功能、光学功能等特性的陶瓷制品和材料。此外，还有其他多种功能性的陶瓷材料。

对于设计师来讲，陶瓷制品的设计大部分属于传统陶瓷制品的范畴。这些传统陶瓷器皿包括日常使用的杯盘碗碟、洁具、工艺瓷砖等品种。传统陶瓷产品的设计不仅要考虑设计的美观性，产品的成型工艺也是重要的环节。应用传统的陶瓷制造工艺烧制出的美丽陶瓷制品比比皆是。譬如："自我"（Ego）系列咖啡杯碟是采用阿拉比亚（Arabia）陶瓷厂传统方式生产的陶瓷制品（图 2-7）。尽管这些杯子是非规则的造型，但是它们仍然能够在传统的生产线上生产出来，这使得这些产品的价格保持在阿拉比亚公司主要的目标市场的价格范围之内。

现今，陶瓷被应用在越来越广的领域，比如，宇宙飞船外部的绝缘瓷砖，还有劳力士手表的透明抗划表盘，都创新性地应用了陶瓷材料。近些年来，陶瓷材料发挥了更大的创新性应用空间，陶瓷材料被制成软性陶瓷纺织品、压电电子产品以及高分子陶瓷聚合物等新型的陶瓷品种。

图 2-7 "自我"系列咖啡杯碟

---

1 李家驹主编 . 日用陶瓷工艺学 [M]. 武汉：武汉工业大学出版社，1992：1.
2 李家驹主编 . 日用陶瓷工艺学 [M]. 武汉：武汉工业大学出版社，1992：1.

图 2-8　新型榉木夹板

2.2.6　新材料

金属、塑料、天然材料、玻璃、陶瓷都是我们常见的产品用材，进入 21 世纪之后，由于科技的发展，出现了各种新式的材料。这些材料中有一部分是对原有材料的创新改造，还有一部分是从未被发现和使用过的新材料。譬如，贝克尔（Becker）公司研发的新型榉木夹板（图 2-8），这种木质板材经过传统化学物质浸泡，具有防风和防雨的功能，在受潮之后不会膨胀和收缩。而且加工之后的榉木硬度增强，不容易出现划痕。这种新型榉木夹板的出现，为欧洲的可持续林业的发展计划提供了机遇。再如，海边的水草也成为一种新型的绝缘材料。水草被发现具有绝佳的保温能力，科学家们根据它的这种特性将水草做成适用于结构工业的一种绝缘材料。此类案例还有很多，是科技的发展为材料工业和工业设计带来了更宽广的空间和无限的可能。科技在工业设计的发展中一直扮演着重要角色。

2.3　消费与工业设计

法国社会学家让·鲍德里亚在《消费社会》一书中开篇写道："今天，在我们的周围，存在着一种由不断增长的物、服务和物质财富所构成的经济的消费和丰盛现象。"[1] 现代社会由于信息技术的飞速发展，"人们的生活被笼罩在无形的商品消费气氛中。虽然媒介声称社会是按照消费者的要求提供服务，而实际上人们的欲望被无形地调动，日益膨胀，主体已失去自己的主动性，成了被操控的对象；物品也失去往日的使用价值，所呈现的更多的是它的符码价值，明显代表着人与人之间的差异——地位的差异、身份的差异和声望的差异等。"[2] 这是学者们对消费社会的批评，不管非议的声音有多大，以消费主义为核心的设计模式目前还很难动摇它的根基。在某种程度上可以说，消费是生产的基础，工业设计则扮演了促进消费的角色。

消费可以分为几个层面：基本生活消费、精神层面消费和炫耀性消费。影响消费者购买行为的因素包括消费者自身的因素、社会因素，还有企业和产品等因素。通常情况下，消费者的经济情况起到了主导作用，对于收入较低的消费者来讲，只能购买满足基本生活需要的产

1　（法）让·鲍德里亚. 消费社会 [M]. 刘成富等译. 南京：南京大学出版社，2008：1.
2　赵一凡等主编. 西方文化关键词 [M]. 北京：外语教学与研究出版社，2006：659.

品。针对这部分群体，应该设计美观适用的产品，物美价廉往往是考虑的首要因素，他们希望购买到一种"物超所值"的感觉。对于精神层面的需求往往由消费者的职业和社会地位决定，比如，教师行业购买较多的是书刊报纸等文化用品，时尚模特喜欢购买的是漂亮的服饰和高档的护肤品。针对这一层面的消费者，工业设计所要解决的问题是多方面的。不仅要考虑产品的美观适用问题，还要针对不同的消费群体进行定位，产品要突出个性，满足不同职业和文化背景下的消费者的不同喜好，产品要满足他们的精神需求，体现他们的社会地位。对于炫耀性消费，则是产品的心理价值远远超过实用价值，这部分产品往往是国际知名品牌，譬如，戴欧米茄手表，挎爱马仕皮包，开劳斯莱斯汽车，这一信息传递出使用者需要此类品牌产品来标识自己的品位和身份。对于这类的炫耀性消费，消费者最看中的是产品的品牌价值，还有设计的价值，一款由知名设计师设计的限量款皮包，可以让消费者很有"面子"，满足其炫耀心理。

消费与工业设计之间既存在相互促进、和谐发展，又存在相互悖论的关系，工业设计一方面可以促进消费的发展，让消费者得到最大程度的满足；另一方面，过度的消费造成物质资源的浪费，对环境产生有害的影响，过分的攀比炫耀性消费又会滋生不健康的消费模式，这是消费主义的弊端所在。

2.4　文化与工业设计

"英文里有三个比较复杂的词，Culture（文化）就是其中的一个，部分的原因是这个词在一些欧洲国家的语言里，有着极为复杂的词义演变史。然而，主要的原因是在一些学科领域里以及在不同的思想体系里，它被用来当成重要的观念。"[1] 在工业设计的思想体系里文化也是重要的观念。从工业设计的角度出发理解的文化概念应该是各种器物文化的综合，它包含了物质文化、精神文化的精神和独特的韵味。王明旨在《工业设计概论》一书中将文化分为三个结构层次："表层物质文化、中层行为制度文化、深层精神文化。"[2] 表层物质文化体现为具体有形的产品，包括造型、材质、色彩等方面。中层的行为制度文化是指人类的行为模式、生活方式、社会体制和制度方面对于工业设计的影响。深层的精神文化是指人类的精神需求、价值取向、审美情感等方面对于工业设计的影响。作为一名成功的工业设计师不仅要考虑产品的造型、色彩，使用什么样的材质，还要考虑消费者的生活方式、行为习惯、精神需

---

1 （英）雷蒙·威廉斯著. 关键词——文化与社会的词汇 [M]. 刘建基译. 北京：生活·读书·新知三联书店，2005：101.
2 王明旨. 工业设计概论 [M]. 北京：高等教育出版社，2007：61.

求和价值取向，以设计出符合消费者使用需求的产品。

工业设计历经近百年的发展，每个特定的阶段都会产生主流的设计潮流，这与当时的特定文化关系密切。譬如：现代主义肇始之初，工业设计提倡去装饰化的简约理性的造型，这与当时的社会经济和政治环境有着很大的关系，此时的欧洲正经历第一次世界大战的创伤、战后经济凋敝、百废待兴，在这种情形下如果把有限的钱财耗费在装饰上，无形中提升了产品的价钱，还浪费了资源，这种高价格的产品自然不能被大多数的民众消费。再加上当时设计界受"左倾"思潮影响，致力于为普通民众设计产品，在这些因素的综合作用下，现代主义设计的简约理性的面貌逐渐形成并确定下来。

2.4.1　工业设计的文化本质

文化具有地域性和民族性，不同国家和地区会产生不同的文化形式，而这些文化形式会潜移默化地影响到社会生活的各个层面，工业设计自然也不例外。不同国家的工业设计体现了不同的文化特性。

长久以来，工业设计一直受到特定文化的影响，比如：马瑞佐·维塔在《设计的意义》一文中这样论述过："在意大利，谈起设计的时候，出现一个略微模糊但并不虚幻的概念——设计文化，这个词意味着涵盖在进行'有用物'设计中必须考虑的一切规则、现象、知识、分析工具和哲学体系，以及在甚至更加难以琢磨的各种经济、社会模式下，这些产品是如何被生产、销售和使用的。"[1] 从意大利与众不同的"设计文化"中我们可以看到设计与文化之间的关联。浪漫的意大利人创造了举世瞩目的设计文化，而设计文化正是透过产品传达到世界各地，让世界各国人民认识和了解意大利的文化和设计模式的。意大利的工业设计善于抓住时代最前沿的审美取向，设计的产品往往具有令人惊叹的艺术魅力，这与意大利的文化有着很深的渊源。意大利是文艺复兴的发源地，具有悠久的艺术设计传统，意大利的设计遵循了以艺术美感和创造力为基础的文艺复兴传统。

同样在现代主义的诞生地德国，德意志民族长期以来在康德主义理性哲学和洪堡的教育体系的影响下，形成了严谨、理性的特点，德国的工业设计也呈现出类似的面貌。德国的设计学院从包豪斯、乌尔姆一直到当代的许多设计院校，都将这一理性设计传统延续下来。德国的工业设计简约质朴、不作浮夸的装饰，尽量使用直线和直角的设计原则，这些都是理性的德国主义的设计形式。再如：法兰西民族所具有的浪漫品性，追求奢华手工艺特性的喜好，也体现在工业设计中，

1　(美) 维克多·马格林编著. 设计问题——历史·理论·批判 [M]. 柳沙、张朵朵等译. 北京：中国建筑工业出版社，2010：28.

法国的产品更注重奢华的手工艺特性。岛国日本的工业设计则在充分发掘本民族文化特色的基础上，兼收并蓄地融合了国外优秀的文化、技术和经验。日本的产品设计更趋向小型化、多功能化，采用精工细作打造而成。

2.4.2　工业设计与企业文化

企业文化，或称组织文化（Corporate Culture 或 Organisational Culture），是一个组织由其价值观、信念、仪式、符号、处事方式等组成的特有的文化形象。企业文化包括企业形象和企业理念，是企业的灵魂，是推动企业发展的不竭动力。其核心是企业的精神和价值观，它反映了企业内部的主流价值观、态度和做事方式，良好的企业文化可以增强企业的凝聚力，促进企业的发展。反之，过时的企业文化会扼杀企业的创造力和可持续发展的可能性。

工业设计是决定企业竞争力，决定企业命运的重要途径和手段。在工业设计环节中贯彻企业文化内涵，可提升产品的品牌认知度和延续性，有助于企业形成统一的产品"PI"系统。PI 是企业产品的形象识别系统，包括技术形象、风格形象和文化形象三部分内容。企业的技术形象是指处于行业领先地位的企业，在某一领域具有的独特技术优势，所形成的企业特定技术形象。企业的风格形象是指产品的技术形象和文化形象的综合体现，是企业对自身文化定位以及产品价值观的体现。企业的文化形象是企业长期以来形成的人文传统和理念。

1. 企业文化与工业设计的结合

企业文化与工业设计相融合，具有合理性和可行性。工业设计以企业文化为指导，可以从更高层面把设计、技术与文化相融合，设计生产出实用与美感兼具的合宜产品。使产品富有文化特色，体现企业的价值观和哲学观，产品自然而然也成为企业观念与信仰的形象代言。工业产品设计中所贯穿的企业文化，是产品对企业所进行的综合信息的传达过程，是指引企业进一步自我完善的途径和自我深化发展的方式。

企业文化与工业设计结合具有如下几方面的作用：

（1）企业的文化形态可以向物质产品转移，使产品具有文化特性。

（2）有利于形成整体的企业 PI 识别体系，促进系统化的产品设计的发展完善。

（3）不断丰富产品的形态和语义识别体系。

（4）满足不同消费者的文化和心理需求。

2. 工业设计对企业文化的影响

任何企业的产品设计都是企业文化的体现，产品通过视觉传达的形式渗透出企业的精神文化和价值观念。良好的工业产品对树立健康、积极的企业形象具有重要的作用，有利于企业文化的传播，品牌形象的确立，消费者认知度的提升。同时，还可以增强企业员工的凝聚力，振奋员工的斗志。这是企业积极向上、永葆青春活力的重要手段和方式。可以说，工业设计是企业文化建设的传达者和先导者。

因此，工业设计是提升企业形象，传达企业文化的重要方式和手段，工业设计的发展可以促进企业经济效益的提升，自身品牌形象的树立，促使企业快速完成由委托加工到品牌管理的转变。企业的发展离不开工业设计的发展，离不开健康、积极企业文化的确立，这是企业的生存发展之道。

2.5　社会与工业设计

社会是指具有共同利益、价值观和目标的人的联盟，也是指一定经济基础和上层建筑构筑的整体形态。社会是把身处其中的人们通过各种社会关系链接起来的纽带，这种社会关系保留了家族关系、文化关系和传统习俗。其中，工业设计则体现为一定的文化与传统习俗的传承与表现。工业设计是由群体或者个体的设计师来从事的职业，工业设计的受众也是社会中的消费者。无论是处于何种阶层和文化背景下的设计师与消费者都跳脱不开社会的大关系，工业设计是社会价值和群体价值的体现。

价值的概念来自自然界，伴随着人类的进化而发展变化，价值的最终含义是运动着的物质世界和人类社会。工业设计的社会价值是指通过设计改造人类的生活方式，推动企业经济的发展，提升人类的审美水平，促进沟通和交流的价值层面。

设计可以改变人类的生活方式，从原始人类第一次打造工具开始，人类就步入了循序渐进的发展和进步阶段。在中国古代，高足家具出现之前，古人都是席地而坐的。自从高足家具出现后，中古时代的人们便开始垂足而坐。这是设计的出现改变了人们的生活方式和习惯。

在现代社会中，工业设计与人类生活方式的改变关系巨大，比如：手机的出现拉近了人与人之间的距离，让人们的沟通和交流更便捷。同样，汽车的出现也改变了人类的生活方式，汽车让人们的生活半径更大。在汽车作为交通工具普及之前，人们的居住地往往与工作的场所相距不远，但是有了汽车之后，可以选择白天在城市里工作，夜晚回到宁静的乡村别墅休息。汽车也成为身份的象征，不同社会层面和文化背景的人们会选择不同的汽车。

工业设计还可以推动企业经济的发展，对于这一点是不言而喻的，工业设计作为提升企业形象和品牌价值，增强企业竞争力的核心策略之一，日益得到企业界的关注。企业要想在激烈的市场竞争中站稳脚跟，不仅要进行有效的管理和运营，还要注重工业设计的发展，用设计来增加产品的附加值、增加收益。目前，世界上众多国家都投入大量的资金、技术，支持工业设计的发展，努力提升产品的品牌形象，打造高品质的工业产品。

2.6   品牌与工业设计

工业设计的发展离不开企业以及制造业的大力支持，制造业是工业设计赖以存在的基础和保障，只有制造业的不断发展，才能有效地促进工业设计的健康成长。同时，工业设计也是提升产品品牌形象，提升产品附加值和企业文化的有效途径，这两者之间需要互相促进、协调发展，一方的短缺都会影响到另一方的发展。企业和工业设计要想得到快速全面的发展，必须做到从"委托加工"到"品牌管理"的转变。

委托加工就是现在经常提及的OEM（Original Equipment Manufacturer），这是制造业在发展之初的权宜之计，主要依靠来样加工装配来赚取微薄的利润，也统称为"加工贸易"。这是现代工业社会发展过程中出现的贸易形式，一部分知名品牌因发展规模的限制，还不能达到大批量生产的需要，又或者是需要某些特定的零件，因此需要其他厂商的合作进行加工生产，这些进行加工生产的厂商被称作OEM。这种加工模式会为企业带来一定的利润，但是，也有不良的后果，长此以往会使企业缺乏自主创新的积淀，形成惰性以及对仿造的依赖，不利于企业的长远发展。

在企业发展之初采取这种策略具有一定的可行性，但是，当企业发展到一定阶段，就要进行资金投入，研发技术，进行自主的设计创新。制造业的发展实践说明，企业要想发展壮大，就要尽快完成由OEM到ODM（Original Design Manufacture）的转变。ODM被称为原设计加工，也习惯上称之为"原设计制造商"。OEM与ODM虽然名称比较类似，但是两者存在一定的区别，OEM是为某品牌厂商量身定做的，在生产后只能贴上该品牌的标签，绝不能使用生产商的名字进行生产。而ODM则要看委托生产的企业有没有买断该产品的版权，如果没有买断，制造商有权自己组织生产，但不允许使用委托企业的名义进行生产销售。

OBM（Own Brand Manufacture）被称为自有品牌生产商，是制造业和企业发展的更高阶段，OBM是企业完成由"委托加工"向"品牌管理"转型的关键，OBM 面对的是不确定消费市场。过去企业是以有多少成本再决定使用什么样的技术和设计，而现在要为有利于品牌的发展，通过设计创新与技术创新来实现品牌的价值。企业想要发展壮大，在国际市场中拥有话语权，就一定要进入品牌管理阶段，注重品牌内涵、品牌推广、品牌效应和品牌的识别体系。

走品牌发展之路是企业成功的必由之路，要以设计创新作为推广品牌的核心策略，引导制造业合理发展，提升自身品牌优势，推广强势品牌。把更多的资金、技术花在设计优秀的产品上，而不是通过广告来操纵人们的心理知觉。广告不是灵丹妙药，没有核心技术、没有自主研发创新、没有品牌的知名度、没有高品质的产品，广告只能是镜中花、水中月，是靠不住的。

第二篇 1750 ～ 1865 年的设计

　　1750 ～ 1865 年间是欧洲各国和美国发生巨大社会变革的年代，英国的工业革命、法国的资产阶级革命和美国的独立战争改变了世界的政治和经济格局，由此带来的生产方式和消费模式的转变对欧美国家产生了深远的影响。这一时期社会阶级的一个显著特征就是中产阶级的出现，作为日益发展壮大的社会阶层，他们逐渐增长的物质需求越来越受到关注。产品设计也从以贵族阶层为主导的设计产生分化，一部分企业主和工厂开始注重为中产阶级设计产品。

　　这一时期最显著的特征就是工业革命的爆发，由此所引起的连锁反应。从英国纺织行业开始的技术革新，不断发明的新机器和新技术，改变了传统手工业的生产模式，以批量化生产为标志的工业化时代来临了。生产模式的转变也引发了设计变革，作为工业设计萌芽期的体现，美国形成了独特的制造体系，这是早期工业设计的雏形。但是，美国这一时期的设计往往是工程师的作品，与现代意义上的工业设计概念还有一段距离。

　　在美国进行标注化生产探索的时候，欧洲各国也在进行批量化生产模式的探索。各种新能源，譬如，蒸汽动力在纺织行业、交通运输业的采用，极大地改变了传统生产和交通运输模式。这一改变也带来了更为细密的社会分工和劳动分工的出现，也让设计从制作中分离出来，设计与制作的分离是工业设计产生的基础，由此，开创了工业设计的新纪元。

第3章 设计的萌芽

3.1 工业革命引发的变革

工业革命（Industrial Revolution）又称产业革命，是指资本主义工业化的早期发展历程。在《简明不列颠百科全书》中的解释"是指从农业和手工业经济转变到以工业和机器制造业为主的经济的过程。"[1]是以机器生产逐渐取代手工劳动，以大规模工厂化生产逐渐取代个体手工作坊劳动模式的生产变革和科技革命。这一变革从18世纪的英国开始，逐步传播到世界各地，深刻影响了世界的政治、经济和文化格局的变化和重组。

在19世纪以前，人类所需的生产资料和生活资料都是由手工生产完成的，在这之后，机器不断被发明出来，各种新能源和新材料不断用于工业生产中，劳动分工日益细致化。我们可以从英国经济学家亚当·斯密（Aadm Smith，1723～1790年）所著的《国富论》一书中，看到他所描述的当时劳动分工的情况。工业革命常常被描述成手工业与工业生产模式的冲突，这是一种过于简单的看法，工业革命的主导因素是经济，大规模的工业化生产促进了经济模式的转变，让欧洲社会率先从农业社会跨入到工业社会。这一技术性的变革，对世界产生了深远影响。

工业革命是从早期的技术实践中逐步发展起来的，在18世纪中期，英国的企业还是以传统方式和小作坊的营销网络为基础进行运作，尽管当时已存在高水平的专业化分工和产品生产模式，因此人们不可能准确界定工业革命开始的时间。英国是第一个深受工业化影响的国家，工业革命从英国开始，影响到英国工业产业的方方面面，这一变革所产生的影响撼动了欧洲社会的经济和政治基础，诞生了资本主义的生产关系和经济模式。

首先，蒸汽动力的使用大大提高了社会生产力，在工业革命之前，动力主要依靠人力、畜力、水力和风力，或者借助杠杆和滑轮等机械

1　简明不列颠百科全书[M]. 第二卷. 北京：中国大百科全书出版社，1985：229.

力量来进行产品的生产。这些动力往往有很大的局限性，譬如，水力会受到河流水量的影响，干涸期间就无法利用水力进行生产。再者，不断发明的新机器也为生产模式带来了巨大改变，促进了更加细密的劳动分工的出现。1733 年，工匠约翰·凯伊（John Kay，1704 ～ 1780 年）发明"飞梭"，飞梭的发明让过去由两个人配合才能完成的织布工作，由一个人就可以独立完成，飞梭的发明大大提高了织布的效率。织布效率提高之后，传统手工纺纱模式纺出的棉纱又跟不上供应，为了提高纺纱的速度，1765 年，纺织工詹姆斯·哈格里夫斯（James Hargreaves，1720 ～ 1778 年）发明了手摇"珍妮纺纱机"，由此揭开了从英国开端影响到世界的工业革命的序幕。1769 年，查理·阿克莱特爵士（Sir Richard Arkwright，1732 ～ 1792 年）发明了水力纺纱机，这种纺纱机以水为动力，纺出的纱结实坚韧。纺纱机的缺点是受水力资源的限制，河流干涸期就不能使用了。阿克莱特在 1771 年建立了英国第一家水力纺纱厂。在这些发明的基础上，1780 年后，塞缪尔·克莱普顿（Samuel Cropton，1753 ～ 1827 年）发明了"骡机"，这种机器结合水力纺纱机和珍妮纺纱机的优点，纺出的纱线细致牢固。纺纱机的不断更新又使织布速度落后了，1785 年，牧师爱德蒙·卡特莱特（Edmund Cartwright，1743 ～ 1823 年）发明了动力织布机，实现了纺织行业的机械化生产，新的动力织布机让织布的效率提高了 40 倍。动力织布机的发明缓解了织布速度落后的矛盾，纺纱和织布就像一对啮合齿轮，在相互制约和相互促进中发展起来。

新技术和新能源的发明和发现，不仅影响了纺织行业的发展，在交通运输领域，也发生了革命性的改变。詹姆斯·瓦特（James Watt，1736 ～ 1819 年）改良了的蒸汽机，提高了蒸汽机的热能转换效率和运行的可靠性。到 19 世纪初，蒸汽动力开始用于交通运输，1807 年，美国工程师罗伯特·富尔顿（Robert Fulton，1765 ～ 1815 年）利用蒸汽机制造出世界上第一个蒸汽机轮船，由此开辟了人类航海史上的新篇章。1814 年，乔治·斯蒂芬森（George Stephemson，1781 ～ 1848 年）发明了蒸汽机车，1825 年试车成功……这一系列的技术革新，使造船业、航海业和交通运输业获得了空前的发展。

在这一系列技术变革中，影响到了生产模式和生产关系的变化和重组，也诞生了资本主义的经济模式。批量化工业生产模式的出现影响到欧洲陶瓷企业、家具和金属制品行业的发展，这些企业也开始注重技术革新，开始采用机械化模式生产产品，以满足中产阶级的需要。美国制造体系的出现，将这一技术变革所导致的生产模式和生产关系的变化推到了顶峰，在 1851 年之后，曾经饱受诟病的美国产品，也迎来了赞誉和关注。尤其是那些采用批量化生产模式制造的枪械，在伦敦博览会中引起了轰动。所有的这一系列变革都源自发起于英国的工业革命，它成为推动人类历史发展的革命性事件。

3.2　欧洲陶瓷行业的发展

陶瓷是与社会、经济、技术的发展息息相关的，社会变革、经济和技术的发展都会为陶瓷行业带来改变。社会是由具有相同利益、价值观和目标组成的人的联盟，因此，身处社会不同阶层的人的生活方式、社会地位、文化素养、使用需求和审美水平都会对陶瓷产品的风格产生影响。譬如，在 18 世纪饮茶、可可和咖啡的流行，客观上促进了陶瓷产品的生产。经济在陶瓷行业的发展中扮演着重要角色，经济史的经验告诉我们，为何在工业革命早期，韦奇伍德（Wedgwood）陶瓷厂取得如此大的成功，创始人约西亚·韦奇伍德（Josiah Wedgwood，1730 ～ 1795 年）很早就意识到改良生产模式，实现陶瓷生产分工和促进销售的重要性。为了促进韦奇伍德陶瓷的销售，工厂帮助开通大象鼻运河，这条运河可以通往韦奇伍德在 1769 年兴建的工厂埃特鲁里亚（Etruria），工厂通过大象鼻运河和默西河（Mersey）与中部和伦敦连接起来，为韦奇伍德的陶瓷销售提供了更广阔的市场。技术在陶瓷行业的发展中也扮演着重要角色，工业革命之后，机械化生产方式的采用，让陶瓷产量大幅度提升。

欧洲陶瓷行业的发展除了上述几大促进因素之外，航海业的发展在客观上刺激了陶瓷行业的发展。16 ～ 17 世纪，欧洲的远洋货轮不断从东方各国带来珍贵的陶瓷、玉器、漆器、象牙和纺织品等货物。这些货物中精美的硬质瓷器成为上流社会的珍爱，瓷器的价钱一度超过黄金，在当时有"白色黄金"之称。瓷器也成为王公贵族们身份和地位的象征。在这种情形下，欧洲各国掀起了仿制东方瓷器的热潮。

欧洲最早建立的陶瓷厂是麦森窑（Meissen），由波兰国王奥古斯特二世（Augustus Ⅱ，1670 ～ 1733 年）在 1710 年下令建造，窑厂位于德累斯顿 20 公里外的阿尔布雷希茨堡。麦森窑是欧洲第一个破解陶瓷配方的瓷器制造工厂，这一配方是由德国人约翰·弗里德里希·伯特格尔（Johann Friedrich Böttger，1682 ～ 1719 年）和埃伦弗里德·沃尔特·冯·切恩豪斯（Ehrenfried Walther von Tschirnhaus，1651 ～ 1708 年）共同研究出来的。1709 年 3 月，麦森窑终于烧制出欧洲第一件白釉瓷器，麦森窑的成功震惊了整个欧洲。

麦森的陶瓷生产史如同欧洲艺术史的缩影，从陶瓷装饰艺术家约翰·格勒戈留斯·海洛特（1696 ～ 1766 年）运用多种色彩绘制的瓷器纹样，到约翰·约阿希姆·坎德勒（Johann Joachim Kaendler，1706 ～ 1775 年）的陶瓷雕塑，麦森瓷器也经历了从新古典主义到浪漫主义，从巴洛克到洛可可风格的演变。在各种不同的艺术时期，麦森的瓷器呈现出不同的装饰风格。海洛特的陶瓷装饰风格具有浓郁的东方色彩，尤其是具有中国特征的装饰纹样。海洛特善于使用多种色彩绘制陶瓷纹饰，他还完成了釉下青花的装饰实验，并发明了红色、宝石蓝、明黄等彩绘颜料。坎德勒的动物雕塑来自于对生活的观察，他创作的大型雕塑：狮子、山羊、孔雀、猿和狗等动物形象生动。他创作的小型动物雕像和人物瓷偶更具创造性，尤其是人物瓷偶的造型，表达了人物喜怒哀乐的表情，以及复杂的内心活动。坎德勒是一位具有杰出创作技巧的陶瓷雕塑家，他的艺术作品风格多变、种类繁多。

麦森除了聘请艺术家和技师进行陶瓷创作之外，还注重对专业技术和艺术人才的培养。1764 年，麦森设立艺术学校，用来培养专业的瓷器绘画和雕塑人才。麦森的培养模式是艺术理论加上绘画技巧的授课方式，培养技师具有绘画技巧、艺术创作能力和彩绘技巧。麦森的陶瓷技师需要经过十年时间的努力，才能达到最高的专业技能。

麦森创立了欧洲陶瓷行业发展模式的样板，在麦森之后欧洲的陶瓷产业逐渐发展起来，兴建了诸多陶瓷工厂。欧洲早期的陶瓷厂基本都是为皇室服务的，当时陶瓷价格昂贵，普通的市民阶层根本无法消费这些奢侈品。紧随德国之后，法国、英国和斯堪的纳维亚国家都建立了陶瓷工厂，其中最著名的包括：法国的塞夫尔陶瓷厂（Sèvres）、英国的韦奇伍德陶瓷厂、皇家伍斯特陶瓷厂（Royal Worcester）、斯波德陶瓷厂（Spode）和道尔顿陶瓷厂（Doulton）、斯堪的纳维亚国家的罗斯兰陶瓷厂（Rörstrand）和皇家歌本哈根陶瓷厂（Royal Copenhagen）。

"在 18 世纪的法国，艺术家和手工艺人之间始终保持着一种健康的合作关系。这种合作关系使他们能够为一个有鉴赏力的客户群提供高品质的、声誉良好的奢侈品和室内陈设品。"[1] 塞夫尔皇家瓷器厂生产的瓷器体现了艺术家与工艺技师之间的密切合作关系，这种合作模式也使得塞夫尔的陶瓷产品更具特色。工厂生产的陶瓷产品不仅满足了皇室的需求，同时也迎合了 18 世纪晚期城市士绅阶层的审美品位。

18 世纪的塞夫尔瓷器深受洛可可风格的影响，塞夫尔陶瓷的装饰多采用洛可可式的装饰纹样。路易十五的宠姬蓬巴杜夫人（Madame de Pompadour，1721 ～ 1764 年）是塞夫尔的庇护者，她是广为人知的艺术和文学的赞助者，在她的推动下，塞夫尔的瓷器成为书桌上的流行饰品。从 1757 年到 1764 年间，塞夫尔的陶瓷产品多数是蓬巴杜夫人喜欢的玫瑰底色，这种玫瑰色也因此叫做"玫瑰色蓬巴杜式"。

塞夫尔皇家瓷器厂生产的瓷器种类包括日用瓷和陈设瓷，这些瓷

---

1 （美）大卫·瑞兹曼 . 现代设计史 [M]. （澳）王栩宁等译 . 北京：中国人民大学出版社，2007：6.

器都以奇特的造型、华丽的装饰、光亮的釉色为特
征。塞夫尔最为人熟知的瓷器是那些有着鲜艳背景
色，装饰有人物图案的 18 世纪花瓶和其他类别的陈
设瓷。这些瓷器工艺雕琢，往往采用浮雕装饰，表面
进行镀金处理。在这些作品中最引人注目的是船形
"百花香"香器（图 3-1），这件香器制作于 1761 年，
是意大利金匠让 - 克洛德·迪普莱西（Jean-Claude
Duplessis，1695 ~ 1773 年）制作的模型。洛可可风
格的容器做工非常繁杂，器物上部镂空的孔洞可以使
花香从容器中散发出来，船形容器上部还雕刻有栩栩
如生的象征风的飘带。

　　塞夫尔是 18 世纪法国最著名的陶瓷厂，塞夫尔
的陶瓷显现了宫廷的奢华本色，这些陶瓷产品华丽炫
目的装饰，意在强化贵族们尊贵的地位和身份。与此

图 3-1　"百花香"香器

同时期的英国也在进行大规模的陶瓷探索和生产，除了为皇室和上流
社会生产瓷器之外，与塞夫尔瓷器的奢华本色不同的是，英国的陶瓷
厂开始关注为中产阶级制作瓷器。这一变化的出现，与英国社会的变
革关系密切。

　　近代英国经济的发展始于 16 世纪兴起的航海业，18 世纪的英国
进入维多利亚时代之后，开始了英国历史上的"黄金时代"。从英国
开始的工业革命把英国从一个落后的农业国转变为工业国家，这一时
期是英国自由资本主义经济的鼎盛时期，英国成为"世界工厂"。工
业革命也影响到英国陶瓷行业的发展，这一时期兴建的陶瓷厂都不断
进行技术革新，以便进入欧洲大陆的奢侈品市场进行竞争。再加上当
时的欧洲人习惯了饮茶和咖啡，越来越多的英国人喜欢吃热菜，这些
因素也刺激了陶瓷产业的发展。首先对这种需求作出反应的是约西
亚·韦奇伍德，他是 18 世纪最具有创新精神的企业家之一。

　　韦奇伍德 1730 年出生于斯塔福德郡的一个陶工世家，从小受家
族影响便在自家习陶。韦奇伍德于 1759 年创立了陶瓷厂，并以自己
的姓氏对工厂进行命名。作为受过严格工艺训练的陶工，韦奇伍德早
期主要进行技术研究，他研制的米黄色釉做成的陶器，在当时被公
认为是最精致的产品。这些陶器造型简单，采用了浮雕和绘画等有
限装饰，这种风格的陶器产品在当时立刻被奢侈品市场接纳，并很
快在欧洲市场中占据一席之地。1765 年，英格兰女王夏洛特（Queen
Charlotte）订制了这套陶器，这张皇家订单为韦奇伍德公司带来了
声誉。以至于这套订制的陶器在 1765 年之后被称为"王后陶器"。王
后陶器融合高品质和低廉的价格于一体，开辟了现代陶瓷生产的新纪
元。这种陶器容易翻模成型，因此适合进行大规模生产。韦奇伍德公

司生产的王后陶器很快风靡世界，伴随着这一商业上的成功，韦奇伍德公司在1769年建立了规模更大的工厂埃特鲁里亚。

韦奇伍德继续在工艺上进行探索，并通过在黏土中混合宝石原料，生产出黑陶和碧玉陶等新陶器品种。这些陶器表面黑色或蓝色的不透明釉面和注浆成型的白色浮雕人物装饰相互呼应，这种风格的陶器在当时非常具有特色，深受欧洲贵族们的喜爱。这类陶瓷装饰迎合了贵族们对于古希腊罗马时代文物的追忆和对古典人文主义价值的追求。

韦奇伍德在陶瓷工艺探索上的成就还不止这些，"18世纪中叶，英国陶瓷工艺上有两大革新：一是通过洗的方法及改善陶泥混合比使陶更洁白，使之接近于瓷器；二是在模具中重复浇筑泥浆的成型方法。"[1]韦奇伍德将这两种革新延续并加以综合。工厂扩大了生产规模，实行了劳动分工，韦奇伍德还率先在陶瓷生产中使用机械设备。这些革新都对陶器的生产产生了重大的影响。重复浇筑泥浆的准确性，使陶器成品率不再依赖于操作工人的技法，产品的质量完全取决于模具原型的设计。技法高超的模具师和设计师也因此受到重视。1752年，韦奇伍德还采用了利物浦一家公司发明的转印技术，这种新颖的转印技术开创了陶瓷贴花纸装饰的先河。转印技术可以将图案印刷到陶器上，这一技术的使用让韦奇伍德公司的机械化生产模式更加完善了。韦奇伍德公司还在1812年首次推出骨瓷（Bone China）产品，这些骨瓷色泽纯白温润，具有半透明的效果，且质地轻薄，极为坚固耐用。

韦奇伍德瓷器的特点是古典主义与精致工艺的融合。18世纪兴起于罗马的新古典主义，影响到韦奇伍德的陶瓷装饰风格。"新古典不只是影响设计风格，它也寓意着一次意味深长的理性变化，是与正在兴起的理性主义思潮齐头并进的，即设计依赖于一系列的原理、规则和方法。"[2]"波特兰"花瓶（Portland）是韦奇伍德公司以古罗马为装饰题材的产品中最著名的一件（图3-2）。波特兰花瓶生产于1790年，现藏大英博物馆。这件花瓶的原型是根据古董商从意大利带入英国的公元前1世纪的宝石玻璃瓶仿制的。韦奇伍德委托雕塑家约翰·弗拉克斯曼（John Flaxman，1755～1826年）雕刻了花瓶的浮雕模具。花瓶上的这种浮雕可用于不同的花瓶表面，或者作为板材用在家具上作装饰，这种陶瓷生产方法提高了成品率和生产效率。

韦奇伍德逐渐意识到设计对陶瓷销售的重要性，他邀请了当时著名的新古典主义雕塑家约翰·弗拉克斯曼、

图3-2 "波特兰"花瓶

---

1 何人可主编．工业设计史[M]．北京：高等教育出版社，2004：35.
2 何人可主编．工业设计史[M]．北京：高等教育出版社，2004：35.

画家约瑟夫·莱特（Joseph Wright）和乔治·斯塔布斯（George Stubbs，1724～1806年）为工厂设计产品。韦奇伍德促进了艺术家与工业的联姻，他们也成为最早的工业设计师。

韦奇伍德具有独到的商业眼光，他将工厂的生产分成两个部分，以适应欧洲社会不同社会阶层的需求。韦奇伍德的产品一部分是为欧洲上流社会生产的，这部分产品是极富艺术性的装饰品。另一部分产品是大批量生产的日用品，以迎合新兴的中产阶级的审美和实用需求。两种不同生产模式的定位，让韦奇伍德公司取得了巨大的声誉和利润。其中，极富艺术性的装饰品的生产，让韦奇伍德公司成为陶瓷行业的风向标，大批量生产又为韦奇伍德公司带来了巨额的商业利润。韦奇伍德还针对不同国家和阶层，制定了不同的营销策略，这一策略可以看做是现代市场学的先声。韦奇伍德公司从1773年开始印制产品目录，以大力宣传工厂的产品，带有洛可可装饰风格的目录后来又增加了法、荷、德文版本。这一举措让韦奇伍德的瓷器很快行销欧美。

韦奇伍德创造了英国陶瓷产业的辉煌，与他同时期英国还有其他著名的陶瓷厂，伍斯特和斯波德分别创建于1751年和1770年。这两家陶瓷厂在英国陶瓷工业的发展中扮演着重要角色。伍斯特陶瓷厂是由一名医生：约翰·沃尔博士（Dr.John Wall）和一位药剂师：威廉·戴维斯（William Davis）建立的。他们当时研发出一种独特的生产陶瓷的方法，在他们的游说下15名商人共同出资在伍斯特的塞文河畔兴建了新工厂。

约翰博士1774年退休后，工厂交给合伙人威廉·戴维斯继续经营，直到1783年，工厂被托马斯·富莱特（Thomas Flight）收购。1789年，伍斯特的陶瓷品质获得了很高的评价和认可。国王乔治三世也亲临工厂参观，并授予伍斯特"英廷供货许可证"（Royal Warrant），允许向英国王室供应陶瓷产品。就这样，伍斯特工厂的名字前面被冠以"皇家"（Royal）的称号。伍斯特工厂在1807年和1808年还分别获得威尔士亲王和威尔士王妃的授权，工厂现在仍然为皇室服务。在此后相当长的一段时间内，皇家伍斯特陶瓷厂都没有竞争对手，工厂的陶瓷产品也风靡世界，现在皇家伍斯特是英国最大的骨瓷生产商之一。

1792年，马丁·巴尔（Martin Barr）作为合伙人加入伍斯特公司，这一时期伍斯特的瓷器的标识通常用大写字母"B"标注，此后，公司通过更加精细的制作和印刷技术来传达这一标记。富莱特和巴尔时期工厂确立了各种形制，皇家伍斯特逐渐成为欧洲主要的陶瓷生产商之一。

早期的伍斯特瓷器是在釉面下绘制蓝色，这种瓷器在当时很受欢迎，工厂在创建的最初十年都是在生产这种瓷器。同时期工厂也有少部分的珐琅釉上绘画，尽管这类产品在伍斯特早期产品中所占比重很少，但流传下来的都是精品。伍斯特在 18 世纪的瓷器生产中，表现出了不同寻常的新思想，工厂率先采用转印技术进行陶瓷表面装饰来实现大规模生产。

这个茶叶罐大约生产于 1768 年（图 3-3），在 18 世纪，茶是富裕家庭用来招待客人的饮品，用来盛装茶叶的容器也往往极具装饰性。最初，它作为奢侈品只限于富贵人家使用。18 世纪由于进口关税大幅削减，茶叶价钱逐渐跌落，饮茶渐渐在欧洲得到普及。这种趋势也影响了茶叶罐的造型，伍斯特茶叶罐的形制变得越来越宽大圆融。

18 世纪，斯波德是与韦奇伍德和皇家伍斯特齐名的英国陶瓷厂。斯波德是由约西亚·斯波德一世（Josiah Spode I，1733 ~ 1797 年）创建的，他与儿子约西亚二世为英国近代陶瓷工艺的发展作出了卓越贡献。他们取得的两个重大成果将重新定义陶瓷产业的内涵。其一是发明了近乎完美的蓝色釉下贴花，其二是完善了骨瓷配方。

中国的青花瓷在 18 世纪风靡世界，英国和整个欧洲市场都被大量进口的中国青花瓷器占领，然而到 1773 年进口开始变缓，导致供求紧张。当时欧洲市场对青花瓷器的需求仍然很大，在这种情形下，约西亚一世在 1784 年完善了釉下贴花技术，开始仿制中国的青花瓷。最初这些中国瓷器的仿品很快流行起来，很快，约西亚一世设计了早期的产品，比如：垂柳（Willow）、蓝塔（Blue Tower）和蓝色意大利（Blue Italian）（图 3-4）等。经过多次实验，约西亚一世和他的儿子约西亚二世还完善了骨瓷的配方，这是对陶瓷工业的重新定义。约西亚父子研制出的骨瓷亮白且半透明，这些品质上乘的骨瓷很快风靡全球。

道尔顿陶瓷厂比韦奇伍德、皇家伍斯特和斯波德陶瓷厂创建的时间稍晚，工厂建立于 1815 年。道尔顿公司逐渐在陶瓷领域获得声誉，其在 19 世纪成为英国顶级的卫生洁具厂商。

图 3-3（左）
茶叶罐

图 3-4（右）
蓝色意大利

　　德国、法国和英国在陶瓷领域的探索，也波及斯堪的纳维亚国家，瑞典和丹麦先后建立了罗斯兰和皇家哥本哈根陶瓷厂。罗斯兰于 1726 年建立，是欧洲第二古老的陶瓷厂。皇家哥本哈根陶瓷厂创建于 1775 年，是斯堪的纳维亚 18 世纪著名的陶瓷厂，原来的名称是"皇家瓷器制造厂"。

　　皇家哥本哈根最具代表性的陶瓷产品有"丹麦之花"（Flora Danica）和"唐草"（Blue Fluted）系列。丹麦之花是丹麦国王克里斯汀七世为俄国女皇凯瑟琳二世定制的礼物，由艺术家约翰·克里斯托夫·拜尔（Johann Christoph Bayer）负责设计制作。他出生于纽伦堡，从小受到父亲的影响迷上了瓷器绘画。这位自学成才的艺术家，对瓷绘艺术有着敏锐的艺术感悟。进入皇家根本哈根陶瓷厂工作之后，由于其技艺精湛，遂被任命负责设计制作丹麦之花系列产品。约翰·克里斯托夫·拜尔和工匠们仿造自然界中植物的图案，手工绘制瓷器上的纹样，再加上 24k 纯金镶边，让丹麦之花瓷器具有了皇家的尊贵气质。丹麦之花系列陶瓷器皿经过 12 年的制作，终于在 1802 年全部完工，一共制作了 1802 件作品，现在流传下来的有 1530 件。等到丹麦之花最终制作完成的时候，俄国女皇已经去世了，而丹麦之花以其奢华的做工、典雅的装饰、高超的制作工艺而留在了丹麦王室，成为丹麦的国宝瓷器。这些作品被誉为"瓷器黄金时代"最具艺术灵感的欧洲艺术品之一。除了丹麦之花系列产品之外，唐草系列也是皇家根本哈根陶瓷厂最具代表性的产品，唐草系列是丹麦传统文化的一部分，是皇家根本哈根最早的瓷器餐具。

　　罗斯兰和皇家哥本哈根陶瓷厂开辟了斯堪的纳维亚陶瓷生产的先河，这两家陶瓷厂的瓷器满足了北欧上流社会对瓷器的需求，也逐渐确立了斯堪的纳维亚陶瓷品牌在欧洲陶瓷行业的声誉。

3.3　齐彭代尔及家具工业

　　18 世纪欧洲的家具设计的风格主要由英国和法国主导，这一时期的家具仍然以传统的手工艺生产方法为主，这种生产模式制作出来的产品主要满足上流社会的需要。但是，18 世纪市民阶层，尤其是新兴的中产阶级日益膨胀的消费需求，在客观上也刺激了家具行业的发展，他们需要实用的家具产品，而不是精雕细琢的工艺品。

　　早在 18 世纪初，家具行业的专业化分工就已出现，家具制造业日趋复杂的生产合作模式，在狄德罗的《百科全书》中有详细描述。伴随这种专业化生产模式的出现，也形成了不同的家具工种，有细木工、制镜工、玻璃工、刻花工、包衬工、金工等。英国的家具行业也逐渐从行会的禁锢中解放出来，家具行业日趋扩大的生产销售模式，也让家具生产者开始组建企业，不少企业家以伦敦为中心进行家具的生产和销售。齐彭代尔家具厂是这一时期最著名的家具企业。

"到 18 世纪中期，奢华品的制造如梳妆台或衣柜等，都可能包含多种不同的工艺技术。比如，基础的底座雕刻可能由木工承担，而表面装饰和镶嵌工艺则属其他技术，由专门师傅使用特殊材料和技巧来完成。金匠和瓷器制造厂提供镀金的附件和瓷片，同时，还有一个相对独立的手工艺团体负责室内装潢工艺，他们采用的纺织品材料通常由里昂的制造厂提供。"[1]家具专业化分工的出现，是家具制造业的重要转变，促进了设计与制作分离。在工业革命之前，设计与制作是一体的，制作者本身就是设计者，工业革命之后，设计与制作开始分离，这是现代设计的先兆。伴随着专业化分工的出现，早期的工业设计师也逐渐产生了。家具行业的这一分工，促使家具制造商在生产前就要进行产品的规划，一些家具公司开始雇佣设计师和绘图员，这些公司也越来越重视产品宣传的作用，在伦敦乃至欧洲开始大力宣传和推销家具产品。

法国在这一时期设计的主流风格有洛可可和新古典主义风格，洛可可风格主要在路易十五时期盛行，到路易十六时期，逐渐从洛可可风格过渡到新古典主义风格，新古典主义风格是对后期洛可可风格过于矫饰和华丽风格的修正，凡尔赛宫路易十六的图书馆的室内设计就体现了新古典主义风格。

路易十六时期的家具依然延续着洛可可式的装饰风格，装饰手法也多样化，有使用包铜和镀铜浮雕的装饰手法，有利用不同木材色彩对比的镶嵌花纹的装饰方法，还有使用织物包衬等装饰手法。除了洛可可风格之外，路易十六时期法国的家具设计风格还具有纤巧灵秀、优雅高贵的新古典主义特点，在造型方面习惯于使用直线条，注重强调结构力度的表现。此外，路易十六的王后玛丽·安托瓦内特（Marie Antoinette，1755～1793 年）也影响了家具设计的风格，她所倡导的"仕女闺房家具"在当时较为流行。这种类型的家具雕刻精细，常用彩绘或蓝底白浮雕的塞夫尔瓷片作装饰。

法国 18 世纪优秀的家具设计师中比较有代表性的人物是珍·法兰索·欧本（Jean Franccis Oeben，1720～1763 年）和亚当·韦斯韦勒（Adam Weisweiler，1744～1820 年）。他们被认为是最早脱离洛可可风格，开创新风的家具设计行业的代表性人物之一。欧本是最早在曲线家具中植入直线的设计师，他的家具设计曾经受到蓬巴杜夫人的青睐。亚当·韦斯韦勒是路易十六时期著名的家具设计师，这件

1 （美）大卫·瑞兹曼著 . 现代设计史 [M]. （澳）王栩宁等译 . 北京：中国人民大学出版社，2007：8.

18 世纪晚期出自韦斯韦勒作坊的橱柜比较具有代表性（图 3-5），它针对的客户是中产阶级，这件家具表面镶嵌了塞夫尔瓷片，细腻的工艺和朴素的造型，让这件家具成为精品。这件家具的过人之处还在于它的面板可拉下作为写字台面使用，这种节约空间的设计，让它很适合于放在城市的公寓中使用。

1789 年爆发的法国大革命也影响到法国家具行业的发展，1791 年，革命政府下令取缔行会享有的手工艺品垄断权，这一特权被看做是封建君主政体的残余而被废除。这一事件导致的后果是学徒教育失去了监督机制，产品价值失去了保护体系。新的革命政府承担起教育职责，开设了手工艺学校，但是，新的环境让手工艺师们不得不参与到更商业化的竞争中，原有的手工艺师、艺术家、商人与客户之间的协作关系被破坏了，这种协作关系是 18 世纪维持法国和其他欧洲国家奢侈品品质的保障。

图 3-5 亚当·韦斯韦勒设计的橱柜

18 世纪早期欧洲的家具设计大部分局限在对精雕细琢的法国家具风格的模仿上，英国家具制造商齐彭代尔的出现改变了这一现状，托马斯·齐彭代尔（Thomas Chippendale，1718 ～ 1779 年）是乔治亚时期洛可可风格和新古典主义风格的伦敦家具制造商和家具设计师。他的家具设计提供了简约化的设计改良样本，雕刻工艺的减少，也让家具的价格降低，这种家具风格迎合了中产阶级的需求。齐彭代尔的家族长期从事木材的贸易，他从小就在父亲约翰·齐彭代尔（John Chippendale，1690 ～ 1768 年）那里接受了基本的训练。1754 年，齐彭代尔搬迁到伦敦马丁街 60 ～ 62 号，在此后的 60 年间，齐彭代尔的家族企业就设在这里，直到 1813 年，他的儿子小托马斯（1749 ～ 1822 年）因为破产从这里被驱逐出去。

齐彭代尔是一位工艺熟练的木匠，从 1754 年开始制作家具。他还是一位室内设计师，在室内装饰和色彩方面颇有研究。他建议在室内装饰方面，采用多种色彩的装饰绘画。齐彭代尔经常从贵族那里接受大笔的佣金从事室内设计业务。他还与罗伯特·亚当（Robert Adam，1728 ～ 1792 年）合作设计了布拉科特大厅（Brocket Hall）的室内和家具。罗伯特·亚当是英国 18 世纪著名的建筑师，他同时还从事家具和室内设计，主要为富有的客户提供具有装饰性的家居产品。亚当的家具设计具有严谨匀称的造型，融合了古典建筑的装饰元素，他常常在家具表面加贴金箔或色彩艳丽的丝绸让家具具有浓郁的装饰性。

齐彭代尔位于伦敦的家具作坊在 18 世纪中晚期生意非常兴隆。1754 年，他出版了设计丛书《绅士与家具木工指南》（The Gentleman

图 3-6 《绅士与家具木工指南》书中的家具图样

and Cabinet-Makers Director）手册（图 3-6），这套书的出版让齐彭代尔在欧洲家具行业拥有响亮的名声。他出版的目的是确立家具的时尚风格，向富裕的消费者提供一份布置住宅的产品参考目录。设计丛书第一期出版时间选在大选后国会开放的日子，当时，新当选的议员正要迁居伦敦，这本家具手册的出版，无形中为齐彭代尔的家具工厂作了宣传和推广，这是广告的早期应用的成功案例。

齐彭代尔的家具手册为其他家具制造商提供了指导，这本家具手册介绍了四种主要的风格：英国式的古典风格、路易十五时期法国的洛可可风格、具有交织网格和涂漆装饰的中式风格、具有尖拱的哥特式风格。很快"齐彭代尔式"的家具开始在都柏林、费城、里斯本、哥本哈根和汉堡流行起来。甚至凯瑟琳大帝和路易十六都着迷于这种样式的家具，并把它翻译成法文版本。

3.4　博尔顿及金属制品工业

18 世纪下半叶的欧洲经历了政治、经济、社会和技术层面的深层次变革，这一时期的产品也反映出这种变革的影响，从各个方面折射出各种文化的映像，出现了多种潮流和风格。譬如，韦奇伍德的产品让人联想起逝去的希腊和古罗马文明，齐彭代尔的中式风格的家具引起人们对东方情调的向往。在沃尔特·斯考特爵士（Sir Walter Scott，1771 ~ 1832 年）的小说中流露出对哥特式风格的兴趣，以及对埃及风格的敬仰。法国这一时期也在流行类似的风格。在这样一个社会大变革时期，皇室的审美品位已不是唯一的榜样，新兴的中产阶级的品位也成为左右时尚的重要力量。折中主义也因此成为民主化的代言，并伴随着大批量生产和销售得以广泛传播。

除了多变的流行风格，英国 18 世纪的工业化进程，最显著的变化是新技术和新材料的不断采用，加速了英国工业化的进程，也促进了产品的生产。譬如，煤炭的开采对伯明翰冶铁工业的发展起到了推动作用。在 18 世纪早期，伯明翰就已成为英国冶铁工业的中心。当时冶铁使用的是焦炭，可以用很容易和便宜的方法生产出来，但是，伴随而来的是英国森林的毁灭性开采，冶铁业也因此面临原料短缺的危机。很快，在伯明翰附近的沃里克郡（Warwickshire）发现了储量很大的煤炭可以用于金属冶炼，煤炭的发现对生铁冶炼技术带来了很大发展，冶铁业也成为英国的大规模产业之一。伯明翰的金属制品行业也伴随着冶铁业的发展而繁荣起来，各种金属制品的生产不断扩大，这些金属制品主要包括：各种金属纽扣、皮带扣、扣环、表链、牙签盒、别针、烛台等。在金属制品的生产领域，新技术的应用起到了关键性作用。蒸汽机第一次被应用于日用品生产中，将蒸汽机与产品制造联姻的核心人物是英国的博尔顿，他也是重要的英国金属制品生产商，他利用蒸汽作动力实现了批量化的机械生产。

马修·博尔顿（Matthew Boulton，1728～1809 年）1759 年接手父亲的作坊，他很快就面临了来自金属制品行业的激烈竞争，产品要比竞争对手低廉，才能在这场竞争中生存下来，博尔顿决定在金属制品的生产中引入大机械化的生产模式。1761 年，他在苏荷区（Soho）购买了一块河边的土地用来建造大型的工厂，这个地点正好可以利用水力机器。现代化生产模式运行后，博尔顿工厂的产量大幅增加，位于苏荷区的工厂在 1766 年全部建成，鼎盛时期这里曾经雇用了六百多名工人工作。但是，利用水力作动力在当时面临这样一个难题，河水枯竭期就需要其他动力作补充。詹姆斯·瓦特（James Watt，1736～1819 年）的出现为博尔顿的工厂带来了转机，瓦特当时一直在研究蒸汽动力，为解决工厂生产上的难题，博尔顿决定在生产中使用蒸汽动力。1773 年，第一台蒸汽机在工厂投入试验运作，1776 年之后，蒸汽机被广泛应用于博尔顿的工厂中。蒸汽机的使用解决了厂址选择的局限性，过去利用水力作动力，工厂要临水而建，使用蒸汽动力之后，工厂就可以选在条件更适宜的地方。蒸汽动力的使用，也使得批量生产成为可能，博尔顿和瓦特的这一革新为工厂带来了革命性的影响。

经济在英国这一时期产品设计的发展中占据主导地位，"这句话的意思是说，为什么这一时期声名卓著的是企业家或者改革者，比如像韦奇伍德、齐彭代尔和博尔顿等人，而不是为这些工厂设计产品的设计师或者艺术家。"[1] 设计在 18 世纪还未得到充分重视，博尔顿的工厂更注重技术革新。当时工厂主要生产有价格竞争力的时尚小产品，博尔顿通过这些产品在商业上获得了极大成功。但是，他很快不满足这种现状，他把业务继续扩展到其他生产领域，博尔顿发现了一种廉价的方法可以在铜坯上电镀银，后来又将这一方法延伸到黄铜坯上镀合金，此后，还发现了许多类似的装饰方法，这种产品表面的装饰手法，不仅降低了生产成本，还提高了装饰性。

博尔顿的市场策略分为两部分，其一是生产时尚的潮流化大众产品，以迎合中产阶级的消费需求。其二是使用昂贵的材料和高水平的手工技艺为那些有鉴赏力的客户定制产品。后面这类产品的经济利润并不高，但是这类产品为博尔顿的工厂带来了良好的声誉，他也因此结识了一大批社会名流，与这些上流社会贵族们的交往中，博尔顿不断发现新的构想。

博尔顿生产的最著名产品是由亚当·罗伯特和詹姆斯兄弟（Robert，1728～1792 年 and James Adam，1730～1794 年）设计的

1　John Heskett.*Industrial Design*[M].London：Thames and Hudson Ltd.，1987：13.

图 3-7　新古典风格的烛台

新古典主义风格的产品，这种风格成为 18 世纪末贵族和城市中产阶级的主要审美品位。同时，在产品设计中采用造型简洁的新古典风格的装饰有利于大批量生产。譬如，博尔特公司生产的新古典风格的烛台（图 3-7），简约的造型、流畅的线条让产品更具时尚魅力，这些产品深受中产阶级的喜爱。

博尔顿的设计方法是折中主义的，他认为时尚与产品之间有着密切关系。具有时尚性、价格便宜的产品是商业销售的制胜法宝。在产品设计方面，博尔顿经常搜集各种图样进行分类研究，他国外的朋友也会为他提供大量的书籍和样品。博尔顿还从著名艺术家约翰·弗拉克斯曼和詹姆斯·怀亚特（James Wyatt，1746～1813年）那里购买设计图样和模型。但是，博尔顿工厂的设计主要是由工厂雇佣的绘图员和工人技师根据从别处收集来的图案和样本设计出来的，他们的名字很少被外人所知。

3.5　美国的制造体系与设计

18 世纪的美国还是一个落后的农业国，19 世纪早期的西部大开发运动，让美国成为幅员辽阔、自然资源丰富的国家，大量移民的涌入使得美国能够进行大规模的农业生产，开发蕴藏丰富的工业资源，这些有利的条件让美国工业飞速发展起来，以至于很快摧毁了英国在工业上的垄断地位。伴随着西部大开发运动，劳动力短缺的问题出现了，加之对日用品需求的大幅增加，促进了美国工业进行合理化的机械生产模式改革的出现。

19 世纪中叶，伦敦的博览会让世界认识到美国的工业生产体系，这一生产体系的特征是"标注化产品的大规模生产，可互换的部件，在简单的机械操作中使用大功率的机器。"[1] 这种生产模式被称为"美国制造体系"。在欧洲，美国早期的制造体系被批评为粗制滥造，这一时期的美国产品缺乏一定的美感和文化内涵，产品中出现的装饰，往往是出于对销售的考虑，而不是美化商品，满足消费者的审美需求。

美国工业和制造体系的发展和形成，有来自欧洲先驱们的探索和影响。大约在 1729 年，瑞典人克里斯托夫（Christopher Pohlem）就发明了以水为动力生产的可互换的钟表齿轮，这是最早出现的"互换零件"（Interchangeable Parts）的概念。1790 年代，法国军官为了减少枪支的现场修理，力图将武器标准化，他们把损坏武器上

1　John Heskett. *Industrial Design*[M]. London：Thames and Hudson Ltd.，1987：50.

完好的零件拆卸下来，替换掉其他武器上损坏的零件，这一做法被称为"拼修"。但是，当时的机械化生产模式达不到标准化生产的精度。18 世纪晚期，一名法国军火商布兰克（Le Blanc）利用零件互换的方法生产出滑膛枪。1728 年，时任美国驻法大使的托马斯·杰弗逊（Thomas Jefferson，1743～1826 年）在参观完布兰克工厂之后，在一封信中写道："在滑膛枪的结构中作了改进……枪的每个组成部件都完全相同，枪的零件之间可以互换……当枪需要修理时，这种生产方式的优点是显而易见的。"[1] 这种互换零件的方法大约 1800 年在美国兴起，当时被称为"美国制造体系之父"的伊莱·怀特尼（Eli Whitney，1765～1825 年）和左轮手枪的研制者塞缪尔·柯尔特（Samuel Colt，1814～1862 年）成为这一生产方法的倡导者。在互换零件概念下生产的滑膛枪，每个零件都要经过仔细打磨，用测微计测量核准后，才能实现精确的零件尺寸，以达到互换的要求。互换性或者说是通用性概念是 19 世纪工业化发展的关键，是美国制造体系的特点。这一方法很快从军火行业，应用到钟表业、缝纫机、打字机行业，后来又应用到自行车和汽车制造业。

　　美国制造体系对欧洲乃至世界最重要的影响来自军火生产方面。美国的一名军火商霍尔（John Hancock Hall）从 1824 年开始，经过长达 20 年之久的简化型来复枪的生产和研究（图 3-8），他要求枪支的每个零件都要实现互换，他生产的枪支极为实用，这种生产方法不断被一些厂家改进，对世界军火生产产生了重要影响。19 世纪中叶，美国制造体系在军火生产的另一个领域取得了成效，又一名美国军火商科尔特成功发明第一把带旋转弹仓的单管手枪，"科尔特的手枪是单动击发，每次击发时翘起一个击锤，把下一颗子弹推进膛线，然后一扣扳机便可释放击锤完成单动击发。"[2] 科尔特的左轮手枪与来复枪一样，高度精密的零件也可以实现互换，这种手枪成为此后沿袭多年的手枪标准样式。"评论家约翰·赫斯科特（John Heskett）指出，在 19 世纪早期可互换部件的轻武器的大规模生产中，其加工过程对于精密度，以及为了确保准确一致而谨慎操作严防疏漏的那种严格要求，

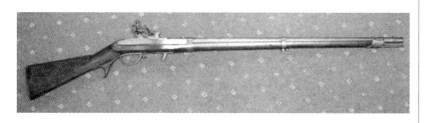

图 3-8　霍尔的简化型来复枪

1　John Heskett.*Industrial Design*[M].London：Thames and Hudson Ltd.，1987：50.
2　（美）罗德尼·卡黎索.改变人类生活的 418 项发明与发现 [M].任东升等译.天津：百花文艺出版社，2009：273.

图 3-9　1846 年的伊莱亚斯·霍维缝纫机

对生产方式的变化，起到了重要的推动作用。"[1] 美国军火行业的发展，与持续不断的领土之争和内部土著的战争有着密切的关联，这些造价低廉、性能可靠的武器让美国军队的规模不断壮大。

钟表行业也很快受到通用化制造体系的影响，1838 年，钟表行业第一次尝试进行批量化生产。在生产初期遇到不少困难，停滞了一段时间，直到 1850 年再次开始进行批量化生产。把枪支的互换零件原理应用到钟表行业中，这一方法最终取得了成效，到 19 世纪末，钟表行业成为美国的主要产业。

美国人继续将这一生产模式延续下去，1850 年代艾萨克·梅里特·胜家（Isaac Merrit Singer，1811 ～ 1875 年）的早期缝纫机制造厂也是美国制造体系的体现。在 18 世纪末到 1830 年代之间，人们为了发明一种能缝纫的机器进行了很多次的尝试。1820 年代，一位法国裁缝巴泰莱米·蒂蒙尼（Barthelemy Thimonnier）制作出一些缝纫机，并在市场上销售，但是那些缝纫机质量太差。1832 年，美国人沃尔特·亨特（Walter Hunt，1796 ～ 1859 年）发明了一台缝纫机，缺点是只能缝直线。最终，美国人伊莱亚斯·霍维（Elias Howe，1819 ～ 1867 年）发明了一种特殊的缝纫针，这种针可以把线穿在针尖上。这一发明使得缝纫工作变得更加容易，1843 年生产出第一台缝纫机（图 3-9）。此后，梅里特·胜家改良了霍维的设计，1851 年生产出第一台胜家缝纫机，史学家们把霍维与胜家同时看做是缝纫机的发明者。缝纫机的发明让制衣行业发生了很大变化，深刻影响了制衣业的生产模式。

史学家把缝纫机的发明权认定为霍维与胜家，但沃尔特·亨特是美国最早发明缝纫机的人，他是一位天才的发明家，除了缝纫机之外，他还有许多精彩的发明。安全别针（Safety Pin）就是其中之一（图 3-10），这位来自纽约的技工原本是为偿还债务而发明的安全别针，他花费了三个小时时间思考出这个不起眼的小产品，并于 1849 年 4 月 1 日申请了专利，他把专利以四百美金的价格卖出去偿还了所欠的债务。

美国在 18 和 19 世纪所进行的设计和制造探索，形成了美国的制造体系。与这些探索同时进行的还有美国的"震颤教派风格"的产品设计。震颤教派风格通常被认作是殖民地风格的一种世纪变体。"震颤教派"（Shakers）是基督教的新教派别，全名是"基督复临信徒联合会"。18 世纪从英国的贵格会中分离出来，1774 年在创始人安·李（Ann Lee，1736 ～ 1784 年）的率领下迁移至美国，不久在美国流传

图 3-10　安全别针

1　（美）大卫·瑞兹曼 . 现代设计史 [M]. （澳）王栩宁等译 . 北京 : 中国人民大学出版社，2007 : 22.

开来。震颤教派在进行宗教仪式的时候四肢颤动，整个身体也不停地摆动，他们认为这种境界可以与圣灵沟通，教派也因此得名。震颤教派创造的一些家具和日用品引起了广泛的关注和称颂。这些用品包括纺织机、织布机、椅子、金属笔尖、晒衣夹、去苹果核的机器等。这些日用品具有简约实用的风格，这与教派的创始人安·李所倡导的理念有关，震颤教派倡导简单和朴素，去除物品多余的装饰，简洁被认为是一种最纯净的本质。

3.6 1851年伦敦博览会

1851 年，世界艺术与工业博览会在伦敦海德（Hyde）公园开幕。这次展览被认作是 19 世纪中叶手工业制作时代与工业化时代的分水岭，这次展览在工业设计的发展史上具有重要意义。一方面展示了欧美等国工业发展的成就，另一方面，一些粗制滥造的充满雕饰的产品也暴露了工业设计的问题，作为反面教材促进了工业设计的发展。还有，从这次展览中出现的大量普通商品，也进一步确立了欧洲中产阶级文化的出现，在此之前，从未有任何一个展览与文化以及社会变革紧密结合在一起。

1851 年的博览会在维多利亚女王的丈夫阿尔伯特亲王（Prince Albert）的支持下，影响波及欧洲各国和美国。这次展览的参展商半数以上来自英国以外的国家，也因此成为一个国际性的博览会。中国也在这次博览会中派出代表团参加，展位在展览馆南入口附近（图3-11）。这次展览的目的是为了炫耀英国先进的工业革命成果，试图让公众接受新的审美趣味，改变对已有风格的无节制的模仿。

1851 年的博览会最引人注目的是展馆建筑："水晶宫"（The

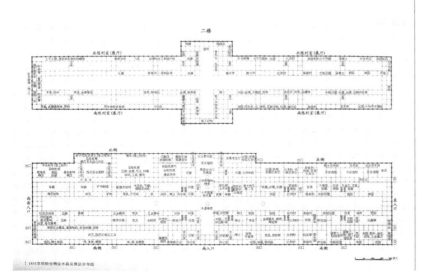

图 3-11 1851 年伦敦世界艺术与工业博览会展区分布图
（资料来源：《造物记》）

Crystal Palace)（图 3-12），这座用玻璃和钢铁搭建的玻璃房子，是世界上第一座采用重复生产的标准预制件建造起来的大型建筑。水晶宫的设计者是园艺师约瑟夫·帕克斯顿（Joseph Paxton，1801～1865 年），他采用装配温室的方法建造出水晶宫这个庞然大物，这原本是一个应急方案，却取得了意想不到的效果。水晶宫被认为是现代建筑的开山之作，这座建筑只用了铁、木和玻璃三种材料，从 1850 年 8 月开始施工，到第二年的 5 月 1 日结束，前后不到九个月就建成了。水晶宫创造了世界建筑史上的奇迹，水晶宫的出现在当时引起了轰动。展览结束后水晶宫被迁移到南郊辛登汉重新装配，此后成为英国重要的展览活动中心，直到 1936 年毁于一场大火。

　　与水晶宫现代化的建筑形象形成鲜明对比的是参展的展品，展品所暴露出的问题是实用功能的普遍缺失，充满雕琢的装饰主义动机泛滥。这种审美和功能畸形的发展状态也让艺术家、设计师和工程师开始思考产品装饰与功能之间的关系。由此引发了包括美与实用、造型和功能之间的大规模的争论，这一争论也促使了现代设计理论和实践的诞生。

　　这次展览中出现的一些展品将洛可可风格推到了浮夸的地步。洛可可艺术源自 18 世纪的法国，这是一种充满自然主义装饰动机的风格，设计师从自然形态中汲取装饰灵感，产品也因此充斥着雕琢和繁杂的装饰曲线，后来这一风格被新古典主义取代。对于这次展览中再次出现的洛可可风格，源自 1720 年代早期，当时英国人对刻

图 3-12　水晶宫

图 3-13（左）
洛可可风格的藏金箱

图 3-14（右）
鼓形书架

板的、直线条的新古典主义风格产生了审美疲劳，他们想要一种具有丰富装饰效果的产品，这让洛可可风格再度回潮。洛可可风格在当时影响到欧洲许多国家，譬如：伍斯特的陶瓷产品设计也采用过洛可可式的装饰动机。这一重新复活的洛可可装饰风格，在博览会中不断出现。譬如，一件女士使用的工作台变成了洛可可风格的藏金箱（图 3-13），上面装饰了一群天使的雕像，细弱的桌腿似乎很难支撑装饰的重量。还有一些家具表现出对新兴风格和装饰别出心裁的探索，例如，这件可以沿中心水平轴旋转的鼓形书架（图 3-14），书架侧面的花纹和支脚部分的狮爪造型的装饰，设计师不合时宜地把一些细枝末节进行大肆渲染。

　　还有一些展品表现出对功能与装饰的折中主义处理手法，譬如，美国人托马斯·沃伦(Thomas E. Warren)设计的"应用向心原理的凉椅"（图 3-15），这把椅子由钢铁和木材制作，装有天鹅绒的软垫。椅子具有可旋转的底座，底座部分采用了八根弯曲的半圆弧形铁条作支撑，铁条起到了弹性支承的作用，这一做法借鉴了火车车厢等交通工具的减振原理。但美中不足的是，椅子扶手处、靠背顶部和椅脚处卷曲的洛可可式装饰花纹，暴露了椅子为装饰而装饰的动机。

　　1851 年的博览会中除了展馆建筑之外的另一个亮点是美国的制造体系，美国是一个年轻的移民国家，与历史悠久的欧洲国家相比较少受到传统风格的制约，加之美国劳动力短缺，因此大规模的机械化生产模式在美国很快流行起来。美国此次参展的展品包括一批朴实无华的农业机械和军械产品，这些产品是应用零件互换原理生产出来的，这一做法的优点是显而易见的，譬如，此次展出的"海军"型左轮手枪，枪械零件的互换性使枪支的维护和生产变得更加容易。海军型左轮手枪也在展览中引起了轰动。这种零件互换性的功能主义设计是批量化工业生产的前提。美国这一时期制造体系中几乎都是由工程师主导，从枪械、机床、机车、轮船到铁路和桥梁的设计都体现了实用主义的功能性原则。

图 3-15　托马斯·沃伦
1849 年设计的可旋转座椅

　　在此次展览之前，欧洲的评论家们经常批评美国产品的粗制滥造，水晶宫展览之后，他们转变了观点。欧美在制造体系上存在差异的原因是多方面的，欧洲人注重的是基于手工艺传统之上的产品美学和经济价值，美国人则关注批量化生产模式下产品的实用性和功能性。美国设计由此以一种更为实用的方式发展起来。但从总体上来说，1851年的博览会在美学方面是失败的。

　　大多数建筑师和纯艺术家都对这次展览持批评态度，他们批评展品的装饰风格缺乏美学标准，展品层次参差不齐。其中，展览的组织者和艺术革新的倡导者欧文·琼斯（Owen Jones，1809～1874年）的评论比较具有代表性："新奇，但缺乏美感；唯美，但缺乏智慧，所有的作品都无甚主题和信念。"[1]作为对水晶宫博览会之后新的美学原则的探讨，1856年，欧文·琼斯出版了著作《装饰法则》，这在当时是一部非常全面的关于设计标准和理论的书籍，书中广泛收集了各种图案范例。《装饰法则》一书在19世纪晚期被大量再版印刷，这一时期有关建筑的装饰手法和色彩方面的阐述多取自该书。作为这次展览的后续影响，柯尔创建了一所教育机构：亨利·柯尔博物馆，来满足英国设计界的需要。此后，柯尔博物馆与产业博物馆合并，改名为维多利亚·阿尔伯特博物馆（Victoria and Albert Museum，通常简称V&A），专门进行美术品和工艺品的收藏。

1　（美）大卫·瑞兹曼.现代设计史[M].（澳）王栩宁等译.北京：中国人民大学出版社，2007：51.

第三篇 1866～1910年的工业设计

　　现代设计的萌起始于工业革命的伊始，工业革命的产生、发展对现代设计产生了巨大的影响，它直接导致了现代设计手段、方式和模式的转变。工业革命在人类发展历程中，影响之深、范围之广是前所未有的，它对社会生活的方方面面都起到了一定的震动，这场革命是人类历史上继农业社会之后的第二次巨大社会变革。

第4章 工业革命与设计

4.1 工业革命对现代设计的影响

英国是工业革命的发源地，从 1760 年代起英国开始了轰轰烈烈的工业革命，到 1840 年代基本完成，历时 80 年之久。工业革命对整个社会结构和生产方式都产生了深远的影响，在经济领域：生产力得到极大的提高，资本主义经济迅速发展，工业结构发生了巨大变化。在政治领域：西方率先进行工业革命，生产力的快速发展，使西方逐步走向强大，并且开始海外殖民战争，加速了弱小国家沦为殖民地和附属国的过程，使东方逐步从属于西方。在社会结构方面：引起了社会结构的变化，产生了两大对立的新兴阶级：工业资产阶级和无产阶级。在设计艺术方面：促进了新兴设计运动和艺术运动的出现，这些设计艺术运动的产生具有划时代的进步意义。总之，工业革命影响到社会生产、生活的各个层面，在设计领域，更是带来巨大的变革，主要体现在如下几方面。

4.1.1 生产方式的改变

随着大机械化工业生产的出现，传统手工业的生产模式受到巨大的冲击。工业革命带来了标准化、批量化和机械化的生产模式。这也对设计提出了新的要求，过去由手工制作完成的产品在功能和装饰上都存在随意性，但是，机械化生产要求标准化和机械化的模式，所有的雕饰都必须适应机械化的大批量生产。

4.1.2 设计、制作、销售手段和方式的改变

工业革命促使设计朝着专门化、职业化的方向发展，让设计从制作中分离出来。传统手工业时代设计与制作是一体的，这一时期的作坊主和工匠，既是设计者又是制作者，甚至还是产品的销售者。每个人对产品功能理解的不同、审美品位的差异以及技术水平的高低，也让手工艺产品表现出千差万别的风格和面貌。工业革命促进了设计与工业的联姻，使设计摆脱了个人狭隘经验的局限性，让设

计融入整个生产环节中。由此也出现了真正意义上的设计师，这些设计师和手工业时代设计师的区别在于，他们在产品生产之前，对整个设计流程，以及产品的销售情况要有一个明确的预见。这种设计模式也使得设计师不得不拥有更加广博的知识，设计所面对的问题也越来越多，设计也逐渐成为一门独立的学科形成并巩固下来。同时，工业化的生产模式要求产品具有标准化、统一化的特点，能够进行批量化生产，这一生产模式的改变对人类设计史的发展具有划时代的历史意义。

4.1.3　产品使用对象的复杂化

传统手工业设计的目标群体往往是上层的权贵阶层，这部分人的审美倾向直接影响着手工艺品的样式。工业革命之后，大批量的社会化生产，使得产品的使用对象变得越来越复杂化，消费者往往超越地域性和阶级性的限制，这就要求产品设计必须满足不同国家和民族的消费者的需要。

正是在工业革命的促进下，现代设计作为与传统设计大相径庭的一种设计模式而出现，设计逐渐成为一种文化现象、一种方式、方法和手段而受到越来越多的关注。由此，设计也步入了发展的新纪元。这是一个围绕着机器和机械化生产为核心的时代，一个以商品经济为主流的消费社会。

4.2　工业革命初期设计的发展概况

工业设计是大工业生产的产物，在工业革命之前，并没有工业设计，有的只是传统的手工艺设计模式，在私人的作坊里，工匠们用手工完成一件件产品，并没有精细的设计分工，产品也往往是为上层权贵制作的。整个设计产业的支持力量是权贵阶层，包括王权、教会和贵族，为了适应这部分人的审美品位，设计物品通常是充满雕饰的繁琐风格，最典型的设计风格莫过于 18 世纪流行的巴洛克风格，还有 19 世纪的维多利亚风格，这两种设计风格都是充满繁琐雕饰的例证。

18 世纪之前的欧洲，还处在农业经济时代，农业是整个欧洲的支柱性产业。欧洲的大部分君主往往采用重农抑商的政策，欧洲还处在封建时代。欧洲的权贵们要求保存民间工艺的行会组织，用以对抗来势汹汹的工业化浪潮。在工业化浪潮的侵袭下，也有少数开明的君主看到了工业化进程的必然趋势，转而支持工业化的发展。比如：俄国的彼得大帝、普鲁士的皇帝弗里德里克都在发展农业的同时，积极支持工业化的发展。

资产阶级作为工业革命产生之后的新兴阶层，他们在社会事务中发挥着越来越重要的作用，再加上 18 世纪末资产阶级新思想的蓬勃发展，一些重要的资产阶级思想家的出现，他们提出的自由、平等的观念冲击着当时的封建王权。资产阶级逐渐成为社会政治生活中的主流群体，这部分人的审美和价值观念也日益影响着设计艺术的发展。

在这种形势下，设计开始逐渐反映出资产阶级的特征和审美倾向。这种倾向首先从建筑设计和家具设计方面开始，在这之前古罗马风格已经垄断建筑和家具风格上千年了。在资产阶级新思潮的影响下，罗马以前时期没有被文艺复兴风格影响到的风格开始盛行，设计有走向复古风格的趋向。代表古典复兴设计风格的设计师主要有法国的艾丁·路易·包利（Etienne Louis Boullee，1728～1799 年）、克劳德·尼古拉斯·勒杜（Claude Nicolas Ledoux，1736～1806 年）等人。他们发展出一种简单的几何结构形式，采用早期古典的一些风格作为设计的依据。

设计上以复兴古典风格为核心的设计潮流，发展到希腊主义、图斯坎（Tuscan）风格，这场运动在设计史中被称为浪漫主义运动（Romantic Movement）。浪漫主义在 18 世纪和 19 世纪初期的欧洲非常繁荣，代表了资产阶级的审美倾向和价值观。浪漫主义运动是一个影响范围非常广泛的文化运动，它波及文学、艺术、音乐、舞蹈、诗歌等领域。

4.3　工艺美术运动

"工艺美术"运动（The Arts and Crafts Movement）是一场设计改良运动，起源于 1860 年代的英国，是 19 世纪末英国最主要的艺术运动。这场设计运动以追求自然纹样和哥特式风格为特征，起因是针对工业革命之后，大批量工业化生产所带来的设计水平下降的局面，力图通过复兴传统手工艺来重建艺术与设计的紧密联系。旨在提高产品质量，复兴手工艺品精雕细琢的设计传统。工艺美术运动在 1880～1890 年间达到顶峰，1896 年这场设计运动基本落幕，随后，被欧洲大陆兴起的"新艺术"运动逐渐取代。工艺美术运动是新的社会背景下艺术设计发展道路的一场改革改良运动。

工艺美术运动主要局限于手工艺设计领域，带有一定的乌托邦色彩，而且具有反对机械化大生产和提倡中世纪哥特式复兴的不足。但是，它在现代设计史上具有举足轻重的地位和影响，它是第一次现代意义上大规模的设计改良运动。它所提倡的"艺术与技术相结合"的原则具有重要意义，是现代设计史上第一次旗帜鲜明地提出艺术和技术平等的理论，这有助于消除艺术与设计的隔阂。同时，工艺美术运动所开创的真实、自然的设计风格，有助于消除雕琢堆砌、玩弄技巧的设计弊病。工艺美术运动还是对手工艺制造的高度肯定，代表着一种追求形式、功能和装饰三者之间有机融合的设计探索，摒弃大工业化生产缺少人情味、冷冰冰的机械味道。因此，工艺美术运动被看做是现代设计史的开端。

工艺美术运动的理论指导是约翰·拉斯金（John Ruskin，1819～1900年），威廉·莫里斯（William Morris，1834～1896年）则是运动的主要执行者，他身体力行地推行"工艺美术"运动。这个运动并没有一个统一的宣言或者理想，但是，它的成员有着或多或少类似的意见和看法。此外，查尔斯·伦尼·麦金托什（Charles Rennie Mackintosh，1868～1928年）、C·F·A·沃塞（Charles Francis Annesley Voysey，1857～1941年）和拉菲尔前派（Pre-Raphaelite）等人也是运动的主要代表人物。工艺美术运动作为现代工业设计运动的先导，其影响和波及领域都很广，具有国际影响力。

4.3.1   工艺美术运动产生的原因

工艺美术运动产生之前，欧洲各国资本主义都得到长足的发展，技术革命已经完成，工业化大生产的浪潮在欧洲国家先后出现，由此而引发了深层次的社会结构和城市生活的变革，从而也带来了新的社会思潮，引起审美观念的变化。城市中的劳动者、普通职员、中产阶级逐渐成为城市生活的主体，艺术设计服务的对象也逐渐转移到这一消费群体中，设计风格从而也受这部分人群审美品位的影响。

工业革命开始于18世纪的英国，经过几十年的发展，机械产品渗透到人们生活的各个方面。这些大工业生产的产品与手工制造的产品相比，呈现明显的机械化特征。但是有些粗制滥造的产品在外形装饰设计上，仍然照抄照搬传统手工艺产品的外观模式。用机械化大批量生产的产品，其精细程度自然不及手工业者精雕细刻的产品，显得过于粗糙。也有一些产品为了适应机械化的生产方式，外观设计得很简洁，却使一部分习惯雕琢繁琐的装饰风格的消费者难以接受。英国的工艺美术运动正是在这种混乱的局面下产生的，以拉斯金和莫里斯为代表的传统派，在理论上展开了对大机械化生产模式的批判和抵制。另一方面他们则通过积极的设计实践，企图恢复中世纪传统作坊生产的手工产品的标准，提倡公众热爱手工艺产品，抵制大工业化生产。为此，莫里斯建立了自己的染织作坊，亲自设计并以手工制作各种织物、壁纸、地毯和家具等。

4.3.2　工艺美术运动的设计风格

威廉·莫里斯作为工艺美术运动的核心人物，他的设计作品也奠定了工艺美术运动的设计风格。莫里斯的设计不仅包括平面设计，也有室内设计、纺织品设计等。他迷恋中世纪哥特式的风格，要在设计中复兴中世纪的传统，认为只有这种风格的设计才是好的设计。莫里斯的名言："不要在你家里放一件虽然你认为有用，但你认为并不美的东西。"他认为"美就是价值，就是功能"。莫里斯认为一件产品要做到功能与美的统一。

工艺美术运动否定机械化生产的缺少曲线的产品造型，采用自然界中有机物的形态，加以变化进行设计创作。由于产品采用了曲线的、富有装饰性的线条，使产品充满了生机感和运动感。工艺美术运动和风靡欧洲的巴洛克和洛可可的曲线风格有千丝万缕的联系。工艺美术运动的这种装饰风格很快在室内装饰、园林艺术、书籍装帧等各种工艺美术设计中表现出来，并影响了整个欧洲设计界。

4.3.3　工艺美术运动的主导者

被认为是工艺美术运动精神指导的约翰·拉斯金，是英国 19 世纪著名的美术史家和美术评论家，是维多利亚时代最重要的知识分子之一。他从未从事过建筑和产品设计工作，但是，他极大地影响了英国文艺界，拉斯金通过著书立说和到处演讲来传播他的思想，他的许多学说和思想都对设计、艺术和科学领域产生了影响。拉斯金完全否定工业产品的美学价值，提倡 19 世纪的哥特式风格，让人们退回到过去风格的泥潭中去，但是，他提倡设计与伦理道德结合，认为装饰是使建筑具有感人因素的根源所在，从而开辟了新的美学标准。他曾经说过："装饰是建筑艺术的主要组成部分……就是这一部分能够赋予建筑物以某种特性，或令人肃然起敬，或优美动人；如果不能达到这一目的，就没有必要进行装饰。"[1]拉斯金还为手工艺制定了一些规则，最具影响力的有如下三条："①从来都不鼓励制造任何绝对无用的产品，这种产品没有任何发明的成分。②从来不为了自己的喜好而制作，只为某些有实际用途的或高贵的理想去构思。③除非是为了保护杰出作品，我从不鼓励任何形式的模仿或复制。"[2]拉斯金制定的这些规则也成为工艺美术运动的指导性原则。

受拉斯金影响最深的是威廉·莫里斯，他是工艺美术运动的先驱人物之一，被认为是维多利亚时代最伟大的设计师、艺术家、诗人和

1　(英) 尼古拉斯·佩夫斯纳. 现代设计的先驱者——从威廉·莫里斯到格罗皮乌斯 [M]. 北京：中国建筑工业出版社，2004：1.

2　Lucie-Smith Edward.A History of Industrial Design[M].Phaidon, 1983：77.

散文家。莫里斯于 1834 年 3 月 24 日出生于埃塞克斯郡（Essex）的一个富商家庭。17 岁那年，他随母亲一道去参观 1851 年在伦敦海德公园举行的"水晶宫"国际工业博览会。博览会的建筑"水晶宫"是 20 世纪现代建筑的先声。这是一次全面展示欧美工业发展成就的展会，而"水晶宫"展出的内容却与其建筑形成了鲜明的对比，展品中存在的各种设计问题，反映出当时一种普遍的为装饰而装饰的热情，漠视任何基本的设计原则，滥用装饰的程度达到了登峰造极的地步。这次博览会也引发了社会各界的激烈讨论，从而导致设计改革的出现。莫里斯对于当时展出的展品很反感，这件事对他日后投身于反抗粗制滥造的工业制品有着密切的关系。

莫里斯是一位博学多才的人，早年间曾经在牛津大学学习神学，此外，哲学、建筑与绘画也是他的涉猎范畴，这种广博的知识背景令他能够在多个领域进行研究。莫里斯在牛津大学读书期间受到了约翰·拉斯金设计思想的影响。拉斯金通过极富雄辩的说教来宣传其思想。作为设计革新运动的思想领袖，拉斯金将产品粗制滥造的原因归罪于机械化批量生产，因而竭力指责工业化及其生产的产品。与拉斯金一样，莫里斯也认为产品的问题是与机器生产联系在一起的，但是，莫里斯并不像拉斯金那样害怕和厌恶机器，他认为劳动分工割裂了工作的一致性，因而造成了不负责任的装饰。

在反对工业化的同时，拉斯金对建筑和产品设计提出了若干准则，比如："师承自然、忠实于传统材料"等设计思想。莫里斯继承了拉斯金的思想，以自然为法则（图 4-1），在美学上以中世纪作为理想，主张手工艺制作，装饰图案都与中世纪道德和社会观念融合，提倡简洁的视觉装饰语言。莫里斯还主张从更广泛、更深刻的社会与伦理的角度去审视设计问题。首先，他反对有"高等艺术"与"次等艺术"之分，强调艺术家要与手工艺人合作，以实现日用品的改良设计。其次，他重视传统手工艺技术，注意挖掘整理发扬光大。他试图通过复兴传统手工技艺来消除大工业生产所造成的弊端。再次，他反对大机械化生产和工业化对人性的扼杀，试图通过设计改革，实现社会改良的乌托邦理想。

莫里斯前卫设计思想的第一次尝试，开始于他的新婚住宅"红屋"（Red House）的装修（图 4-2）。当莫里斯准备结婚，去购买居家用品来装点新居的时候，竟然无法在商店里买到一件令他满意的家具和生活用品，这使他十分震惊。在几位志同道合的朋友的合作下，他亲自动手按照自己的标准设计制作家庭用品。这些朋友包括他的妻子简·莫里斯，她善于刺绣工艺，还有菲利普·韦伯（Philip Webb，1831 ~ 1915 年）和丹特·加布里埃尔·罗塞蒂（Dante Gabriel Rossetti），他们负责设计家居用品。红屋的建筑设计则是由韦伯设

计的，他采用了哥特式建筑的某些特征，比如尖尖的拱顶和高坡度的屋顶等。红屋建筑的独到之处在于设计师在设计时想到的是一个舒适悠闲的中产阶级的需求，因此建筑也少了矫揉造作的风格。建筑物的外墙设计成简约利落的造型，采用清水红砖不加粉饰的形态，一反新古典建筑的清规戒律，房屋的外貌真实反映了内部功能，不追求无用的对称构图。

　　红屋建成后，由于莫里斯强烈不满设计领域复古思潮和粗制滥造的工业品的现状，于 1861 年，莫里斯与几位好友组建了著名的"莫里斯商行"（Morris，Marshall&Famlkner），这件大事标志着西方艺术设计新纪元的开始。莫里斯商行开始设计、生产和销售各种制造精美、工艺考究的家具、织物、陶瓷以及金工产品，用以抵制由工业革命而引发的对新技术、新生产方式的滥用，还有大行其道的庸俗美学。在莫里斯商行生产的众多家具产品中，有一件造型简约的苏塞克斯（Sussex）扶手椅非常引人关注，椅面采用灯心草编织而成，椅腿和椅背采用了简约的纺锤形（图 4-3），这把椅子造型来源于对英国 18 世纪中期乡村风格作品的借鉴。在红屋室内设计过程中，莫里斯将程式化的自然图案、手工艺制作、中世纪的道德与社会观念和视觉上的简洁融合在一起，从此开创了工艺美术运动风格的先声。

　　莫里斯是一位复杂的人物，在政治上和设计上既激进又保守。他是一位积极的社会主义者，主张社会平等、反对压迫。他致力于为大众生产艺术品，但是高昂的价格使得只有富裕阶层才能够消费得起他的手工艺品。其实，"莫里斯的社会主义，按照 19 世纪后期的标准来说，是远非正确的；他的社会主义更多地靠近托马斯·莫尔（Thoams

图 4-1　（左）
莫里斯设计的以雏菊为基本纹样的墙纸，具有清新自然的装饰风格

图 4-2　（右）
红屋

图 4-3　苏塞克斯系列扶手椅（维多利亚和阿尔伯特博物馆）

More），而远离卡尔·马克思。"[1] 但是，莫里斯在晚年却出现了矛盾的现象，他深深迷恋传统，有时还体现出强烈的浪漫色彩。一方面他的社会主义理想进一步发展，另一方面他的设计变得越来越复杂和昂贵，他所接受的设计委托多是豪华宫殿的室内装修设计。因此，要全面了解莫里斯，我们必须将他的理论与他的实际工作分别开来。前者体现了他对未来"乌托邦式"理想的探索，后者又不得不与英国工业化的现实相适应，这种理论与实践脱节的现象正是这一时期设计改革家们的共性。

尼古拉斯·佩夫斯纳在论述莫里斯成就的时候，将其分为两个层面，第一个层面是莫里斯让"一个普通人的住屋再度成为建筑师思想的有价值的对象，一把椅子或一个花瓶再度成为艺术家驰骋想象力的用武之地。"[2] 这是莫里斯设计思想的进步之处。但这只是莫里斯学说的一半，"另一半却停留在 19 世纪风格和 19 世纪种种偏见的水平上。莫里斯对艺术的见解来源于他对中世纪工作条件的认识，它无非是 19 世纪'历史主义'（Historicism）的组成部分。从哥特式的手工艺出发，他简单化地给艺术下了定义，这就是人们在劳动中获得乐趣的表现。"[3] 莫里斯观点的误区在于不是向前看，而是向后看，后退到哥特时代和手工艺行会时代。

莫里斯的理论与实践在英国产生了很大影响，一些年轻的艺术家和建筑师，如沃塞、A·H·麦克默杜（A.H.Mackmurdo，1851 ～ 1942年）和查尔斯·罗伯特·阿什比（Charles R.Ashbee，1863 ～ 1942 年）等人纷纷效仿进行设计革新。作为一名思想深邃、眼光独到、立意高远的思想家和理论家，莫里斯的设计理念和思想主张影响了几代人。作为一名优秀的设计师与装饰艺术家，他的设计开一代新风。不仅直接促成了英国工艺美术运动高潮的到来，还影响到欧洲大陆以及北美地区的新艺术运动的发展。进入 20 世纪后，莫里斯的影响并未完全消退，无论是德国的"包豪斯"，还是斯堪的纳维亚的"早期现代主义"设计思潮，都或多或少直接和间接地受到了它的启发。20 世纪 1960、1970 年代之后，随着西方社会的转型，莫里斯的学说因其对文化与人性的重视，而再次受到了设计理论界的垂青。莫里斯于 1896 年 10 月 3 日去世，他去世的时候正是英国工艺美术运动的蓬勃发展之机。作为 19 世纪英国艺术与手工艺运动的领导人之一，莫里斯被后人尊为"现代设计的先驱"。

1 （英）尼古拉斯·佩夫斯纳.现代设计的先驱者——从威廉·莫里斯到格罗皮乌斯[M].北京：中国建筑工业出版社，2004：5.

2 （英）尼古拉斯·佩夫斯纳.现代设计的先驱者——从威廉·莫里斯到格罗皮乌斯[M].北京：中国建筑工业出版社，2004：4.

3 （英）尼古拉斯·佩夫斯纳.现代设计的先驱者——从威廉·莫里斯到格罗皮乌斯[M].北京：中国建筑工业出版社，2004：4.

4.3.4　工艺美术运动在各国的表现

工艺美术运动从英国开始，迅速传播到维也纳、布达佩斯、赫尔辛基等欧洲新兴的工业城市。由于这些国家各自不同的工业发展水平、历史传统、风俗习惯，再加上社会构成的不同而呈现出千差万别的样貌。

欧洲各国都在进行工艺美术运动的设计探索，并迅速本土化。挪威、芬兰和俄罗斯等国在孜孜不倦地进行工艺技术革新，研究传统美学因素在设计中的应用。德国则走了另外一条完全不同的道路，德国的艺术家们不赞同英国艺术家反对工业化的做法，他们试图在工业化大生产和艺术之间找到一个平衡点，做到工艺、艺术和工业之间的平衡。

工艺美术运动也迅速传播到大洋彼岸的美国，新大陆的艺术家们毫不犹豫地接受了工艺美术运动的思潮，并在其中添加了社会和自然的因素，形成自己独特的风格。比如，一些艺术家的作品中呈现出浓郁的印第安风情，这是英国工艺美术运动中所不具备的因素。美国的艺术家们还在他们的作品中表达了浓厚的爱国热情，刻意追求一种新大陆新兴强国的身份认同。另一方面，他们也积极追求个人独特的艺术品位和个人特性。这些艺术家有古斯塔夫·斯迪克里（Gustav Stickley，1858～1942年）、弗兰克·劳埃德·赖特（Frank Lloyd Wright，1867～1959年）和"草坪流派"，建筑师查尔斯和亨利·格林（Charles，1868～1957年；Henry Greene，1870～1954年）兄弟。他们是美国"工艺美术"运动的先锋代表，代表了美国前卫设计流派。

古斯塔夫·斯迪克里是美国著名的手工艺家具制造商，刻有他名字的家具至今仍在生产。他受到莫里斯著作和英国建筑师贝莉·斯考特（M.H.Ballie Scott）的设计作品的影响，而开始了工艺美术风格创作实践。斯迪克里的家具设计纯朴自然，避免使用耗时的雕刻装饰。他大力宣扬美的概念是简约、个性和高贵。斯迪克里的家具采用了一种比他同时代的手工艺师更商业化的模式在生产，为了同奢华品市场的家具商进行竞争，他在生产中引入了机械工具。斯迪克里生产的家具也因此少了手工艺的雕琢装饰，譬如，这件20世纪初生产的橡木餐具柜（图4-4），简约的造型搭配了铜配件作装饰，木材本身的纹理也清晰地表露出来。斯迪克里的家具设计体现对造型、结构和细节处理的成熟和审慎的态度。

格林兄弟与斯迪克里在家具设计方面具有相似性，他们都对商业化生产保持赞许的态度，在设计方面注重自然风格的美学观念。此外，美国20世纪初的许多家具制造商都热衷于采用密森（Mission）风格：对家具进行条状的、简约单纯的表面处理，再将镶嵌装饰和细节部分

图 4-4（左）
橡木餐具柜

图 4-5（右）
密森风格的衣橱

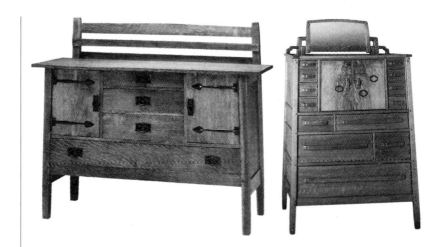

的精巧雕刻结合起来。格林兄弟设计的家具也具有类似的特点，这件带镜子的衣橱就是这种风格的体现（图 4-5）。

1945 年，工艺美术运动在日本收尾，由于日本的工业化基础已经成形，为工艺美术运动的产生奠定了工业基础。再加上日本政府极力向西方靠拢的政策，也使得日本能够全面接受工艺美术运动的风格，日本人希望自己的中产阶级能够适应东西方结合的生活方式。日本是第一个为工艺美术运动添加东方色彩的亚洲国家。

4.3.5 工艺美术运动风格的设计组织和设计师

一些年轻的艺术家和建筑师在拉斯金和莫里斯的影响下不断进行设计创新，从而推动工艺美术运动在 1880 年至 1910 年间形成高潮。这些年轻的设计师包括沃尔特•克兰(Walter Crane,1845 ～ 1915 年)、阿什比和沃塞等人。克兰是莫里斯设计思想的坚定追随者，他与莫里斯一样深信真正自然的艺术是一种愉悦的锻炼。阿什比是一位有天赋的银匠，以金属器皿设计为主，他同样深受拉斯金和莫里斯理念的影响，认为“建设性和装饰性的艺术是任何艺术文化的真正的支柱；每一件物品应该是在愉快的工作条件下生产出来的。”[1] 阿什比的金属器皿一般采用手工捶打而成，并注重产品的装饰。这些金属器皿往往具有纤细流畅的线条，并饰以珠宝镶嵌的装饰，他的作品也因此被看做是新艺术运动的先声（图 4-6）。沃塞是工艺美术运动的核心人物之一，他的作品简洁大方，并带有哥特式的味道。沃塞还创造了许多工艺美术运动的造型语言，比如，心形图案和郁金香形图案，这种装饰图案在他的家具和铜制品中都可以见到（图 4-7）。沃塞的作品在继承拉斯金和莫里斯理念的基础上，又向前迈出了一步，他的作品更加简洁大

1 （英）尼古拉斯・佩夫斯纳．现代设计的先驱者——从威廉・莫里斯到格罗皮乌斯[M]．北京：中国建筑工业出版社，2004：6.

方，成为英国工艺美术运动的典范。

工艺美术运动范畴非常广泛，还包括一批类似莫里斯商行的组织。其中，最具影响力的有 1882 年由麦克默杜组建的"世纪行会"（The Century Guild）、1884 年建立的"艺术工人协会"（Art Workers`s Guild）和 1888 年由阿什比组建的"手工艺行会"。世纪行会是一个设计师的自由团体，行会的目的是提升设计的质量和地位，旨在生产一个世纪内都经久不衰的产品。世纪行会设计的产品具有明快、轻巧的造型特征，表达了自然生长的韵律，摒弃了维多利亚式的雕琢装饰和机器生产的对称式法则。艺术工人协会则由一群思想自由的建筑师组成，它建立的目的不只是提高设计水准，还要促进"美学与艺术的统一"。建筑师沃塞后来也加入到这一组织中。手工艺行会与莫里斯商行一样具有极为广泛的影响，行会的车间主要从事家具、金属制品和珠宝等产品的生产。阿什比要建立一种相互尊重、互相切磋的快乐劳作模式。

4.3.6　工艺美术运动的评价

工艺美术运动是世界进入现代工业社会后第一个具有广泛影响的设计运动，这次运动波及范围广、影响层面深，在社会生活的各个层面都产生了深层次的影响。对其历史功绩的评价也就随之而来，但是褒贬不一。

一些评论家认为工艺美术运动走的是一条恢复中世纪手工业传统的老路，不能从根本上解决工业化进程中设计与现代工业之间的矛盾，尽管其设计作品十分精美，但过于繁琐的装饰，无形中增加了生产的难度，提高了产品的成本，使设计产品只能是少数人享有的奢侈品，这在一定程度上阻碍了设计的发展。因此，人们还需要更合乎现代技术和思想情感的设计模式的出现。

还有一些评论家认为，工艺美术运动的艺术家们从审美角度反对工业化的产品，提倡生活用品的设计和功能相结合的原则，并且身体力行地进行各种设计实践，推动工艺美术运动的发展。实际上是在引

图 4-6（左）
阿什比的手工艺银器

图 4-7（右）
沃塞设计的具有心形造型的铜制品

导人们对产品（不论是手工还是机器产品）形式和功能的关系予以特别重视，指出了正确的设计发展方向，极大地推动了工业产品设计这一新生事物的发展。

工艺美术运动不可否认地存在先天不足和缺陷，其对工业化和机械化的反对，对大批量生产的否定，注定使这场运动不能成为领导潮流的主流风格。过于强调装饰增加了产品的生产费用，也就使得产品不能被低收入群体所享用，只能成为少数权贵享有的奢侈品，工艺美术运动也因此成为知识分子一厢情愿的理想主义的设计探索。

尽管工艺美术运动有其先天的局限，但是，工艺美术运动提出了"美与技术结合"的原则，具有前瞻性和进步性。另外，工艺美术运动还强调设计应"师承自然"，忠实于材料的属性和适应使用目的，并创造出了一些朴素而适用的用品。这些探索都具有积极的进步意义，莫里斯为全世界的设计革新运动作出了杰出贡献。

4.4 第一位工业设计师：德雷塞

19 世纪下半叶的工艺美术运动，影响了一批设计师投身到反抗工业化的运动中，他们提倡以手工艺对抗来势汹汹的工业化生产，提倡中世纪的哥特式风格。但是，也有一部分人清醒地意识到机械化生产的不可抗拒性，开始为工业化生产设计产品，这部分人成为第一批工业设计师，克里斯托夫·德雷塞（Christopher Dresser，1834～1904 年）是早期工业设计师中最著名的一位。

德雷塞被公认为是英国第一位职业工业设计师，他出生于1834年，1847 年到 1856 年间在伦敦公立设计学校（Government School of Design）学习。作为该学院极少数优秀毕业生之一的他，在读书期间，就开始关注设计与制造之间的关系。德雷塞是最早对功能和造型之间关系进行分析的设计师之一。

德雷塞设计思想的形成受到几方面的影响，在读书期间与科尔等19 世纪的设计改革家开始接触，奠定了德雷塞设计思想的基础。德雷塞还对科学和植物学兴趣颇深，科学的知识背景是德雷塞易于接受工业化制造的基础。德雷塞精通植物学，并撰写过相关方面的论文和专著。尽管植物的形态给了他许多装饰上的灵感，但是德雷塞反对直接对自然形态的模仿，他认为只有经过规范化的植物形态才是有用的，科学和理性才是真正能指导设计理论和实践的推动力。这种设计思想也成为 20 世纪初早期功能主义思想的基础，德雷塞对于功能主义设计是这样认为的：物品不仅要具有功能性，还要满足设计要求，采用最简单的方法生产出来。德雷塞还为欧文·琼斯的《装饰法则》一书贡献了重要的设计思想，一种通过简化的植物轮廓界定的平面风格。

　　德雷塞还受到东方文化和艺术，尤其是日本艺术风格的影响，他对日本传统手工艺对于装饰和图案的表现力非常着迷。1876 年到 1877 年间，在日本旅行之后，德雷塞带回了大量日本的工艺品。更为重要的是他了解到当时一些关于造型和装饰的相当激进的设计思想，完全站在维多利亚风格的反面。日本设计所具有的简洁质朴的风格和对细节的关注，影响了日后德雷塞的陶瓷和金属制品设计。

　　1862 年，德雷塞作为自由设计师开始了他辉煌的设计生涯，同年，他的第一部设计专著《装饰设计的艺术》（The Art of Decoration Design）出版了，书中发表了关于图案设计的相关评论。德雷塞不关注任何历史风格或象征意义，他关注的是如何将自然主题转化为富有表现力的图案，再用工业化的手法实现他的设计创意。德雷塞认为装饰是一门高雅的艺术，这一时期他所说的装饰是指工业设计，只是当时尚无工业设计一词。对装饰的新观念，对工业化生产模式的关注也让德雷塞成为早期具有现代主义思想的设计师。

　　德雷塞的设计作品包括大量的陶瓷、金属制品和玻璃。他曾经短暂地在韦奇伍德陶瓷厂工作过，他还为明顿（Minton）设计过大量的瓷器，与明顿的合作大约从 1867 年持续到 1880 年代。他还为林特诺帕艺术陶瓷工厂创作，德雷塞的创造才华在林特诺帕得以自由发挥。该厂建立于 1879 年，工厂采取了批量化的模式生产售价不高的陶瓷产品（图 4-8），德雷塞设计的许多陶瓷产品就采用了批量化的模式投入生产，这些瓷器都标有德雷塞的复制签名。在陶瓷设计方面，德雷塞的重点是瓷器的造型，而不是表面的装饰。德雷塞在各种各样的历史风格和文化中寻找创作的灵感，譬如，前哥伦布时代的陶瓷、中国甚至日本的瓷器。还有一些瓷器似乎受到古希腊的克里特文明的影响，或者是来自希腊和迈锡尼瓷器的影响。

　　德雷塞还设计了大量的金属制品，这些制品是德雷塞最具创意的作品，包括各种各样的银器和电镀器皿，有茶具、烤面包架、厨房用具和其他日用器皿。这些产品主要由埃尔金顿公司和胡金－希恩（J.W. Hukin and T.Hesth）公司生产。德雷塞设计的金属制品的造型非常简洁，往往采用纯粹的几何形状，强调简约理性的美感。譬如，由英国设菲尔德的狄克逊（Dixon）公司 1879 年生产的这把

图 4-8　德雷塞为林特诺帕艺术陶瓷厂设计的陶瓷产品

图 4-9　德雷塞设计的茶壶

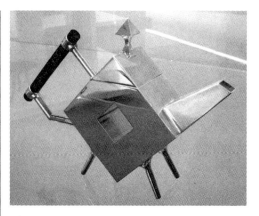

采用银和乌木制成的茶壶（图 4-9），完全采用了几何形状，具有 20 世纪现代主义设计的风范。德雷塞设计了一批类似风格的茶具和其他金属制品。这些金属制品设计的亮点在于：与他同时代的产品相比，他的设计具有独特的个性，这种简洁到近乎过分工业化的风格在他们时代的人看来，是非常前卫的设计。从德雷塞的设计中可以看出他更在意的是另类的造型，关注的是产品的美学和个性，他的设计作品实际上面对的是中产阶级的消费群体。

德雷塞流传下来的设计包括各种材质和风格的产品，反映了他兼收并蓄的开明态度和多方面的设计才能。德雷塞还设计了众多的玻璃器皿，这些产品同样具有简约化的特点，适合批量化生产。在德雷塞的作品中也表现了他对于经济和材料的关注，在一些较大型的金属制品中，他采用金属电镀的方法以达到银器表面的装饰效果，这样做的目的是使产品的价钱控制在合理的范畴内，产品能被更多人消费。

尽管德雷塞进行了各方面的设计尝试，提倡工业化的生产模式，但是，在 19 世纪下半叶，英国还是以拉斯金和莫里斯为主导的工艺美术运动的天下。德雷塞所提倡的设计方法缺少具有影响力的人物进行鼓吹，他的设计仍然被排除在主流设计之外。

第 5 章　设计革新

5.1　唯美主义运动

唯美主义运动（Aesthetic Movement）开始于 19 世纪下半叶，是英国艺术和文学领域中的一场运动，唯美主义强调超越生活之上的纯粹美，以艺术的形式美作为绝对美的标准。这场运动的口号是："为艺术而艺术"。唯美主义运动的核心思想是："艺术的使命在于为人类提供感观上的愉悦，而非传递某种道德或情感上的信息。因此，唯美主义者拒绝接受约翰·拉斯金那种把艺术和道德相联系的观点……如痴如醉地追求超然于生活的纯粹美，追求形式完美和艺术技巧。他们过着波西米亚主义的生活，即使贫穷，也热爱美甚于热爱生活。简言之，就是'唯美是求'。"[1]

唯美主义运动的艺术家们认为艺术高于生活，他们拒绝将艺术与道德或情感相联系，因而反对约翰·拉斯金关于艺术与人性、装饰和道德之间相互联系的论调。由此也引发了文化史和美术史上的一段趣事，詹姆斯·惠斯勒（James Abbott McNeill Whistler，1834～1903 年）与约翰·拉斯金之争。拉斯金对惠斯勒在 1877 年画展中与社会道德毫无关系的印象主义绘画很是恼火，他评论惠斯勒的绘画是：把一罐颜料扔到公众的脸上。惠斯勒控告拉斯金诽谤罪，最终惠斯勒胜诉，获得了一枚铜币的象征性赔偿。拉斯金与惠斯勒之争实际上是两人对什么是"美"这一问题的争论，拉斯金希望唤醒人们对于道德的认识，提高美的精神内涵。惠斯勒则认为美高于生活，是一个严肃的话题，要认真对待。

唯美主义运动的最直接影响主要在英国和美国，这场运动通常被认为是与法国的象征主义或颓废主义同属一脉。发生在英国的唯美主义运动是国际象征主义等同时期艺术运动的分支。唯美主义运动还受到日本风格的影响。惠斯勒更是日本艺术风格的迷恋者，他收藏了很

1　邵宏主编 . 西方设计：一部为生活制作艺术的历史 [M]. 长沙：湖南科学技术出版社，2010：212.

多日本艺术品。这场运动发生于维多利亚时代晚期，源自对过度矫饰的维多利亚风格的反动。发生的时间大致在 1868 年至 1901 年间，学术界公认唯美主义运动以奥斯卡·王尔德（Oscar Fingal O'Flahertie Wills Wilde，1854 ～ 1900 年）的被捕为结束的标志。

王尔德是杰出的爱尔兰作家和诗人，英国唯美主义运动的倡导者。王尔德的作品以辞藻华美、立意独特、观点鲜明著称，从 1880 年代开始，王尔德开始写作不同体例的文学作品，到 1890 年代他成了伦敦最著名的剧作家。

王尔德关于美学的新原理对唯美主义运动产生了深远影响，王尔德认为，艺术的目的是以最理想的形式表现无瑕的完美，艺术家要是绝对自由的，艺术高于生活。他认为自然界是杂乱无章的，要通过艺术家的魔杖创造出一个新的完美世界。艺术美和对形式美的崇拜，以及瞬间的感性体验构成了王尔德的唯美主义的核心主旨。但是，王尔德的美学思想也存在局限性，他的反理性主义倾向和享乐主义，让唯美主义运动成为衔接传统艺术和现代艺术的中间过渡环节。王尔德的遭遇是一个悲剧的缩影，身处维多利亚时代，他自由大胆的文风和作风成了那个时代的牺牲品，最终以入狱收场。

5.1.1　英国的唯美主义运动

英国唯美主义运动的代表性人物是詹姆斯·惠斯勒、爱德华·威廉·戈德温（Edward William Godwin，1833 ～ 1886 年）和德雷塞。画家惠斯勒被视为英国唯美主义运动的领袖之一。惠斯勒出生于美国，后来定居在伦敦。惠斯勒是 19 世纪著名的艺术家和设计师，他最出名的设计是为利物浦的实业家弗雷德里克·理查德·雷兰德（Frederick Richards Leyland，1832 ～ 1892 年）设计的"孔雀厅"（Peacock Room）（图 5-1）。这是用来摆放雷兰德收藏的中国瓷器的房间。惠斯勒为孔雀厅绘制了很多装饰画和架上画。惠斯勒还采用金线描绘了不对称的波纹图案，在屏风上绘制了孔雀的图案。在室内设计布局上，深色调的古玩架上摆设了蓝白相间的瓷器，再加上金色的装饰，视觉效果很华美。同时，家具和球星灯笼采用了几何形状来呼应统一，整体效果很和谐。孔雀厅充满了异国情调的装饰风格和个性化的设计格调，也让它成为唯美主义运动的代表性作品。

王尔德对孔雀厅的装饰风格明确表示赞赏，在他的评论《作为批评家的艺术家》（The Artist as Critic，1891 年）中，称颂这种装饰艺术风格："明显带有装饰性的艺术是可以伴随终身的艺术。在所有视觉艺术中，这也算是一种可以陶冶性情的艺术。没有任何意义，也不局限于任何具体形式的色彩，可以有千百种打动人的心灵的方式。线条和平面中协调的比例所带来的和谐感深印在观众的头脑中……奇

异的设计则可以引起我们的遐想……它拒绝承认自然即是美的理想状态，反对普通画家拙劣的模仿手法。装饰艺术并不仅仅是对真正的有想象力的作品的被动接受，从某种意义上说，单纯的形式对创造力的影响，丝毫也不弱于批评成果。"[1]

戈德温是英国唯美主义运动中又一位杰出的设计师，他与惠斯勒私交甚好，惠斯勒还曾邀请戈德温为他设计伦敦切尔西泰德街的私宅：白屋（White House）。戈德温的装饰风格受到了威廉·莫里斯和日本艺术风格的影响，他将卷曲的植物纹饰和清新雅致的日本风格糅合在一起。戈德温最具风格的唯美主义设计体现在室内和家具设计中。譬如，他 1867 年设计的仿乌木的餐具柜（图 5-2），采用了几何造型，外形干净纯粹，表达了戈德温对于纯粹美的追求。

德雷塞作为公认的英国第一位职业工业设计师，他的作品具有极简主义的美学特征。这种风格的作品是面向有鉴赏力的中产阶级消费群体的，也说明德雷塞关注作品的美学风格和文化意义。德雷塞也是英国唯美主义运动中具有影响力的人物之一。

德雷塞唯美主义风格的设计主要体现在产品方面，他的设计表现出对几何形式和日本装饰艺术的浓厚兴趣。但，并不是局限于对日本装饰风格的模仿，德雷塞将植物形式应用在设计中。德雷塞曾经在四所大学担任过植物学教授，讲授植物学和艺术植物学课程（图 5-3）。德雷塞还为欧文·琼斯的《装饰法则》一书绘制过植物图版。深厚的植物学根底让德雷塞形成了"艺术植物学"的装饰风格。这种装饰风格不是对于历史主义的模仿，而是考虑如何把自然主题转换为具有装饰性的图案，同时产品要易于加工生产。譬如，1872 年德雷塞为沃特孔陶瓷公司（Watcombe Pottery Company）设计的装饰瓷盘（图 5-4），遵循了欧文·琼斯的装饰法则："将自然形态转化为抽象形式，以适

图 5-1（左）
"孔雀厅"

图 5-2（右）
爱德华·威廉·戈德温的仿乌木餐具柜

1 （美）大卫·瑞兹曼 . 现代设计史 [M]. （澳）王栩宁等译 . 北京 : 中国人民大学出版社，2007：68.

图 5-3（左）
德雷塞的植物学图解

图 5-4（右）
德雷塞为沃特孔陶瓷公司
设计的装饰瓷盘

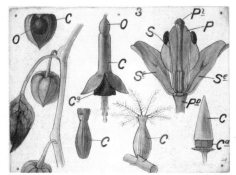

合平面装饰的需要，且设计必须符合被装饰者本身的形状。"[1] 瓷盘上的装饰图样经过抽象变化，由具有均衡感的圆形和三角形组成，再将许多植物的抽象形态融合到装饰中。

5.1.2　美国的唯美主义运动

美国在 19 世纪下半叶经历了南北战争，为资本主义的发展扫清了道路。20 世纪初期的美国已经超越英国成为世界上最强大的工业化国家，由此产生的新兴富裕阶层对精美的家居环境和用品的需求不断攀升。美国的设计师和艺术家们也在美国强大国力和制造业的支持下，开始了各种与"美"相关的设计探索。

美国唯美主义运动的代表性人物有路易斯·康福特·蒂芬尼（Louis Comfort Tiffany，1848～1933 年）、约翰·拉·法吉（John La Farge，1835～1910 年）和弗兰克·弗内斯（Frank Furness，1839～1912 年）等人。还包括古斯塔夫·赫特（Gustave Herter，1830～1898 年）和克里斯蒂安·赫特（Christian Herter，1839～1883 年）成立的"赫特兄弟"公司（Herter Brother，1864～1906 年），该公司以家具设计和室内装饰设计见长。在陶艺领域，唯美主义运动的代表性人物则以女性艺术家为主，她们是玛利亚·朗沃斯（Maria Longworth，1849～1932 年）和阿德拉伊德·艾尔索普·罗比诺（Adelaide Alsop Robineau，1865～1929 年），这些女性艺术家创造了唯美主义运动在陶艺领域的装饰艺术风格。

路易斯·康福特·蒂芬尼是美国著名的艺术家和设计师，他的主要工作是从事装饰艺术设计，他最为著名的作品是那些艳丽的彩色玻璃制品。蒂芬尼作为美国唯美主义运动和新艺术运动的杰出设计师，他的设计范畴包括：玻璃窗、玻璃台灯、玻璃马赛克、吹制的玻璃制品、陶瓷、珠宝、珐琅和金属制品等诸多类别。

1　（美）大卫·瑞兹曼 . 现代设计史[M]. （澳）王栩宁等译 . 北京：中国人民大学出版社，2007：66.

蒂芬尼早期以绘画为主，从1875年开始他对玻璃制造产生了兴趣，于是前往布鲁克林的一些玻璃工厂工作。蒂芬尼的设计天赋和领导能力很快发挥出来，在他父亲的提携下，他逐渐取得了商业上的成功。蒂芬尼在1879年建立了室内装饰公司，随后还担任了父亲查尔斯·路易斯·蒂芬尼（Charles Lewis Tiffany，1812～1902年）公司的设计总监，这个公司主要以金属制品和银制品生产为主。对玻璃的热爱，让蒂芬尼在1885年成立了专门的玻璃制造公司，用来实现他的设计和制造梦想。1902年，这间公司命名为"蒂芬尼工作室"（Tiffany Studios）。

源自对玻璃行业的热爱，蒂芬尼不断研发玻璃工艺，他创造出一种独特的使用乳白色玻璃加上多种色彩的彩色玻璃装饰风格，这种风格与欧洲流行了几百年的在无色玻璃上进行玻璃绘画和珐琅装饰的方法形成对比。1905年，在美国的宾夕法尼亚州匹兹堡修建的"基督教第一长老会"教堂，就使用了独特的蒂芬尼设计的彩色玻璃（图5-5）。

蒂芬尼最主要的设计工作还包括一系列的产品，尤其是那些色彩斑斓的玻璃台灯最具代表性。蒂芬尼创造的玻璃台灯具有丰富的色彩效果，譬如，他于1904年到1905年间设计的"水百合"台灯（图5-6），铁锈色的灯杆和基座，传达了"落叶知秋"的意境，灯罩低垂的曲线略显落寞，彩色的花朵集中在灯罩的下部，好像深秋中即将飘落的花瓣。这件台灯的精彩之处在于对色彩、造型和意境之间的把握，传递出蒂芬尼对于美和意境的追求。

约翰·拉·法吉与蒂芬尼一样，在制作玻璃方面都进行过新材料和新技术的尝试，以达到微妙的色彩变化效果。拉·法吉最出色的设

图 5-5（左）
为基督教第一长老会设计的彩色玻璃，由蒂芬尼工作室生产

图 5-6（右）
"水百合"台灯

图 5-7 （左）
彩色玻璃绘画"救助的天使"

图 5-8 （右）
随风摇曳的牡丹，1880 年，
混色玻璃

计是一系列色彩斑斓的混色玻璃，他赋予了玻璃材质彩虹般的艳丽装饰效果，这种极具装饰性的玻璃很快被应用于各种建筑，尤其是教堂设计中。当光线穿过这种彩色玻璃窗的时候，可以在室内投射下美丽的光影效果，能够增加教堂的宗教氛围和室内光影变幻的效果。比如，拉·法吉为马萨诸塞州北伊斯腾联合教堂设计的彩色玻璃绘画："救助的天使"（Angel of Help），就具有艳丽、丰富的视觉效果和室内装饰效果（图 5-7）。

　　约翰·拉·法吉是一位跨界多个领域的美国唯美主义运动的核心人物，他集画家、壁画家、彩色玻璃工匠、室内装潢师和作家于一体。拉·法吉在各个领域不断进行创新，他是那个时代的设计开拓者。在唯美主义运动领域，拉·法吉采用了类似油画厚涂法的装饰技法，创造了斑斓多姿的彩色玻璃窗绘画装饰风格，这是他的创举。他为银行家亨利·马奎德（Henry G. Marquand）在罗得岛纽波特（Newport, Rhode Island）的宅邸设计的彩色玻璃窗绘画："随风摇曳的牡丹"（Peonies Blown in the Wind）（图 5-8）就是这种风格的体现。这件色彩斑斓的混色玻璃绘画有类似油画的装饰效果，达到了拉·法吉对于丰富的色彩和视觉效果的要求，具有典型的唯美主义风格。

　　古斯塔夫·赫特与克里斯蒂安·赫特成立的"赫特兄弟"公司生产的家具产品，也是美国唯美主义运动的代表性作品之一。赫特兄弟公司的经营时代处于马克·吐温所描述的"镀金时代"，即 1860 年代到 20 世纪初这几十年间，这一时期美国的经济和工业高速增长，随之也带来了家具和室内装饰领域的繁荣。赫特兄弟公司是美国南北战争之后，最早建立的家具与室内装潢公司。

赫特兄弟公司在 1870 ～ 1880 年间的"盎格鲁－日本风格"的家具最受推崇，这些唯美主义风格的家具，受到日本艺术风格的影响，显现出法国奢华的"装饰艺术"风格的先兆。图 5-9 所示为赫特兄弟公司 1875 年生产的红木镶嵌的橱柜，采用了仿乌木制作，再搭配金箔装饰，具有奢华的艺术效果。图 5-10 所示为制作于 1880 年的床，也采用了仿乌木制作，外加镶嵌装饰而成。这两件家具产品是赫特兄弟公司唯美主义风格的代表，浓郁的装饰性，和谐的色彩搭配效果，表达了赫特兄弟公司对美的意境的追求和诠释。

除了产品和室内装饰领域，唯美主义运动在建筑设计和陶艺制作领域也有不俗的表现。尤其是在陶艺制作领域，以女性艺术家为代表。在辛辛那提市，玛利亚·朗沃斯成为知名的唯美主义运动的陶艺家，同时，她还是洛克伍德（Rookwood）陶瓷厂的创建者。朗沃斯出生于富有的家庭，从小受到良好的艺术熏陶。1876 年，朗沃斯参加了费城举办的"百年博览会"，这是美国举办的第一个世界博览会。这次展览会让朗沃斯着迷于日本艺术，回到辛辛那提之后，她开始在创造中加入日本元素和装饰风格。

1879 年，朗沃斯和她的朋友兼合作者陶瓷画家玛丽·路易斯·麦克劳克林（Mary Louise McLuughlin，1847 ～ 1939 年）在辛辛那提当地的一个陶瓷店建立了一座釉下和釉上彩窑炉，这在当时是一个创举。朗沃斯与她的伙伴，以及洛克伍德陶瓷公司极大地推动了辛辛那提陶艺的发展，在她们的努力下，这里成为美国艺术陶瓷的生产中心。

阿德拉伊德·艾尔索普·罗比诺是美国唯美主义运动中又一位著名的女性艺术家，她探索了陶瓷装饰艺术的新美学趋势，并在工艺方面进行革新。她在 1905 年设计的"海盗船花瓶"（图 5-11），就综合

图 5-9（左）
红木镶嵌橱柜

图 5-10（中）
1880 年制作的仿乌木的床

图 5-11（右）
"海盗船花瓶"

了雕刻和浇铸这两种不同的工艺在花瓶表面进行装饰。花瓶采用转轮修坯技法塑形，然后在花瓶表面进行精细的雕刻，以创作一种不规则的构图形式。同时，还采用了重叠上釉的技法，来表现帆船在波涛中颠簸摇摆的场景。像许多女性一样，罗比诺的影响逐渐被忽视。只是她的作品仍然存在，并且为她说话。

5.2 法国的新艺术运动

图 5-12 麦克默杜设计的封面

"如果笔触细长、似乎感觉灵巧的曲线使人联想到百合花的茎、昆虫的触须、花朵的花丝或偶而也像细长的火焰；这种波浪式的、流动的、互相顾盼的曲线，它们从画幅的四角伸出，然后以不对称的姿态遍布整个画面。如果这种曲线可以认为是新艺术运动的主导主题的话，那么，新艺术运动的第一件作品就可以追溯到1883年麦克默杜为他撰述的有关雷恩设计的城市教堂那本书的封面设计（图 5-12）。"[1] 这段充满诗意的描述很形象地说明了"新艺术"（Art Nouveau）运动的风格特征。

新艺术运动产生于法国，之后蔓延到整个欧洲大陆，甚至越过大西洋影响到美国，成为一个具有广泛影响的国际设计运动。新艺术运动具有三种风格鲜明的样式，第一种是法国、比利时和西班牙以曲线和自然形态为特征的装饰和造型艺术，第二种是德国的"青年风格"和奥地利的"维也纳分离派"的几何形式，第三种是以麦金托什为代表的苏格兰式的优美装饰风格。

新艺术运动不仅在法国、比利时、西班牙、苏格兰、奥地利、德国、美国得到发展，在欧洲的其他国家也有不同的体现，比如：荷兰、意大利等国的新艺术运动也取得了一定成果，其设计风格与法国的风格类似，但，这两个国家的新艺术运动存在的时间不长，影响也很有限。除此之外，新艺术运动在东欧国家也有出现，近年间在莫斯科郊外发现了大约1900年前后设计的典型的新艺术运动风格的建筑，这一发现对于新艺术运动的范围提出了新的研究方向。

由法国发起的新艺术运动开启了设计史上承上启下的设计运动的新篇章。新艺术运动致力于在艺术与手工艺之间寻找一个平衡点，旨在重现传统手工艺的精神。新艺术运动采用了自然主义装饰动机，放弃对传统装饰风格的参照。新艺术运动所具有的：有机的形态、卷曲的线条、细腻的风格，让这场运动获得了"女性风格"的称谓，与强调简单朴实的哥特风格的工艺美术运动形成鲜明对比。对过分矫饰的

---

1 （英）尼古拉斯·佩夫斯纳. 现代设计的先驱者——从威廉·莫里斯到格罗皮乌斯[M]. 北京：中国建筑工业出版社，2004：58.

维多利亚风格的反动，对工业化设计风格的反动，是促成新艺术运动产生的根源。

　　新艺术运动同时还受到日本装饰风格的影响，尤其是江户时期的装饰风格和浮世绘的影响。这场运动中的自然主义装饰动机，绚丽的东方色彩，让新艺术运动具有鲜明特色，但是，新艺术运动也存在自身的局限性，其思想上的贫瘠随处可见。可以说，新艺术运动只停留在表面装饰风格的探索上。譬如，法国设计师亚历山大·沙尔庞捷（Alexandre Charpentier，1856 ～ 1909 年）设计的乐谱架（图 5-13），架子腿部采用的卷曲线条造型，与乐谱架的功能之间没有任何关联。这种现象在新艺术运动中并不少见，尤其是在新艺术运动后期，一些设计师的作品越发雕琢，卷曲的线条造型也令产品很难批量化生产，只能局限于手工制作方式，这与新艺术运动的初衷相距甚远。

　　现如今，"'新艺术'一词已经成为描述兴起于 19 世纪末和 20 世纪初的艺术运动，以及这一运动所产生的艺术风格的术语，它所涵盖的时间大约从 1880 年到 1910 年，跨度近 30 年，是在整个欧洲和美国展开的装饰艺术运动。新艺术运动的风格现象被许多批评家和欣赏者看作是艺术和设计方面最后的欧洲风格，它的内容几乎涉及所有的艺术领域，包括建筑、家具、服装、平面设计、书籍插图以及雕塑和绘画，而且和文学、音乐、戏剧及舞蹈都有关系"。[1]法国是新艺术运动的发源地，在这场运动中具有举足轻重的地位和影响，新艺术运动的名称就是来源于法国。1895 年，法国人萨穆尔·宾（Siegfried Bing，1838 ～ 1905 年）开设了设计事务所："新艺术之家"，评论家取其"新艺术"之名，来命名这场设计运动。

　　法国在 1900 年举办的"巴黎世界博览会"中首次展示了新艺术风格的设计作品，这次博览会展出的铁艺制品、室内和家具设计成为最大的亮点，这些设计具有的清新自然的装饰风格让当时的人们大开眼界。巴黎世界博览会之后，法国的新艺术运动也达到顶峰，这种风格成为世界各国竞相追随和模仿的高品位设计风格。

　　在法国，新艺术运动的中心有两个，一个在首都巴黎，另一个在靠近德国边境的南锡市（Nanoy），这两座城市是法国经济和文化的中心。巴黎的新艺术运动体现在建筑、产品、平面、室内和公共设施设计的各个范畴，南锡的新艺术运动则以家具为主，南锡的家具设计自成体系，在世界家具设计史上颇有影响。

　　法国的新艺术运动在珠宝、玻璃和家具设计领域取得了显著的成就，尤其是珠宝设计是法国新艺术运动的重要组成部分。珠宝是与时尚联系最紧密的产品门类，新艺术题材的装饰风格很快就反映在珠宝设计中。

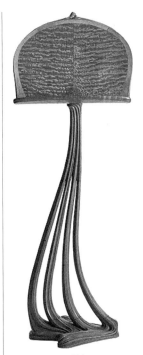

图 5-13　乐谱架

1 紫图大师图典丛书编辑部 . 新艺术运动大师图典 [M]. 西安:陕西师范大学出版社,2003:6.

以妙曼的花草和灵动的昆虫为母题，具有丰富肌理和色彩效果的珠宝首饰迅速流行起来，这种装饰风格也为珠宝设计开辟了广阔的空间。

乔治·福奎特（Georges Fouquet，1862～1957年）和勒内·儒勒·拉里克（René Jules Lalique，1860～1945年）是法国新艺术运动中著名的珠宝设计师。福奎特设计的"黄蜂胸针"和"羽翼蛇胸针"具有夸张的艺术效果。黄蜂胸针色调和谐素雅（图5-14），体现了福奎特对于色彩的驾驭能力。在处理手法上，花朵枝蔓相连缠绕卷曲的形态增强了立体效果，黄蜂与花朵嬉戏的场景又增添了生动性。憨态可掬的黄蜂，妖娆美艳的花朵，缠绕蜿蜒的藤蔓，福奎特将黄蜂胸针的造型处理得精致生动又活灵活现。羽翼蛇胸针的蛇身采用了绿色的珐琅镶嵌（图5-15），蛇的尾部处理成孔雀开屏的造型，增加了胸针夸张的艺术效果。同时，蜿蜒的蛇身和张开的两翼，传递出巨蟒威严的气息，在形式上又与开屏的尾部首尾呼应连成一体。

勒内·儒勒·拉里克是法国又一位杰出的珠宝设计师，他具有深厚的艺术造诣，早年间在巴黎美术学院学习深造过，并在巴黎成立了自己的珠宝公司。拉里克不仅设计珠宝，他还设计了多种玻璃制品。现在，"拉里克"已经成为法国最古老的水晶公司，是法国当代最著名的产品品牌。

拉里克在珠宝设计上的创举首先表现在选材上，在19世纪末的珠宝设计中，还很少使用宝石等贵重材料，那时，玻璃、牛角、猫眼和象牙等材料就可以达到理想的色彩和肌理效果。拉里克率先在珠宝设计中采用黄金、水晶、钻石、象牙和珐琅等材质，这种用材方法在当时是史无前例的。拉里克的珠宝设计也开创了奢华设计的先河，众所周知，法国具有悠久的奢侈品生产历史，这种风格的珠宝设计也因此很快受到法国人的欢迎。

拉里克是一位性格稍显孤僻的人，但是，他的设计作品风格生动绚丽，尤其是珠宝设计始终华美动人。拉里克的珠宝设计表现出对自然的热爱，他把自己投身到大千世界中，探索自然界中一切可能的装

图 5-14 （左）
"黄蜂胸针"

图 5-15 （右）
"羽翼蛇胸针"

饰动机，蝴蝶、蜻蜓、黄蜂、甲虫、飞蛾……
都可以成为他珠宝的主角，在拉里克的珠宝
艺术世界里，无论是植物还是动物，都可以
被塑造得栩栩如生。

　　拉里克最著名的珠宝设计是"蜻蜓女人"
胸针（图 5-16），将女性形象应用于珠宝设
计是拉里克的创举，这与 19 世纪下半叶法国
高涨的女权主义运动有关。蜻蜓造型则来自
于日本艺术和诗歌的影响，日本文学极力颂
扬蜻蜓这种昆虫所具有的优雅和灵动的美感。
日本诗歌在 1885 年流传到法国，蜻蜓也成为

图 5-16　"蜻蜓女人"胸针

这一时期珠宝设计中备受关注的主题。这件蜻蜓女人造型的胸针使用
了黄金、水晶和钻石等昂贵的材质，女性的半身胸像与蜻蜓的羽翼和
尾部的造型很自然地结合在一起，营造了一种优雅别致的韵味。

　　玻璃制品设计也是法国新艺术运动的主要组成部分，欧仁·卢
梭（Eugéne Rousseau，1827 ～ 1891 年）是较早进行新艺术风格玻
璃设计探索的设计师。他的设计风格受到中国和日本文化的影响，尤
其是中国 18 世纪玻璃的浮雕工艺对他有很大影响。美国巴尔的摩市
（Baltimore）的沃尔特斯艺术博物馆（The Walters Art Museum）收
藏的几件卢梭设计的玻璃器皿，就显露出中日文化的影子。

　　埃米尔·加莱（Emile Gallé，1846 ～ 1904 年）是南锡市著名的
玻璃制品设计师，他擅长玻璃和家具的制作与设计。他不仅是一位设
计师，还是一名手工艺人。尤其是在玻璃制作方面，加莱工艺精湛，
他对于玻璃的色彩、光感和肌理的处理技术非常熟练。埃米尔·加莱
还对植物学颇有研究，他早期的玻璃制品往往采用动物和植物作为装
饰母体。但是，他在装饰手法上，并不是直接对自然题材的模仿，而
是采用象征主义手法进行艺术处理。埃米尔·加莱还热衷于玻璃制作
技法的研究，他发展了一种分层雕刻技术，玻璃的外层可以采用酸腐
蚀技术达到装饰效果，运用这种技术生产的玻璃制品造价低廉，同时
适合批量生产。

　　让·道姆（Jean Daum，1825 ～ 1885 年）与其子奥古斯特和安东
尼·道姆（Auguste Daum，1853 ～ 1909 年；Antonin Daum，1864 ～
1931 年）也是法国新艺术运动风格的玻璃制品设计师，他们在南锡市
建立了玻璃作坊，设计生产新艺术风格的玻璃制品，这里也成为法国
重要的新艺术风格的玻璃生产基地。

　　除了珠宝和玻璃设计之外，家具设计在法国新艺术运动中取得了
骄人的成绩，是法国新艺术运动最具代表性的设计门类。法国新艺术
风格的家具设计主要以"南锡学派"为主导，作为法国新艺术运动的

图 5-17（左）
埃米尔·加莱设计的"蝴蝶床"（Butterfly Bed），采用昆虫作为装饰题材，使用玻璃和珍珠母进行镶嵌，再加上不同木料颜色和肌理的对比，突出了"蝴蝶"这一装饰的主题

图 5-18（右）
具有洛可可风格的"壁炉防火屏障"

中心，南锡市也成为新艺术运动中法国家具设计的大本营。

南锡学派的领军人物是埃米尔·加莱，他不仅以玻璃设计见长，还擅长设计陶瓷和家具，尤其是他的家具设计具有典型的新艺术风格。加莱从 1880 年开始探索新艺术风格，并将自然主义作为设计的灵感源泉。加莱善于使用不同的木料进行镶嵌，不同木料的色彩和肌理形成了丰富的视觉效果。加莱还喜欢在家具上采用螺钿等材料进行镶嵌（图 5-17），这种装饰手法具有明显的东方风格，是来自中国和日本家具设计和文化的影响。加莱对材料的关注与新艺术运动的其他设计师和艺术家不同，这也使得他的家具作品独具风格。

加莱的设计还受到洛可可风格的影响，譬如，他设计的"壁炉防火屏障"（图 5-18），迂回曲折的贝壳形装饰线条，精致纤巧的花卉纹样雕刻，S 形的脚部造型，都是明显的洛可可装饰风格。任何一种设计风格都不是凭空而来的，新艺术运动也是如此，它受到洛可可风格、象征主义、日本的浮世绘、中世纪的自然主义风格等方面的影响。

在家具装饰方面，加莱多采用动植物作为基本的装饰题材，他认为家具的装饰应与功能相融合，在加莱的设计中，自然题材的家具装饰与功能融合于一体，因此，他的家具往往具有良好的功能性，造型也很雅致。但是，加莱的家具设计也存在缺陷，他在家具结构设计上采用了植物造型的曲线，这些曲线的构造也使得他的家具无法批量生产。

埃米尔·加莱作为南锡学派的首脑，他在南锡市以及巴黎，乃至整个法国和欧洲都拥有一定的影响。在加莱的影响下，南锡学派出现了许多杰出的家具设计师，路易斯·马若雷尔（Louis Majorelle，1859 ～ 1926 年）是受加莱影响最大的一位。他的家具设计也与加莱一样，继承了洛可可式的装饰风格。譬如，他设计的具有洛可可风格的写字桌（图 5-19），桌子采用了镀金和青铜浮雕装饰，这些装饰与椅腿完美契合在一起。马若雷尔认为装饰是整体的组成部分之一，不

图 5-19（左）
写字桌

图 5-20（右）
马松住宅

能独立于家具之外而存在。马若雷尔在家具设计中也喜欢采用不同的木料进行镶嵌，同时采用自然主义装饰动机，但与加莱的不同之处在于，马若雷尔的家具线条更加流畅，自然形态更为抽象。这些特点也使得他的家具可以采用现代化的生产工艺和木工机械进行生产，这是马若雷尔家具设计的进步性所在。

　　欧仁·瓦林（Eugéne Vallin，1856～1922 年）也受到埃米尔·加莱的影响，他设计的家具和室内都具有明显的自然主义装饰动机。瓦林设计的马松住宅（Masson House）具有典型的新艺术风格（图 5-20），卷曲的线条充斥于房间中的每一处，从顶棚、吊灯、壁橱到餐桌和椅子，都被曲线和精细的雕刻包围了。这些精美的装饰和灵动的曲线放在这间餐厅中却是不合时宜的，作为背景的装饰风格太抢眼，与整体的环境布局相冲突，家具的装饰与功能也相互冲突。这些矛盾都表明了新艺术运动的局限性所在，为了装饰而装饰，忽略装饰背后的思想动机。新艺术运动可以看作是工业化浪潮来袭之下，知识分子中的精英分子对过分装饰的维多利亚风格和贵族化风格的反动，这是一次不成功的设计改良运动。但，新艺术运动取得的成就，让它成为衔接现代主义设计的承上启下的重要设计阶段。

　　巴黎的新艺术风格的家具设计没有像南锡市那样形成一个学派，巴黎的新艺术风格的家具设计师们在一个更宽松的风格内从事家具设计。鲁珀特·卡拉宾（Rupert Carabin，1862～1932 年）是其中较有代表性的一位艺术家和设计师。他的家具设计完全模糊了雕塑与家具之间的界限。他在 1890 年设计的书柜采用了诸多女人体的雕塑（图 5-21），顶部的三个女性形象分别代表了真理、知识和沉思。书柜下部的头部和女人体雕像则代表空虚、

图 5-21　鲁珀特·卡拉宾设计的书柜

贪婪、放纵、无知、虚伪和愚蠢。书柜的正面还有植物题材的精细木雕，门窗部分使用了铁艺装饰，这些卷曲的植物和尖尖的荆棘增加了使用的难度。这件书柜虽然美观，但并不实用。

　　欧仁·加亚尔（Eugéne Gaillard，1862～1933年）意识到新艺术运动的局限性，他认为，"家具应该具备它的功能，应该与材质保持一致，而曲线应该仅仅用于装饰。"[1] 加亚尔在设计家具时尽可能做到简洁，注意与整体环境的协调性。但是，总体来说，他的家具设计并没有超越法国其他新艺术风格的家具设计师，没有走出一条超越传统的道路。

　　除了这些知名的设计师，法国的新艺术运动还有几个重要的中心，这些中心都以巴黎为基地，它们是萨穆尔·宾的"新艺术之家"设计事务所、"现代之家"设计事务所和"六人集团"。其中，新艺术之家和六人集团的影响力都很大。新艺术之家成立于1895年12月，创始人萨穆尔·宾是一位出版商和贸易商，他在巴黎普罗旺斯路22号开设了工作室和设计事务所，命名为"新艺术之家"。萨穆尔·宾是公认的日本艺术的鉴赏家和收藏家，新艺术之家主要经营日本风格的艺术品和工艺品。萨穆尔·宾还协助举办过日本手工艺展览。在1888年还出版过一份《日本艺术》的杂志，向公众介绍他喜欢的日本艺术和工艺美术。

　　新艺术之家不仅出售日本风格的工艺品，还展示蒂芬尼的设计作品，以及比利时的艺术家和设计师亨利·凡·德·维尔德（Henri van de Velde，1863～1957年）的家具。萨穆尔·宾还资助过几位设计师，1900年，新艺术之家展出了这些受资助设计师的家具作品，这些展品具有明显的新艺术风格，卷曲的线条，自然主义的装饰动机，让这些家具在当时引起轰动，新艺术之家的名声也不胫而走。但是好景不长，1905年萨穆尔·宾去世，新艺术之家也基本解散了。

　　"六人集团"也是法国新艺术运动中比较有影响力的设计组织，成立于1898年，是由六位设计理念较一致的设计师组成的松散团体，这六个人包括亚历山大·察平特（Alesandre Charpentier，1856～1909年）、查尔斯·普伦密特（Charles Plumet，1861～1928年）、托尼·塞尔莫斯汉（Tony Selmersheim，1871～1971年）、赫克托·吉马德（Hector Guimard，1867～1942年）、乔治·霍恩切尔（George Hoentschel，1855～1915年）和鲁珀特·卡拉宾。他们的设计都喜欢采用自然主义装饰动机，以曲线作为设计风格。其中，建筑师出身的赫克托·吉马德（Hector Guimard，1867～1942年）是六人中成绩最为卓著的一个，他最著名的设计作品莫过于巴黎地下铁道系统的

1　紫图大师图典丛书编辑部．新艺术运动大师图典 [M]．西安：陕西师范大学出版社，2003：46．

图 5-22 吉马德 1899 年设计的巴黎地下铁的入口

一系列入口了（图 5-22）。吉马德灵活地将植物形态与手工艺设计结合起来，这些地铁入口的栏杆、扶手和建筑上都采用了模仿植物结构和形状的装饰造型。吉马德设计的这些地铁入口深受法国人民的喜爱，建成之后一直保留到现在，如今还剩下 86 个入口，另外 29 个因多种原因被拆除了。

5.3 比利时的新艺术运动

比利时在 20 世纪末也和欧洲其他国家一样，被各种历史主义风格包围，本土设计的特色被淹没其中。这一时期的比利时设计师迫切希望寻找一种代表现代比利时特色，而又具有本土特色的设计风格。此时，兴起于欧洲大陆的新艺术运动，让比利时设计师看到了曙光，比利时也开始了新艺术风格的设计探索。

新艺术运动在比利时被称为"先锋派运动"，比利时的新艺术运动起源于 1881 年，最早宣传新艺术运动的刊物是《现代艺术》，创办人是奥克塔·毛斯（Octave Maus，1856～1919 年）。奥克塔·毛斯在 1883 年还组织成立了一个前卫的"二十人小组"（the Groupe des Vingt），进行设计艺术方面的探索和改革。这个组织早期主要进行艺术方面的创作，作品具有象征主义风格。1889 年，亨利·凡·德·维尔德加入了二十人小组，随后被推举为联盟的领袖，在维尔德的带领下，二十人小组开始转向实用艺术和设计方向的探索。并从 1891 年开始，每年举办一次设计沙龙，展出各种各样的产品和平面设计作品。1894 年，二十人小组改名为"自由美学社"（the Libre Esthetique），维尔德、古斯塔夫·塞吕里耶·博维（Gustave Serrurier-Bovy，1858～1910 年）和维克多·霍塔（Victor Horta，1861～1947）成为"自由美学社"的三位重要领导人物，他们共同促进了比利时新艺术运动的发展。

维克多·霍塔是比利时著名的建筑师和设计师，新艺术运动的代

图 5-23（左）
霍塔旅馆一层楼梯间

图 5-24（右）
带有植物装饰风格的地毯

图 5-23（左）
霍塔旅馆一层楼梯间

图 5-24（右）
带有植物装饰风格的地毯

表人物。英国历史学家、作家和电视明星：约翰·朱里厄斯·诺威奇（John Julius Norwich，1929 ～）这样评价过霍塔："毋庸置疑，他是至关重要的欧洲新艺术运动建筑师。"[1] 由此可见霍塔在新艺术运动中的主导地位。霍塔建筑设计风格的影响来自 1892 年的一次新艺术风格的展览，在这次展览之后，他接受了 Emile Tassel 的委任，设计塔塞尔公馆（Hotel Tassel）（图 5-23、图 5-24），这是霍塔最著名的新艺术风格的设计。这座建筑建于 1892 年，位于布鲁塞尔保尔·艾米利·占森路 6 号，即原都灵路 12 号。这是霍塔第一次运用新艺术语言进行的建筑设计探索。这还是一次开创性的设计，霍塔采用了半开放式的空间布局，室内设计华丽奢侈，门厅和楼梯带有彩色玻璃窗和马赛克瓷砖地板，整体和谐统一。在室内装饰方面，从墙面、楼梯扶手、栏杆到地毯，到处装饰着卷曲的线条，构成了起伏率动的视觉效果。这些卷曲的线条后来被命名为"霍塔线条"，这座建筑也被称为"霍塔旅馆"。霍塔旅馆是霍塔设计生涯中的巅峰之作，该建筑已经被认为是新艺术建筑的瑰宝，成为新艺术建筑设计的里程碑。

在建筑设计方面，霍塔拒绝任何历史风格，并使用铁等新材料在建筑中。钢铁对于现代建筑而言是司空见惯的，但是在 19 世纪的欧洲，在建筑设计中铁还远未普及，尤其是英国对这一材料的接受更为缓慢。这是第一座大量运用钢铁材料的建筑，霍塔也由此奠定了现代建筑的基础。他的这种风格影响了一大批年轻的设计师，包括法国的著名设计师赫克托·吉马德。

除了霍塔之外，比利时新艺术运动的核心人物要数亨利·凡·德·维尔德了。他是比利时新艺术运动最具发言权的代表，也是艺术统一和复兴的实践者。维尔德与霍塔早年间都受到过印象派和象征主义的影响，维尔德最初是一位画家，后来转向实用艺术和建筑设计领域。维尔德早期风格受到莫里斯和英国工艺美术运动的影响，但是，他不赞同莫里斯主张回归中世纪的设计理念，他寄希望于改善环境来实现社

1 维基百科 http://en.wikipedia.org/wiki/Victor_Horta.

会改良。他的这种思想具有强烈的民主主义色彩，这与比利时当时活跃的社会环境和政治氛围有关。维尔德主张设计应为广大民众服务，并通过设计实践和教育传播将他的理念传播开来。从这一意义上讲，维尔德是现代设计思想的重要奠基人。

亨利·凡·德·维尔德的设计实践早已超出比利时本土范围，在欧洲国家引起很大的反响，法国的新艺术运动也受到维尔德的影响。新艺术之家的创始人萨穆尔·宾在 1895 年，也曾邀请维尔德设计新艺术之家的室内，第二年，维尔德又为现代之家设计了室内和家具（图 5-25）。虽然，维尔德的设计采用了丰富的新艺术曲线，但是，他反对法国新艺术设计师对自然主义风格的过度迷恋，他认为装饰与结构是相互关联的，非理智的自然主义装饰动机会影响到装饰的品质。维尔德提倡在设计中对装饰加以节制，强调采用抽象形式进行设计创作。这使得他的设计作品不仅具有审美表现力，还易于工业化生产，他的这种设计理念在当时非常前卫。譬如，他于 1894 年到 1895 年间为自己位于布鲁塞尔附近乌克尔的新家设计的椅子（图 5-26），这把椅子采用了对称的弧线，在具有新艺术风格的同时，又摒弃了新艺术运动中纤细柔弱、富丽雕琢的风格，而是采用了更为抽象的理性化形式，使椅子看起来更具有力度感，也易于加工生产。

作为一名具有国际影响力的大师，亨利·凡·德·维尔德最重要的影响是在德国，它还一度成为德国新艺术运动的领袖，并且是德意志制造联盟（Deutscher Werkbund）的创始人之一。他在 1914 年德意志制造联盟的年会上抵制慕特休斯的标准化主张，这场争论事实上代表了一个世纪以来德国设计美学争论的焦点。最后慕特休斯不得不屈服，这也说明了亨利·凡·德·维尔德在德国设计界的影响力。维尔德的理论与实践，对比利时、德国乃至欧洲的现代设计的发展都产生了很大影响。他还于 1906 年在德国魏玛建立了一所工艺美术学校，试图在艺术与技术之间找到一种平衡关系，这所学校也就是包豪斯的

图 5-25（左）
亨利·凡·德·维尔德为现代之家设计的桌子

图 5-26（右）
亨利·凡·德·维尔德为自己的新家设计的椅子

前身，日后又成为世界著名的设计学院，成为德国现代设计教育的初期中心。维尔德在一定程度上奠定了现代主义设计的思想基础，推进了现代设计理论的发展，对德国现代设计的发展产生了深远影响。因此，对维尔德的研究，不应仅局限在新艺术运动的范围，而应该推广到现代主义设计的范畴中来。

5.4　西班牙的安东尼·高迪

西班牙位于欧洲西南部的伊比利亚半岛上，偏安一隅的地理位置，并未影响到新艺术运动的传播。这个半岛也开始了轰轰烈烈的新艺术运动探索。约翰·拉斯金曾经说过："装饰是建筑的源泉"。几十年以后，西班牙最伟大的建筑师安东尼·高迪（Antoni Gaudi，1852～1926年）在他的建筑设计中从头至尾贯穿了这一原则。

新艺术运动在欧洲各国都有不同的表现，但是，西班牙的新艺术运动却有特殊的表现形式，尤其在西班牙东北部的巴塞罗那地区，该地区的建筑具有独特的新艺术风格。巴塞罗那是西班牙的经济、艺术和设计中心，19世纪中叶以后，巴塞罗那城大规模扩建，人口急剧增加，城市的棉纺工业和钢铁工业也得到快速的发展，再加上繁荣的贸易事业，巴塞罗那成为西班牙最重要的经济中心。经济的发展自然带动艺术、设计的繁荣。西班牙最重要的"新艺术"运动的代表人物是建筑家安东尼·高迪，他一生中的绝大部分建筑设计都在这座城市之中，巴塞罗那现在成为学习建筑设计的人士的朝圣地之一。

高迪是西班牙现代设计史上最具代表性的大师，他在建筑设计、室内设计和家具设计等方面都取得了辉煌的成就。这样一位伟大的设计师，却于1926年死于意外交通事故。他的离去是西班牙设计界的巨大损失，他去世之时，他一生中最重要、也是最后的建筑设计：圣家族大教堂正在方兴未艾的建设中。

图5-27　圣家族大教堂

高迪的主要成就集中在建筑领域，他设计的文森公寓、居里公园、巴特罗公寓、米拉公寓、圣家族大教堂等建筑（图5-27），具有高度的个人表现主义色彩。其中最著名的建筑作品莫过于圣家族大教堂了，他在1883年11月2日正式接受这个设计委托，并为它工作了43年之久，他生命的最后12年基本上全部耗费在设计这座巨大的教堂上。遗憾的是由于高迪的突然去世，使得这座教堂迄今还没有完工。这座教堂分三部分，第一部分是耶稣的降生，第二部分是耶稣的受难，第三部分是耶稣的复活。在高迪去世的时候这座教堂只完成了第一

图 5-28（左）
巴特罗椅

图 5-29（右）
卡萨－卡尔维特别墅办公椅

部分，由于高迪在设计这座教堂的时候没有画过一张正规的草图，所有的构想都在他的脑海中，所以在他去世后，他的合作设计师和后人只能根据之前与他合作的种种细节，来推测、揣摩他的设计意图，继续完成教堂的其他部分的建设。但是，巴塞罗那的市民对后来完工的建筑部分嗤之以鼻，目前这座建筑仍在建设中，它已经成为巴塞罗那市最重要的纪念性建筑。

高迪不仅设计建筑，他还为这些建筑设计室内装修和与之相匹配的家具，因此，这些家具都和建筑设计风格相统一，是整体建筑设计的组成部分。高迪的家具设计所受的影响来自多方面，有来自法国的维奥莱特·勒·杜克的新哥特运动，也有来自英国的工艺美术运动，还有摩尔建筑的影响，高迪将这些因素和加泰罗尼亚的传统结合，创造出自己独特的风格，从而自成体系。高迪的家具全部采用曲线造型，模仿自然界的植物形态，让这些家具看起来秀美异常。同时，还有评论家称高迪的家具设计体现了他对人机工学研究的结果，认为他是现代人机工学的奠基人之一。

安东尼·高迪设计了一批与建筑和室内风格相统一的家具，其中，20 世纪初为巴特罗公寓设计的一系列巴特罗椅比较典型（图 5-28）。巴特罗椅的设计打破了传统的对称形态，如自然中的植物般清新自然。高迪还为卡萨－卡尔维特（Casa Calvet）位于巴塞罗那别墅的办公室设计了系列家具（图 5-29），这是高迪家具设计的代表作。这些家具设计打破了早期高迪设计的传统观念和历史痕迹，将充满雕塑味道的形式运用到设计中，心形的靠背、脊柱式的支撑、弯曲的扶手、如关节般突起的椅腿，让椅子的形态呼之欲出。

5.5 格拉斯哥四人团体与麦金托什

英国的新艺术运动则只局限在苏格兰，因此，它的影响范围远远不及工艺美术运动那样深远。这场运动中取得最大成就的莫过于"格拉斯哥四人团体"（Glasgon Four），他们是：查尔斯·伦尼·麦金托什、赫伯特·麦克内尔（Herbert Mcnair，1868～1955年）、马格利特·麦克唐纳（Margaret Mcdonald，1865～1933年）和法朗西丝·麦克唐纳（Frances Mcdonald，1873～1921年）四人。其中，麦金托什是格拉斯哥四人团体的灵魂人物，马格利特·麦克唐纳是麦金托什的妻子，也是一位优秀的设计师，她擅长设计制作金属制品、彩绘玻璃和刺绣品。法朗西丝·麦克唐纳是她的妹妹，嫁给了团体成员赫伯特·麦克内尔，她常与姐姐马格利特 起合作设计，也与麦克内尔合作设计家具和彩绘玻璃。格拉斯哥四人团体的设计风格与法国和比利时的新艺术运动风格有着很大的区别，在他们四人设计的建筑、室内、家具、玻璃和金属器皿中，没有全部采用卷曲的植物装饰性线条，而是在柔软的曲线中融合了硬朗的竖线，并相互交替穿插融合在一起，这种风格被设计界称为"直线风格"。

马格利特·麦克唐纳具有很强的平面设计能力，譬如，她为克兰顿小姐（Miss Cranston）的"白帽章茶馆及饭店"（White Cockade Tea Rooms and Restaurant）设计的菜单（图5-30），采用了纵横交错的直线布局，还融合了女性形象作为画龙点睛的呼应，让菜单整体设计布局非常完美和谐。马格利特与麦金托什在格拉斯哥艺术学院读夜校期间相识，此后，她成为麦金托什最得力的助手。她与麦金托什合作设计过不少茶室和产品，马格利特常以女性形象和植物形象作为装饰主题，她设计的图案为麦金托什的作品增色不少，在麦金托什的许多设计作品中都可以看到马格利特的装饰痕迹。

作为格拉斯哥四人团体的代表性人物，麦金托什集建筑师、设计师、水彩画家和雕塑家于一身。他的设计范畴也从建筑延伸到室内和

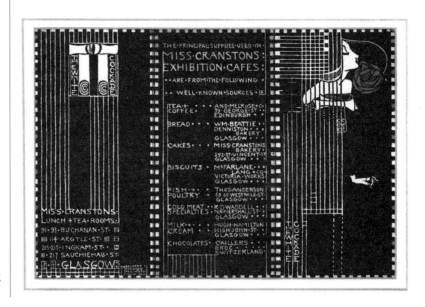

图5-30 马格利特·麦克唐纳设计的菜单

产品设计门类。他还是一位工艺美术运动风格的设计师，但，麦金托什的主要影响在新艺术运动领域，他对欧洲的设计产生了很大影响。

麦金托什从小就对建筑表现出浓厚的兴趣，他 16 岁开始跟随建筑师约翰·哈钦松（John Hutchinson）学徒。在建筑设计方面，麦金托什早期接受的教育是典型的维多利亚式建筑体系，他设计理念的转型开始于 1898 年进入霍尼曼与凯柏（Honeyman & Keppio）建筑事务所之后，在这里他认识了日后的合作伙伴：赫伯特·麦克内尔。他还赢得了亚历山大·汤姆逊旅行奖学金（Alexander Thomson Travelling Studentship），就是这次机遇，为他日后的发展奠定了良好的基础。麦金托什参观了意大利的许多城市，特别是到罗马、佛罗伦萨、西西里岛等地，在意大利旅行和学习期间，他受到古典建筑的很大影响。旅行归来之后，麦金托什又回到霍尼曼与凯柏建筑事务所工作，在他成功设计了几个建筑之后，成为该事务所的合作人。在建筑事务所工作期间，麦金托什确定了他日后的建筑设计风格。

麦金托什设计风格的形成受到几方面的影响，一方面来自日本的传统设计（图 5-31），尤其是日本的浮世绘对他影响很大。麦金托什很小的时候就对日本传统艺术中运用简单直线，进行不同的编排和布局非常感兴趣，尤其是浮世绘的装饰性线条所取得的效果让他尤为痴迷。浮世绘装饰性直线的运用，使麦金托什改变了曲线才是优美的、才能取得杰出设计效果的观点，他开始采用直线进行设计，并且不断通过实践进行各种设计探索，来证明直线的装饰性效果，证明直线的艺术美感。另一方面，麦金托什还受到英国工艺美术运动的影响，特别是约翰·拉斯金和威廉·莫里斯的设计理念和实践的影响。此外，欧洲其他国家前卫的设计探索，也对他的设计风格的形成产生了一定的促进作用。不仅如此，麦金托什与格拉斯哥四人团体的其他设计师，早期设计风格还受到比亚兹莱和荷兰 - 印尼象征主义和新艺术画家让·图洛普（Jan Toorop，1858 ～ 1928 年）的影响。

麦金托什作为杰出的新艺术运动的建筑师和设计师，他不仅在建

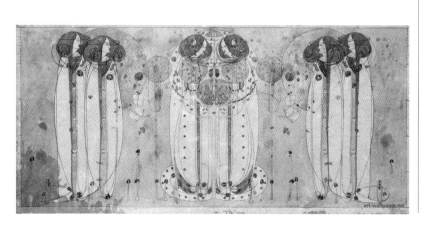

图 5-31　麦金托什 1900 年设计的具有日本艺术风格的墙纸

筑设计方面取得很大成就，还在产品设计方面取得了骄人的成果，此外，麦金托什的室内设计也非常杰出。在室内设计中，他的设计风格有别于法国和比利时新艺术运动的装饰风格。麦金托什喜欢采用简单的直线条再加上几何造型，同时采用黑白色系进行色彩规划，在细节部分再融合少许自然图案，达到整体和谐统一的装饰效果。

麦金托什最重要的设计项目包括：格拉斯哥南园路（Southpark Avenue）的一座住宅建筑、格拉斯哥希尔家族住宅（Hill House）（图5-32）、格拉斯哥美术学院的内部设计、杨柳茶室（Willow Tearooms）等，其中杨柳茶室的风格最为独特和突出，他不仅为杨柳茶室设计了室内装修，还为杨柳茶室设计了彩色玻璃镶嵌和家具，包括椅子、柜子、床等，这些家具设计非常杰出，尤其是那些著名的高背椅子（图5-33），完全采用黑色系，再加上夸张的高靠背造型，是格拉斯哥四人设计风格的集中体现，直到现在这些椅子还广受欢迎和喜爱。马格利特·麦克唐纳为杨柳茶室设计了室内装饰，但是，设计史家们在提及麦克唐纳设计的装饰的时候，要么批评这种装饰风格破坏了麦金托什设计的纯粹性和整体性，要么褒奖麦金托什设计的全面性。这种过于偏颇的评价对马格利特有失公正，也不能客观分析格拉斯哥四人的设计风格。

麦金托什对新艺术运动产生了很大的影响，但这种影响基本发生在英国本土以外。这一影响范畴从维也纳"分离派"到德国"青年风格"，还有美国设计师弗兰克·劳埃德·赖特的作品中也可以看到麦金托什的影子，尤其是对维也纳分离派的影响最大。麦金托什在设计中采用的几何形态和有机线条，简单而具有高度装饰味道，在这一点上，与分离派的追求有异曲同工之处，因此，受到分离派的追随和赞赏，麦金托什还曾经受邀设计分离派的年展。

作为新艺术运动发展的重要表现形式之一，麦金托什的设计风格与新艺术运动存在很大区别，他在设计中主张采用直线，主张使用简单的几何造型，使用黑白等中性色彩计划，这些恰恰是新艺术运动反对采用

图5-32（左）
希尔家族住宅

图5-33（右）
杨柳茶室的高背椅

的形式。麦金托什的这种设计探索，为机械化和批量化的生产奠定了可能性和基础，因此，麦金托什是一个联系新艺术运动和现代主义设计运动的关键性人物。他的许多设计探索，在维也纳分离派和德国青年风格设计运动中得到了发展和实现。他是工艺美术时期和现代主义设计时期的一个重要的人物，在设计史上具有承前启后的作用和地位。

5.6　奥地利的维也纳分离派

"维也纳分离派"成立于 1897 年，是由一群先锋艺术家、建筑师和设计师组成的团体。分离派的口号是"为时代的艺术，为艺术的自由"。因为标榜与正统艺术分离，因此称为分离派，它最初的名字是"奥地利美术协会"（The Austrian Fine Art Association）。奥地利的新艺术运动是由"维也纳分离派"发起的。主要代表人物有：建筑家奥托·瓦格纳（Otto Wagner，1841 ～ 1918 年）、约瑟夫·马里亚·奥尔布里希（Joseph Maria Olbrich，1867 ～ 1908 年）、约瑟夫·霍夫曼（Joseph Hoffmann，1970 ～ 1956 年）、科罗曼·莫瑟（Koloman Moser，1868 ～ 1918 年）和画家古斯塔夫·克里木特（Gustav Klimit，1862 ～ 1918 年）等人。在新艺术运动影响下，奥地利形成了以维也纳艺术学院教授瓦格纳为首的维也纳学派。

奥托·瓦格纳是"维也纳分离派"的元老之一，是奥地利"新艺术"运动的倡导者。他早期从事建筑设计，并发展形成了自己的学说。瓦格纳在他的经典著作中讲道："如果创作的作品要逼真地体现我们的时代，并把它彻底反映出来，那么我们观察事物的方式应该是简单、实用，甚至是军事化的。"他早期推崇古典主义，后来在工业技术的影响下，逐渐形成了自己的新观点。其学说集中地反映在 1895 年出版的《现代建筑》（Moderne Architektur）一书中。在书中他指出新结构和材料的应用必然导致新的设计形式的出现，建筑领域复古样式是极其可笑、荒谬的。因为设计是为当代人服务的，而不是为古典复兴而进行的设计活动，他还预测了未来的建筑样式。他的思想非常激进，认为建筑会采用直线条，平平的屋顶，简洁有力的结构和材料凸显建筑的美感。这些观点和后来的现代主义建筑设计的观点非常类似。他甚至还认为现代建筑的核心是交通或者交流系统的设计，因为建筑是为人类居住和工作而设计的，建筑不仅仅是一个空洞的空间，建筑还应该具有情感，具备交流、沟通和交通的功能，以达到促进流通、提供便利的功能性需求，同时装饰也是为功能服务的，这种思想在当时非常前卫。

瓦格纳设计了许多著名的建筑和日常用品，这其中包括他在 1898 年设计的卡尔斯帕拉兹车站（Karlsplatz Station）（图 5-34），1899 年设计的马约里卡楼房，在 1900 ～ 1902 年设计的维也纳新修道院 40

号公寓，还有在 1905 年完成的邮政局大楼，他还为邮政大楼设计了椅子（图 5-35）。这些瓦格纳的建筑和产品设计，体现了他前卫的设计理念和原则，在这些设计中，瓦格纳试图采用简单的几何形态，摒弃毫无意义的新艺术运动的自然主义曲线的装饰风格。但是，瓦格纳晚期的作品，才真正体现出维也纳新艺术运动的独特风貌。代表作是建于 1897～1898 年间，与古斯塔夫·克里木特、科罗曼·莫瑟、约瑟夫·霍夫曼、约瑟夫·奥尔布里希等人合作完成的维也纳分离派总部（The Vienna Secession Building），他在这座建筑设计中充分采用简单的几何形体，特别是方形，加上少数表面的植物纹样装饰，使功能和装饰有机融合在一起，达到了两者高度吻合的特点。

约瑟夫·奥尔布里希是分离派运动的坚定拥护者和实践者，他的设计思想受到奥托·瓦格纳的很大影响。奥尔布里希出生于今日的捷克，1890～1893 年间在美术学院学习，在此期间，他结识了后来对他产生深远影响的奥托·瓦格纳，他继承了瓦格纳的建筑设计的新观念。奥尔布里希是奥地利艺术家中唯一一个严格遵守分离派创作宗旨的人，他在建筑设计中注重植物形状线条的运用，把洛可可的装饰风格融汇在建筑中。他留下的最辉煌的建筑设计作品就是维也纳分离派总部，建筑独具特色的屋顶是由镀金的月桂树叶组成的一个球形（图 5-36），从此它成为维也纳分离派的标志。奥尔布里希还为维也纳分离派举行的年展设计了分离派之屋，采用几何形结构，外加少数的装饰概括了分离派的设计特征，交替的立方体和球体构成了建筑物的主旋律，如同纪念碑一般简洁。

约瑟夫·霍夫曼是"维也纳分离派"的重要代表人物，他与奥尔布里希一样，都是出生于今日的捷克。从 1892 年开始霍夫曼在奥托·瓦格纳执教的维也纳美术学院学习，并且是瓦格纳最得意的弟子。后来他和莫瑟、克里木特一起创办了"维也纳分离派"。在分离派中，他注意培养和提拔新一代的艺术家。

与奥尔布里希相比，霍夫曼在"新艺术"运动中取得的成就更大，甚至超过了他的老师瓦格纳。他于 1903 年发起成立了一个近似于

图 5-36　维也纳分离派总部

英国工艺美术运动时期，莫里斯设计事务所的手工艺工厂，叫"维也纳生产同盟"（Wiener Werksttate），来生产家具、金属制品和装饰品，同时，他还出版了杂志《神圣》，用来宣传他的设计和艺术思想。

　　霍夫曼一生在建筑设计、平面设计、家具设计、室内设计、金属器皿设计方面取得了巨大成就。在他的建筑设计中，装饰的简洁性十分突出。由于他偏爱方形和立体形，所以在他的许多室内设计如墙壁、隔板、窗子、地毯和家具中皆可见方形，家具本身被处理成岩石般的立体形态。他为后人留下了众多优秀的建筑设计作品，这其中包括著名的普克斯多夫疗养院和斯多克勒宫殿。

　　在霍夫曼的平面设计中，他的图形设计采用如同螺旋形和黑白方形的重复，装饰手法则采用几何形体，直线条和黑白色的对比色调非常醒目。这种黑白格子的装饰手法是霍夫曼所创造的，因此被学术界戏称为"方格霍夫曼"。这把一战前生产的扶手椅就是其"方格风格"后期的成熟作品（图 5-37），椅子具有可调节的椅背和可更换的软垫。有评论家认为，这把椅子是日后出现的著名的里特维德红蓝椅的前奏，因为这两把椅子在形式和处理手法上拥有非常多的相似性。

　　莫瑟是一位才华出众的艺术

图 5-37　约瑟夫·霍夫曼设计的扶手椅

家，虽以绘画见长，但与分离派设计家们的合作十分密切。他是"维也纳分离派"的元老之一，于1888～1892年在维也纳美术学院学习，后来转学至工艺美术学院，并且于1899年担任这所学院的院长。莫瑟的作品主要是工艺美术设计。他的装饰绘画风格简单明快，趋向于用单色或黑白颜色进行设计。莫瑟为分离派刊物《神圣的春天》设计了众多的刊头和绘画，是"新艺术"运动的典型代表作品，1905年，他和古斯塔夫·克里木特一起退出了这个组织。

画家出身的古斯塔夫·克里木特是"维也纳分离派"中最重要的艺术家，在绘画风格上同样采用大量简单的几何图形为基本构图，使用非常绚丽的金属色，如：金色、银色、古铜色，加上其他明快的颜色，创造出非常具有装饰性的绘画作品，在当时画坛引起很大的震动。他为建筑设计的壁画，采用陶瓷镶嵌技术，利用其娴熟的绘画技巧，为设计增添了许多魅力。

5.7　德国的青年风格

德国的"新艺术"运动被称为"青年风格"（Jugendstil），兴起的时间为1890～1914年之间。发起这场设计运动的人物主要也是艺术家、建筑师，他们怀着同样的目的，希望通过恢复手工艺传统，来挽救当时颓败的设计现状。

青年风格的名称来源于一本《青年》杂志，年轻艺术家们把这种新风格定名为青年风格。青年风格流派的设计师，早期的设计作品也受到英国工艺美术运动先驱拉斯金和莫里斯的影响，具有明显的自然主义色彩。后期青年风格的设计风格逐渐发生转变，开始走向理性化，这是"新艺术"运动迈向功能主义的一个重要步骤。当法国、西班牙、比利时的新艺术运动的大师们还在迷恋卷曲的自然形态美的时候，德国的年轻艺术家们正受到曲线的困扰，在他们的设计中对曲线设计进行节制，并逐步转变成几何因素的形式构图。

青年风格的艺术家们提出了一系列新口号，提倡青年风格与大自然紧密结合，在设计中既要体现女性之美，又要注重个性化的表达，并将这种设计理念延伸到建筑设计和生活的方方面面。作为一个完整的艺术体系，青年风格不仅体现在戏剧、舞蹈、语言、歌咏和音乐等领域，同时还涉及青年艺术风格的核心，如舞台设计、服装、道具、灯光，直至剧院的建筑装潢。德国实用美术和建筑艺术的革命就这样开始了。"从现代设计史发展历程来看,青年风格最大的贡献似乎在于,它显示了一种从自然主义与曲线向抽象风格与直线的方向发展,在此发展过程中,它一方面继承了日耳曼民族的表现主义传统,另一方面又隐隐约约地呈现出一种正在成长中的设计思想。"[1]

　　青年风格运动最具代表性的设计师包括：理查德·雷迈斯克米德（Richard Riemerschmid, 1868 ～ 1957 年）和著名的建筑师、设计师彼得·贝伦斯（Peter Behrens, 1868 ～ 1940 年）。雷迈斯克米德原本是一位画家，1897 年，他首次接触到实用艺术领域，目光敏锐的雷迈斯克米德意识到实用艺术的发展前景，开始从绘画转向设计。他最早开始接触的是家具设计，雷迈斯克米德为慕尼黑钢琴制造厂设计了音乐室和室内用的椅子（图 5-38）。这把椅子具有流畅的线条，从椅背延伸至椅腿的曲线即加固了椅子的结构，又不影响乐师的活动，还起到了装饰的作用。此后，雷迈斯克米德又开始涉足其他产品设计领域，1900 年他开始设计餐具，对餐具的使用方式进行了重新思考，并对传统餐具设计模式进行大胆创新，雷迈斯克米德在餐具设计领域取得了一定的突破。

图 5-38　慕尼黑钢琴制造厂音乐厅的椅子

　　彼得·贝伦斯则是德国现代设计的奠基人，被誉为德国"现代设计之父"。他早期的平面设计受到日本水印木刻的影响，他喜爱在设计中运用荷花和蝴蝶等自然形象。后来他的设计风格发生转变，逐渐趋于抽象的几何形式，这也标志着德国的新艺术开始走向理性。1912年，贝伦斯设计了几何形式的挂钟，由德国德累斯顿的一家工厂生产，取得极大成功，直到 1960 年代每年还能卖出上千个。

5.8　美国的新艺术运动

　　新艺术运动在美国也有反映，路易斯·康福特·蒂芬尼是美国工艺美术设计领域的代表性人物。蒂芬尼主要从事日用器皿的设计，尤其擅长设计和制作玻璃制品，特别是玻璃花瓶。在新艺术运动没有影响到美国之前，蒂芬尼进行玻璃设计的原型主要来源于欧洲，但是，在 19 世纪的最后十年里，他的作品成为欧洲玻璃设计的范本。蒂芬尼的设计形态大多直接从花朵或小鸟的形象中提炼而来，与新艺术运动从生物中获取灵感的思想不谋而合。蒂芬尼的作品在欧洲由萨穆尔·宾负责销售，因而有较大影响。

　　蒂芬尼在玻璃设计制作领域取得了卓著的成就，在 1890 年代美国社会流行的时尚彩绘玻璃台灯就是他的杰作。色彩丰富的玻璃造型灯具使白炽灯泡刺眼的灯光变得柔和。青铜底座采用树根和树干的造型，上面悬挂装饰着百合花、荷花或紫藤花的彩绘玻璃灯罩，独具浪漫气息和情调。蒂芬尼在 19 世纪末到 20 世纪初又推出了著名的"法

1 绍宏主编. 西方设计：一部为生活制作艺术的历史 [M]. 长沙：湖南科学技术出版社，2010：242.

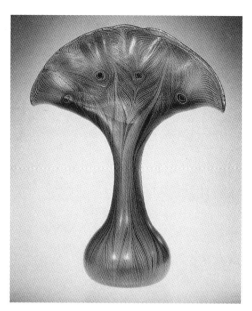

图 5-39　孔雀花瓶

夫赖尔"花瓶系列，在这系列花瓶的设计中，引进新的彩色色效果，大部分采用彩虹色，模仿古代风化玻璃器皿，有时叠盖风格化的花朵、孔雀羽毛和梳子波纹图案以增强色彩效果。在这些花瓶中，孔雀花瓶比较具有代表性（图 5-39），花瓶拥有流畅的曲线，艳丽的装饰，具有典型的新艺术风格。是美国新艺术运动中的优秀作品。

　　法夫赖尔花瓶所采用的技术，"就是将不同纹理和色彩的细小玻璃，融化成一个不透明的热玻璃球，然后按想象把它吹成最终的形状，加入热球的图案装饰起初很小，但它们随着球被吹成花瓶而变大，按设计到达预定位置。"[1] 这种手工制作的花瓶，因每次吹制的力度不同，以及色彩或纹理的稍微差别，会呈现出差异化的面貌。采用这种方法吹制的花瓶装饰纹样，会随着花瓶的吹制过程而逐渐变大，就像植物的生长过程一样。

　　除了路易斯·康福特·蒂芬尼在工艺美术领域的设计探索之外，新艺术运动在建筑设计领域也有体现。在新艺术运动传入美国以前，美国已形成了著名的"芝加哥学派"，这个学派主张建筑应该遵循功能第一性的原则。其代表人物有建筑师伯纳姆（Beruhem）、詹尼（Jenney）、艾德勒（Adler）、霍拉伯特（Holabird）和路易斯·沙利文（Louis H.Sullivan，1856～1924 年）等人。

　　路易斯·沙利文是芝加哥学派最重要的代表人物，他对美国新艺术建筑作出了前无古人的巨大贡献。他是一位天才的建筑师，在 14 年中他设计了一百多座摩天大楼，这些大楼分布在纽约、密苏里、芝加哥等地，是沙利文建筑设计的杰出代表。其中沙利文最杰出的建筑设计作品是卡森皮里斯科公司的商场设计，这座商场设计简洁，后来成为 20 世纪无数办公与商业建筑的基本原形。在商场主入口上方及周围布满了奢华的"新艺术"风格的铸铁装饰，这是沙利文最杰出的建筑装饰作品。

　　继沙利文之后，曾经在沙利文建筑事务所工作过的弗兰克·劳埃德·赖特，进一步发展了沙利文的新艺术建筑思想，提出了著名的"有机建筑"理论，赖特因此也被视为最伟大的现代建筑师之一。赖特的建筑设计在使用新材料和考虑建筑与环境协调方面作出了尝试，因此与其他设计师的设计作品有所不同。

1　紫图大师图典丛书编辑部 . 新艺术运动大师图典 [M]. 西安：陕西师范大学出版社，2003：198.

5.9　德意志制造联盟

19 世纪末的德国经济高速增长，这时候的德国已经跻身世界强国之列。但是，经济发展的同时，也伴随着严峻的社会现状，日趋尖锐的阶级矛盾冲突，严重阻碍了德国社会的进步、经济的发展。1905 年，德国鲁尔区 20 万矿工举行大罢工，经济的增长并没有给他们的生活和工作状况带来改变，他们依旧贫困。这种现状引起广大劳动人民的普遍不满，他们认为是机器和大工业生产造成他们生活贫困的现状，因此抵制机械化工业生产的普及。

面对这一严峻的社会对立和冲突，德皇紧急召集赫尔曼·慕特休斯（Hermann Muthesius，1861 ~ 1927 年）回国，寻找一条和解的途径，引导德国工业的健康发展，重新焕发劳动人民的工作热情。慕特休斯联合了 12 位建筑师和 12 家企业，于 1907 年 10 月 5 日在德国慕尼黑成立了德国第一个设计组织：德意志制造联盟（Deutscher Werkbund，DWB），这是德国第一个设计组织，集合了德国前卫的艺术家、建筑师、设计师和实业家，因此，制造联盟成为德国发展现代建筑设计、工业产品设计的重要组织机构。联盟建立的最初目的是为德国的企业家和设计师建立合作的平台，以此提高德国产品的世界竞争力，与老牌资本主义国家英国和后来居上的美国相抗衡。

慕特休斯 1861 年出生于德国，他的父亲是一位石匠和小型建筑的承包商，父亲从小就鼓励他从事建筑行业。在学校学习期间，他从事艺术史和哲学研究。从学校毕业后，他进入军队服役一年。此后，慕特休斯开始了他的设计生涯。作为一名建筑师、建筑史学研究者和教师，他曾经组织大量的研讨会，并大刀阔斧地在德国进行美术教育改革。奉行没有风格的实用主义、功能主义设计，反对"青年风格"运动，反对任何艺术风格。

慕特休斯在创建联盟的时候，就清醒地意识到英国"工艺美术"运动存在的弊端，对于机械化的否定已经不合时宜，因此，德意志制造联盟支持工业化生产的发展。对于机器的使用采取开明的态度，从而把工业设计思想提升到一个新的高度，与传统的手工技艺产生了区别。可以说，德意志制造联盟真正从理论和实践上，促进了工业设计的发展。

除了慕特休斯之外，联盟的另外一位重要领导人是彼得·贝伦斯，贝伦斯被誉为"第一位现代艺术设计师"，是德意志制造联盟中最著名的设计师，他的设计理念影响了一大批年轻的设计师，这其中包括沃尔特·格罗皮乌斯（Walter Gropius，1883 ~ 1969 年）、密斯·凡·德·罗（Mies van der Rohe，Ludwg，1886 ~ 1969 年）和勒·柯布西耶（Le

Corbusier, 1887 ~ 1965 年）等人，他们都曾经在贝伦斯都柏林的设计工作室工作过，后来他们都成为20世纪伟大的现代建筑师和设计师，成为第一批现代含义的"工业设计之父"，从而影响了世界现代设计的发展和布局。

贝伦斯1868年出生于德国汉堡，早年间在汉堡艺术学院学习过绘画，还从事过书籍插画和木版画创作，后来改学建筑。贝伦斯于1904年开始参加了德意志制造联盟的组织工作，1907年联盟成立。德意志制造联盟很少进行艺术活动的探索，更多关注的是传统技艺和手工艺与大工业生产之间的关系。联盟致力于推广工业设计思想，规劝美术、产业、工艺、贸易各界人士，为共同推进优质化的工业产品而努力。

贝伦斯作为职业工业设计师的生涯开始于1907年，他接受德国通用电气公司（AEG）的邀请，负责担任建筑设计师和设计合作人。这是世界上首次采用艺术家担任公司的董事，并监督管理公司工业设计的发展情况。1907年，他为德国通用电气公司设计了企业形象和标识，这些标识经过数次修改之后一直沿用至今，成为欧洲最著名的标识之一，这是世界上最早的关于企业形象的设计案例。在1909年，贝伦斯继续为德国通用电气公司设计厂房建筑群，其中他设计的透平机制造车间成为现代建筑设计的典范，被誉为第一座真正意义上的"现代建筑"（图5-40）。该建筑造型简洁，完全摒弃了多余的装饰附加物，采用钢筋和混凝土材料，开始朝幕墙方式发展，是日后现代主义的幕墙式建筑的最早模式。车间的厂房比例匀称，再加上明快简洁的建筑外形，堪称现代建筑史上的里程碑，这座建筑所具有的特点，强有力地表达了德意志制造联盟的理念。

此外，他还利用简单的几何形式设计产品，从他1908年设计的风扇和1910年设计的电钟上看不到任何的装饰（图5-41、图5-42）。这是最早的关于功能主义设计的产品。同时，他还是第一个改革产品设计方法和流程使之适合批量化工业生产的设计师，他1909年设计的电水壶充分考虑了批量化和标准化生产的需要（图5-43），水壶的

图5-40（左）
贝伦斯1909年设计的透平机制造车间与机械车间

图5-41（右）
彼得·贝伦斯1908年设计的风扇

图 5-42（左）
贝伦斯 1909 年设计的电钟

图 5-43（右）
贝伦斯 1909 年设计的电水壶

提梁和壶盖都可以和其他造型的水壶配件互换使用。因此，贝伦斯是最早的工业设计师，奠定了功能主义设计风格的基础。

　　制造联盟的宗旨是由弗雷德里克·诺曼起草的，在宣言中提出了将艺术、工业、手工艺相结合的理念，大力宣传功能主义和现代化的工业化生产，反对任何形式的装饰，提倡标准化和批量化的生产模式。联盟的这种主张使得慕特休斯与另外一位工业同盟重要的奠基人，比利时的设计师亨利·凡·德·维尔德之间产生了争论，这是现代工业设计史中的第一次大争论。争论的焦点问题围绕着标准化、技术化和产品的质量问题，艺术和工业生产的标准化设计孰重孰轻的问题而展开。慕特休斯希望通过设定统一的行业规范来确立规范化和标准化的设计方式，从而提高产品质量满足出口需求。而亨利·凡·德·维尔德等人坚决反对他的这一主张，他们认为规范化和标准化会扼杀设计师的创造灵感，使设计师变成绘图员，沦为制造商的支配工具。为了保持联盟的团结，慕特休斯不得不作出妥协，撤回自己的提议。尽管如此，他的这些提议还是对德国设计和生产起到了很大影响，也使联盟内部成员的思想有了质的飞跃。

　　德意志制造联盟于 1934 年解散，二战之后又重新建立。制造联盟把艺术同工业生产结合起来，将提高产品质量、建设有德国特色的文化和设计，作为联盟的最高目标。回顾德国设计的发展史，德国人的确实现了这一远大目标，德国的工业产品设计所具有的高品质、高附加值，不仅形成了德国产品设计的特色，还受到世界各国消费者的喜爱。

第四篇 1911～1944年的工业设计

　　在这一部分中，我们要回顾的是1911～1944年间的历史，这期间在设计史上发生了很多具有重要影响意义的事件，也产生出第一批现代主义设计师。包豪斯学院的创建可以看作是世界现代主义设计的序幕，该校新颖独特的教学模式，开创了现代主义设计教育的先河。包豪斯的三位校长和诸多教员也为包豪斯的创建和发展作出了各自的贡献。与包豪斯并列称之为现代主义运动两大分支的荷兰"风格派"与俄国的"构成主义"，也共同奠定了现代主义设计的基础。

　　第一批现代主义设计大师在第一次世界大战后的设计探索，所形成的风格具有典型的现代主义设计意味。现代主义设计的出现，与当时的技术、科技的发展，社会结构和生活的变化有很大关系。现代主义设计是人类历史上最具影响力的设计运动，从1920年代开始，一直延续到二战以后相当长的一段时间内，对世界设计格局的形成和发展具有深远的影响意义。

第6章　现代主义设计

6.1　走向现代主义

在20世纪前后，欧美等主要资本主义国家工业技术得到快速发展，新技术、新设备和新机器不断出现，极大地促进了生产力的发展。这种飞速发展的工业技术，对社会结构和社会生活带来了巨大的冲击，它的影响反映在社会生活的各个层面中，从意识形态领域对当时的人们产生深层次的影响和震动。

在技术进步、科技飞速发展、人们思想日益成熟的条件下，现代主义设计运动也在悄悄酝酿形成中。在现代主义产生之前，一批设计师和理论家针对设计所面临的种种实际情况进行了多方面的探索，形成了众多的设计风格和流派，比如：工艺美术运动、唯美主义运动、新艺术运动、德意志制造联盟等，都先后提出了富有创造性的设计思想。但是，这些团体和活动过于分散，还没有形成统一的观点，没有产生出一大批成熟的、有影响力的作品。这些阶段可以看作是现代主义产生之前的酝酿阶段。直到第一次世界大战之后，现代主义形成和产生的各种条件都已完备，在这种情况下，各种设计改革思潮也逐渐融汇到一起，形成了具有深远影响意义的现代主义理论，标志着现代工业设计的开端。

现代主义设计是人类设计史上最重要的、最具影响力的设计活动之一，它兴起于1920年代的欧洲，经过几十年的发展，它的影响波及世界各地，成为20世纪世界现代设计史上最有影响力的设计运动。

现代主义最早的设计探索是在建筑界出现的，一战之后，现代都市如雨后春笋般出现了，而与都市相配套的设施却没有得到相应的发展，城市的建筑、公共设施和环境等方面都存在问题，尤其是高层建筑设计更是问题丛生。这些建筑无论从外观上、使用功能上、还是安全性和便利性等方面都存在诸多问题和隐患，而这些问题是"工艺美术"运动和"新艺术"运动所不能解决的。在这种情况下，一种新的运动形式：现代主义产生了，它用来解决存在的新问题，为现代社会服务，为现代人服务。

现代主义设计面临两大问题需要解决：其一，解决设计领域存在的问题，解决社会需求和商业需求，形成新的设计策略、设计体系和设计观念。其二，针对以往设计为权贵服务的特性，现代主义设计第一次提出为广大人民大众服务的理念，彻底改变设计的服务对象。

现代主义设计的定义很难界定，这场运动的影响时间和范围都过于广泛，从 1920 年代开始，持续到二战以后相当长的一段时间以内。现代主义影响到意识形态的很多领域，包括哲学、心理学、美学、艺术、文学、音乐、舞蹈、诗歌等都有所涉及。从设计领域出发的现代主义设计的定义可以界定为"民主主义、精英主义、理想主义和乌托邦主义。"[1]

现代主义是对长期以来设计为权贵服务的一种历史性革命，在这之前，设计都是少数人享有的特权。而现代主义设计则强烈反对设计的贵族化和权贵化，提倡设计为广大百姓服务的思想，这是第一次在设计领域中提出的概念，是设计民主化的体现。但是这场运动的发起者是知识分子中的精英分子，他们正处于社会改革的浪潮中，处在共产主义、资本主义的国家垄断中，处于法西斯主义的动荡时期，他们希望通过设计能够改变社会现状，促进社会健康、和谐发展，利用设计改变劳苦大众的生存现状。因此，他们的设计具有非常强的理想主义成分和乌托邦色彩，他们希望通过设计来改变社会的状况，利用设计来达到改良的目的，避免流血、伤亡的社会革命，这种想法显然是乌托邦式的。

这场运动虽然提出设计不是为精英服务的，但是却是由精英领导的新精英主义。所以这场运动发展到 20 世纪 60、70 年代，就遭到了新一代年轻人的质疑，他们怀疑这场运动中貌似高尚的理想主义和乌托邦色彩，尤其是现代主义建筑设计发展到后期，垄断的、几乎单调的风格开始受到挑战，从而产生了各种风格流派，比如：晚期现代主义、后现代主义、解构主义、新现代主义都是对现代主义设计的反动和重新诠释。

现代主义设计运动集中在三个国家开始试验，首先是德国。德国是现代主义设计的发源地，包豪斯学院的大本营，包豪斯是世界现代设计教育的摇篮，它初步构建了世界设计教育体系的框架，战后影响到世界各地。在荷兰，现代主义设计也开花结果，由于一战期间荷兰保持中立，很多知名艺术家和设计师纷纷移民到荷兰躲避战乱，这一时期荷兰的设计艺术发展迅速，形成了日后赫赫有名的

1　王受之著.世界现代设计史[M].北京：中国青年出版社，2007：108.

荷兰风格派（De Stijl）。风格派的运动主要集中于新的美学原则的探索，这是一场单纯的美学运动。俄国是又一个现代主义设计的发源地，俄国的构成主义运动是意识形态上第一个旗帜鲜明地提出"设计为无产阶级服务"的口号。

现代主义设计从欧洲产生，经过几十年的发展，取得了辉煌的成就。但是，第二次世界大战的爆发，导致大量欧洲的现代主义设计大师流亡到美国，从而把欧洲的现代主义设计带到了美国。现代主义设计与美国丰裕的市场需求相结合，在战后造成国际主义风格的空前繁荣。这种局面一直持续到 1970 年代，最后影响到世界各国，所有文明国家几乎无一幸免地受到现代主义设计的影响。因此，了解现代主义设计具有深远的意义，如果对现代主义设计没有一个清晰的认识，要想了解现代主义之后的各种风格和流派是不可能的。现代主义设计虽然发生在 90 多年前，但是，它的影响一直持续到当代，在当今世界设计界和理论界，现代主义设计的影响还在延续着，并且渗透到设计的各个领域中。

现代主义设计无论从影响的深度和广度来说都是空前的，在人类的设计发展长河中，还没有哪一种设计风格在影响力方面能与其相媲美，因此对于现代主义设计的学习有着深刻的意义和作用。

6.2　荷兰风格派

开始于 20 世纪初期的现代主义运动，除了德国的包豪斯和俄国的构成主义之外，荷兰的风格派也是其中比较重要的一个分支。它与俄国的构成主义和德国的包豪斯相结合，成为世界现代主义设计的重要组成部分。

第一次世界大战期间，荷兰宣布中立，从而躲过战争的蹂躏。荷兰是一个开放的国家，这一时期它接纳了来自世界各国的艺术家和设计师前来避难，有来自比利时的艺术家乔治·凡通格卢（Georges Vantongerloo，1886 ～ 1965 年），还有蒙德里安（Piet Mondrian，1872 ～ 1944 年）等重量级的人物，因而这一时期荷兰人才济济。在战争期间荷兰与外界完全隔离，这批艺术家和设计师们就以荷兰传统文化为创作背景，从中寻找自己感兴趣的内容，开始艺术设计风格的探索。

荷兰风格派正是在这种情况下产生的，风格派是一个由画家、设计师和建筑家组织起来的松散的团体，这个团体存在的时间是 1917 ～ 1928 年之间，团体的组织者是特奥·凡·杜斯柏格（Theo van Doesberg，1883 ～ 1931 年），维系这个团体的核心是这一时期内出版的一本《风格》（De Stijil）杂志，而杜斯伯格是这个杂志的编辑。

风格派的主要成员包括：画家蒙德里安、建筑师和设计师赫里特·里特维德（Gerrit Rietveld，1888～1964年）和建筑师雅各布斯·奥德（Jacobus J.P. Oud，1890～1963年）等人。

《风格》杂志创办于1917年，创办这本杂志的目的就是为了传播他们前卫的思想观念，同时，成为艺术与设计和建筑联系互动的桥梁。《风格》杂志的重要性不仅仅是传达了这批艺术家和设计师的风格特征，同时，它还为这些人提供了一个能够发表自己学术观点的阵地。当然，这些前卫的思想在当时很少有人能够了解，因此，杂志的发行量每期都不超过三百本。但是，"风格派"所产生的作用却远远不是这本杂志的发行量所决定的，风格派对于世界现代主义设计运动起到了极大的促进作用，它是世界现代主义设计运动中的一个重要的组成部分。

里特维德是这场运动中的实干家，出生于乌特勒支市，他的父亲是一位木匠，从小受父亲影响开始学习木工工艺。作为著名建筑师和家具设计师，他最有影响力的作品是1917年设计的"红蓝椅"和1925年设计的施罗德住宅（Schroder House）（图6-1、图6-2）。最初的红蓝椅是没有色彩的，1918年之后，他开设了自己的家具工厂，之后接触了"风格派"成员，他的设计理念受到影响，将单色的椅子改成彩色。红蓝椅并非是一件完成的作品，可以看作是里特维德进行的设计探索，椅子有许多种不同的变体，里特维德本人也从未指定任何一种标准的设计形式为红蓝椅的模板。目前，广为流传的红蓝椅是由十三根互相垂直的木棍和木板组成的。红蓝椅是以产品的形式生动诠释了风格派抽象化的艺术理论。里特维德设计的施罗德的房子则是风格派立体化的表现。里特维德偏爱使用单纯的色调和线条，以便于大工业生产，他这种简洁的设计理念日后对设计界产生了深远的影响。

里特维德一生设计过很多家具，1919年，他为斯潘根（Spangen）公寓设计的抽象餐具柜（图6-3），柜子采用水平和垂直的线条造型，

图6-1（左）
红蓝椅

图6-2（右）
施罗德住宅

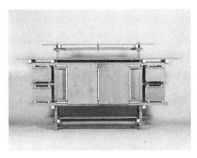 

图 6-3（左）
里特维德 1919 年设计的抽象餐具柜

图 6-4（右）
里特维德 1934 年设计的"弯折椅"

具有抽象的立体感。1934 年，里特维德设计的"弯折椅"（Zig-Zag）（图 6-4），采用了简约冷峻的构图模式，诠释了风格派的设计精髓。这件家具在 1973 年，由意大利的卡西纳（Cassina）公司生产，并推广到世界各地。

除了设计家具，里特维德还设计了许多建筑和室内环境，他设计的建筑大部分位于乌特勒支。在室内环境设计方面，里特维德值得称道的设计是 1921 年为医生哈托格（Dr.Hartog）的诊所设计的室内色彩方案。同时，他还为诊所设计了吊灯（图 6-5），这盏吊灯具有极简主义造型，采用两根水平方向和一根垂直方向的灯管制成，这个具有雕塑味道的灯具在当时引起了轰动。

当理性主义流行起来的时候，里特维德的设计逐渐被忽视，直到 30 年后，对 1920 年代经典设计的复兴，让里特维德的设计再次受到关注。

风格派运动对于现代主义设计风格的形成产生了重要影响，除了里特维德的设计探索之外，还有一大批艺术家的作品对世界设计界产生了深远影响，这其中包括蒙德里安 1920 年代画的非对称式的绘画（图 6-6），奥德的"乌尼咖啡馆立面"，杜斯伯格和凡·依斯特伦的轴线确定式建筑预想图等。这种简单的几何形式，中性色系（黑、白、灰）的采用，以及立体构造和理性主义的风格特征，都在两次世界大战期

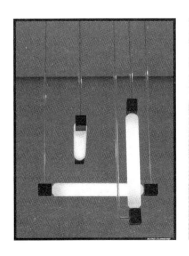 

图 6-5（左）
里特维德 1921 年设计的吊灯

图 6-6（右）
蒙德里安的绘画

间成为影响国际主义风格的重要因素。

1928 年，《风格》杂志停刊，但是，风格派运动的艺术家和设计师的活动，并没有因为杂志的停刊而停止，而是继续存在了相当长一段时期。1980 年代后，对于经典现代主义的复兴热潮，导致对荷兰风格派研究兴趣的再次兴起。但是，风格派并不是一成不变的，它一直处在变化、发展中，对于它的研究有利于促进设计艺术的发展，因此，对荷兰风格派的研究仍具有现实的指导意义。

6.3　俄国构成主义

俄国"构成主义"运动是与德国的包豪斯和荷兰的风格派运动齐名的现代主义设计的三大流派之一，它产生于 20 世纪初期，俄国十月革命胜利之后，结束于 1925 年前后，被斯大林政权扼杀了，没能像其他两大运动那样形成世界范围的影响。

构成主义积极探索工业时代的设计语言，提倡抽象化、几何形式的艺术作品，挣脱画布、大理石、油画颜料等传统绘画领域所用耗材的樊篱，采用工业化的现代材料进行艺术创作。构成主义的探索不仅集中在艺术领域，从平面设计到建筑设计领域，都可以看到构成主义运动的影响。

"构成艺术这一术语第一次使用是卡西米尔·马列维奇（Kazimir Malevich，1878 ～ 1935 年）以一种嘲笑的语气描述亚历山大·罗德琴科（Aleksander Mikhailovich Rodchenko，1891 ～ 1956 年）的作品。构成主义第一次以褒义出现是在瑙姆·加博（Naum Gabo，1890 ～ 1977 年）1920 年的《现实主义宣言》中。"[1] 俄国构成主义运动中产生了很多具有代表性的人物，包括埃尔·李西斯基（El Lissitzky，1590 ～ 1941 年）、弗拉基米尔·塔特林（Vladimir Tatlin，1885 ～ 1953 年）、伊莫拉耶娃（Ermoiaeva）、卡西米尔·马列维奇、瓦西里·康定斯基（Wassily Kandinsky，1866 ～ 1944 年）等人。这些艺术家们用自己对俄国激进的革命运动的热情，创作了大量的宣传画、海报作品，来宣传无产阶级轰轰烈烈的革命运动。其中比较具有代表性的作品包括李西斯基采用完全抽象的形式创作的海报《红楔子攻打白色》（图 6-7），表达出强烈的革命的观念。塔特林在 1920 年设计的第三国际塔方案（图 6-8），也是代表作之一，这是一座现代化的建筑，其实还是一个无产阶级和共产主义的雕塑，这个塔比埃菲尔铁塔高出一半，包括国际会议中心、无线电台、通信中心等设施，这座建筑所具有的象征性功能要比实用性更加重要。

1　Wikipedia，http://en.wikipedia.org/wiki/Constructivism_（art）.

俄国的构成主义运动逐渐受到西方的关注，这与俄国在 1921 年实行的"新经济政策"有关，在这一时期，俄国开始与西方国家建立联系，俄国的构成主义的探索逐渐被西方所知。尤其是俄国一批前卫的构成主义设计家，把构成主义思想观念带到了西方，对西方设计界带来很大冲击，特别是对德国产生了很大影响。另一方面，俄国文化界对于推广构成主义运动做了大量的工作，尤其是俄国早期电影导演爱森斯坦与梅耶霍德，通过他们的电影，"构成主义"的建筑才为外界所知。构成主义最早的建筑是亚历山大·维斯宁和列昂尼·维斯宁兄弟在 1922～1923 年期间设计的"人民宫"，这座建筑是构成主义早期的设计探索。但是，由于俄国国内持续不断的政治冲突，尤其是斯大林执掌政权之后，在全国、全党进行肃反运动，清洗一切持有不同政见的人。在这一思想的指引下，一批学院派的建筑师也成立了"全俄无产阶级建筑师联盟"，简称沃伯拉（VOPRA），公开反对构成主义的艺术家们，指责他们极左倾。因此，1922 年列宁遇刺受伤后，康定斯基、马列维奇、李西斯基等人纷纷离开俄国前往西方。俄国前卫的艺术家和构成主义设计师的到来，为西方设计界带来了新鲜的血液和不同的理念冲突。这一时期西方的艺术界表现主义高潮蔓延，宿命的、虚无伤感的成分大大增多，建筑也受到这种思潮的影响，表现主义之风盛行在西方设计界。俄国"构成主义"在这一时期介入，像一股清新的风，给西方设计界带来很大影响。

俄国构成主义的发展，促进了现代主义设计观念的形成。尤其是 1922 年德国包豪斯设计学院在杜塞尔多夫市成功举办的国际构成主义和达达主义研讨大会，这次会议后形成了新的国际构成主义观念。此外，俄国文化部在柏林举办了俄国新设计展览，这次展览让西方系统地了解了俄国构成主义的探索和成果，以及设计背后的社会观念和社会目的性。格罗皮乌斯在看了这次展览之后，立即

图 6-9（左）
马列维奇设计的咖啡壶

图 6-10（右）
苏维埃工人俱乐部

改变了包豪斯的教学方向，学院开始从表现主义的艺术形式走向理性主义的设计探索，这是包豪斯自 1919 年创建以来，格罗皮乌斯作出的最重大的一次调整。同时，他还聘请康定斯基和另一位著名的构成主义设计家拉兹洛·莫霍利-纳吉（Laszlo Moholy-Nagy，1895～1946 年）来包豪斯任教。

构成主义在产品和室内设计领域也产生了很大影响。马列维奇也进行过构成主义方向的产品设计探索，他设计的抽象的咖啡壶（图6-9），具有简约的造型。虽然咖啡壶使用起来会有诸多不便，但他体现了马列维奇对于抽象的几何形式和艺术形式的探索。1925 年，罗德琴科设计的苏维埃工人俱乐部（Soviet Workers Club）（图6-10）也是经典之作，这是一间阅览室，室内陈设了两张阅览桌，以及由 8 个标准部件组成的椅子。罗德琴科的这一设计被认为是成熟的构成主义作品。

6.4　现代主义设计大师

6.4.1　勒·柯布西耶

勒·柯布西耶原名是查尔斯—爱德华·让涅列特（Charles-Edouard Jeanneret），他是瑞士著名的建筑师、设计师、城市规划专家、作家和画家，后来成为法国公民。柯布西耶出生于 1887 年 10 月 6 日，他的家乡在瑞士西北靠近法国边界的一个小镇：拉·沙兹-德-芳（La Chaux-de-Fonds），海拔有 1000m 高。出生地对他有着相当大的影响，这座小镇曾经在 18 世纪被大火完全烧毁，火灾过后整座小镇被重新规划设计。因此，这座小镇具有单纯简约的网格状规划布局，柯布西耶对此印象非常深刻。

柯布西耶的出生地拉·沙兹-德-芳镇只有 4 万人口，这里却以钟表制造业而闻名于世，在 1900 年，该镇组装的手表占世界手表产量的 55%。柯布西耶的祖父是制表的匠人，柯布西耶少年时曾在故乡的钟表技术学校学习。他对美术非常感兴趣，1907 年，柯布西耶离开家乡，先后到布达佩斯和巴黎学习建筑。在巴黎，柯布西耶师从著名的建筑师奥古斯特·贝瑞，贝瑞以运用钢筋混凝土进行设计而闻名。后来，柯布西耶又进入德国彼得·贝伦斯的事务所工作，贝伦斯事务所以尝试使用新的建筑处理手法设计新颖的工业建筑而闻名，因此，柯布西耶的作品在一战前，受到德国现代设计先驱彼得·贝伦斯的很大影响。在贝伦斯的事务所里他遇到了同样在那里工作的沃尔特·格罗皮乌斯和密斯·凡·德·罗两人，他们之间互相影响、共同工作，一起开创了现代主义建筑设计的新思潮。之后，柯布西耶又到希腊和土耳其周游，参观探访古代建筑和民间建筑。

　　柯布西耶以现代建筑设计而闻名，他的职业生涯长达五十多年。在欧洲、印度、俄国和南北美洲都有他设计的建筑。柯布西耶是现代设计的急先锋，他的设计致力于为城市居民提供良好的生存环境。但是，柯布西耶的设计作品一直受到不断的争议，各方的评论褒贬不一。譬如，有的评论家批评柯布西耶计划把巴黎夷为平地，然后以没有灵魂的、傲慢的网格状规划重新设计。不过，柯布西耶的这一构想没有被采纳。不管批评声有多大，不可否认的是柯布西耶建筑设计所具有的创新精神影响了其后的很多建筑师。

　　柯布西耶是现代主义重要的奠基人之一，对现代主义的形成和发展起到至关重要的作用。对他的评价也一直是理论界争论的焦点，他与同时代的其他设计大师存在很多差异。首先，他不希望社会革命，他梦想能够通过设计来避免社会变革，创造美好的理想主义社会，这是一种不可能实现的乌托邦梦想，他的这种理念在现代主义设计中是非常典型的。对于柯布西耶作品的评价理论界也存在不同看法，一部分评论家认为他是 20 世纪上半叶最重要的建筑家，但是，柯布西耶本人却认为自己的生涯是一个失败。

　　柯布西耶把自己的城市规划、居民区域的设想，发布在与梭格涅合作出版的杂志《新精神》上。柯布西耶相信艺术有着自己的法则，并且认为这个法则就好似物理学和生物学的法则一样，可以通过实验找到规律，并将这些法则概括成如下几个特点：①注重对形式和色彩的排布，组成人的第一感觉层面；②人的文化背景、生长环境是人的第二感觉层面；③固定化、清晰化的造型语言的确定来自于人的基本感觉层面。

　　如上所述的这种分析论调，奠定了柯布西耶理论体系的基础，他认为人的感觉可以和后天的，由外部文化和因素形成的社会性特征融为一体。柯布西耶认为设计有规矩可寻。从以上几点法则中可以看出柯布西耶的双重人格特征，个人感觉和社会因素的矛盾冲突，究竟哪一个作为设计的标准，一直是困扰他的问题，这是一个难以协调的冲突因素。

柯布西耶还是机器美学的重要奠基人，他的创作精神的来源是飞机和汽车等现代化的机械设备。同时，柯布西耶也非常注重钢筋混凝土结构的应用，他很崇拜结构工程师，认为只有结构工程师才真正能够把飞机和汽车的精神，通过工厂技术引入到建筑当中来。关于这些方面的内容，柯布西耶在《走向新建筑》一书中都有详细的描述。他感叹飞机和汽车的精确性和逻辑性。认为住宅就像飞机一样是居住的机器。

1925 年，在巴黎举办的装饰艺术博览会中，柯布西耶设计了"新精神宫"（Pavillon de l'Esprit Nouveau），这座建筑完整地体现了他的立体主义形式特征，尽可能地使用标准化批量生产的五金件来组建房屋，为现代生活提供了一幅预想图。除了"新精神宫"之外，奠定柯布西耶现代主义大师地位的建筑是位于巴黎附近的萨伏伊别墅（Villa Savoye）（图 6-11），这座建筑囊括了柯布西耶关于新建筑的五个要点的描述，具有简约理性的现代主义建筑特色。

柯布西耶在 1926 年出版了著作《新建筑的五个要点》（Les 5 Points d'une Architecture Nouvelle），这五个要点包括：第一点是建筑采用底层架空柱作支撑，让建筑的底层从地面升高，空出下面的地面。同时，这些作支撑的柱子也为柯布西耶建筑设计第二层语汇的实现提供了支撑，他在建筑中使用了没有支撑结构的墙体，这些墙体被称为：自由立面。第三点是自由平面，由于建筑的墙体从作承重中解放出来，人们可以按照自己的需要自由地设计建筑布局。第四点是带状窗，萨伏伊别墅的第二层使用了长长的带状窗，房间的视野也变得大为开阔。第五点是作为对失去绿地的补偿建立的屋顶花园。萨伏伊别墅所具有

图 6-11 萨伏伊别墅

的这些特点，让它在建成之后，很快成为法国最重要的建筑艺术作品。

　　除了建筑之外，柯布西耶也设计过家具。1931 年，在巴黎的秋季沙龙展中，柯布西耶展出了他与夏洛特·贝里安（Charlotte Perriand，1903 ～ 1999 年）和堂弟皮埃尔·让纳雷（Pierre Jeanneret，1896 ～ 1967 年）设计的扶手椅和躺椅（图 6-12、图 6-13）。20 世纪中期以后，柯布西耶还设计了一些钢管家具并获得国际好评。但是，柯布西耶并没有从事多久家具设计，他很快转向建筑和城市规划设计。事实上，柯布西耶的设计风格也在不断发展变化，二战期间和二战之后，他的设计从注重功能转向注重形式；从重视现代工业技术转向重视民间建筑经验；从追求平整光洁转向追求粗糙苍老的原始趣味。因此，在战后的新建筑流派中他的理念仍处于领先地位，直到他去世为止。

6.4.2　弗兰克·劳埃德·赖特

　　弗兰克·劳埃德·赖特是美国著名的建筑设计大师，同时他还是一名室内设计师、作家和教育家。他于 1867 年 6 月 8 日生于威斯康星州的农村小镇。他一生的设计生涯非常漫长，持续了 72 年之久，世界上很少有哪位设计师在工作时间和经验上可以和他相媲美。

　　赖特年轻的时候在沙利文建筑设计事务所工作过一段时间，这段时间对他设计理念的形成起到了重要的促进作用，沙利文的现代主义和功能主义思想深深地影响了赖特的设计创作。此外，赖特很喜欢日本的浮世绘木刻版画，他的建筑设计风格就是受到日本版画的影响。赖特把他感兴趣的日本建筑风格和沙利文的功能主义和有机建筑糅合在一起，从那时起他开始探索具有自己风格的有机建筑理论。

　　沙利文曾经提出过一个著名的理论："形式跟随功能"，赖特在此基础上修正了这个理论，变成"功能和形式是一体的"。沙利文认为真正的美国建筑应该是具有美国特色的，而不是欧洲的传统模式的建筑，这一设计理念最终由赖特实现了。赖特在沙利文手下工作了 6 年，1892 年，赖特离开了沙利文的设计事务所，起因是沙利文发现赖特私自接受了一份设计工作，这违背了两人最初的协定，他们的关系因此而弄僵，许多年之后，他们才重新建立了友谊。

从此，赖特开始探索自己的设计之路，并且努力把建筑和自然环境有机结合在一起，达到建筑设计由内而外的协调和统一。赖特的设计风格一直在发展变化，他每一时期的建筑设计都对世界建筑设计界产生一定的影响和冲击。他除了从事建筑设计之外，家具、社区规划、都市设计等从小到大的内容和范围都是他涉猎的领域。同时，他还在自己的设计中心教育出许多学生，他对于美国建筑设计水平的提升起到了积极的作用。

赖特的设计总是具有特殊的装饰效果，他喜欢采用大量的几何图形和网格方阵，再加上抽象的细部处理，让他的设计和其他人不同。赖特擅长把他的建筑设计和自然环境融为一体，这一点是他同时代的设计师很少有尝试的。因此，他从不认为自己是现代主义设计大师，他也极力否认这个说法。但是，赖特设计中的功能主义倾向和抽象细节，都是典型的现代主义语汇。除此之外，他还具有强烈的社会感，这种社会意识是现代主义设计大师们的共同特点，所以，习惯上赖特仍被评论界认为是现代主义设计大师。赖特与其他现代主义奠基人不同，他一直游离于潮流之外。赖特的建筑设计具有强烈的反都市化倾向，大部分建筑外部封闭、内部开放，因此，与市区的形象往往格格不入，被人们称为"不友好的建筑"。他的这类建筑设计很大的特点，在于采用中央空调和大天窗采光，其代表作有纽约州水牛城的拉金公司管理大楼、伊利诺伊州奥克帕克市的联合教堂等。

赖特著名的有机建筑理论大约在 1880 年形成，他的有机建筑理论充满灵性和浪漫色彩，有别于其他现代主义建筑大师设计作品的冷漠和理性。1894 年，赖特在《在建筑事业中》（In the Cause of Architecture）一文中首次提出了有机建筑的看法，这段文字在 1908 年被刊登在《建筑实录》杂志上。赖特的有机建筑理论所具有的非社会化和艺术化倾向，让他成为一个特立独行的探索者，他的探索为今后的设计师们树立了一个非主流的设计运动的成就典范。

赖特的有机建筑理论最杰出的代表是建于 1936 年的流水别墅（Falling Water）（图 6-14），这是现代主义建筑的代表作之一，位于美国匹兹堡市郊区的熊溪河畔，别墅的主人是德国移民考夫曼，故又称考夫曼住宅。别墅共分三层，整个建筑带有明显的雕塑特征，错落有致的巨大平台，高耸的石片墙体有机穿插在一起，溪水从建筑的平台倾泻而下，建筑与山石、溪水、自然环境有机融合在一起，好像从环境中生长出来的一部分。

在赖特漫长的设计生涯中，他一共完成了一千一百多个设计，其中有将近三分之一是在他生命中的最后十年完成的，1958 年，他还接到了 31 个全新的设计任务，这一年赖特已经 90 岁了。赖特有着令人

图 6-14 流水别墅

惊讶的自我更新和学习能力，他一生都在不断学习进步中。他在建筑设计领域不知疲倦地工作着，他创造了著名的有机建筑理论，树立了真正的美国式建筑设计的典范。赖特通过他的作品和著作，以及他培养出的上百名学生，把他的设计理念和思想传播到世界各地。

6.4.3 阿尔瓦·阿尔托

阿尔瓦·阿尔托（Alvar Aalto，1898 ～ 1976 年）是芬兰现代设计的开创者，20 世纪最重要的现代主义设计大师之一，人情化建筑理论的倡导者。阿尔托与他同时代的现代主义设计大师沃尔特·格罗皮乌斯、密斯·凡·德·罗、勒·柯布西耶等人，一同奠定了现代主义设计的基础。但是，阿尔托的建筑设计又和他们有着一定的区别，在理性主义、功能主义一统天下的格局下，阿尔托的建筑设计透漏出理性主义所不具备的浪漫色彩。他的建筑风格代表了现代主义和国际主义风格的不同发展方向。在强调功能和民主的同时，阿尔托努力探索一个更具人文色彩，更加注重人性需求的设计方向，从而奠定了斯堪的纳维亚现代设计风格的理论基础。阿尔托一生创作了众多优秀的建筑作品，堪称典范。这些作品有：帕米欧疗养院、维堡图书馆、芬兰音乐厅、维尼奥拉住宅、罗宛基米市中心规划等，他们遍及芬兰及世界各地。

阿尔托于 1898 年出生于芬兰的小镇库奥尔塔内（Kuortane）的一个小村庄。阿尔托的父母都受过良好的教育，父亲是一位专业土地测量员，这种职业在当时是非常有地位的，母亲则是当地邮局的局长。受家族长辈的影响，从小他就树立了保护大自然和立志为公众服务的理想。1916 年，阿尔托进入赫尔辛基理工大学学习建筑，后来受芬兰内战的影响，阿尔托 1921 年被迫结束了他的学习生涯，然后阿尔托回到了韦斯屈莱市开设了建筑事务所。1924 年，阿尔托设计了他的第一个主要工程项目：于韦斯屈莱市的工人俱乐部。

除了建筑设计，阿尔托还是一个多面手，他的家具设计、玻璃器皿设计、室内设计等也同样出色。1935 年 10 月，阿尔托还在朋友哈雷和古立森的赞助下，成立了阿泰克（Artek）家具公司。阿泰克公司为阿尔托的家具从设计构思到生产实践，提供了强有力的支持和保障，该公司专门生产和销售阿尔托设计的各种家具产品。

阿泰克公司的家具设计造型简洁流畅，线条生动灵活，具有雕塑的美感。在材料使用方面自然是温润的自然材料作为首选，这就使得产品本身的风格自然纯朴，同时又很好地利用了本地资源，在产品设计中更好地凸显了本土文化特色和人文精神。阿尔托在阿泰克公司的目标是用最少的材料和最简洁的造型，制造出最多种选择的家具。阿泰克公司的家具代表了斯堪的纳维亚家具设计的流行趋势。

1. 阿尔瓦·阿尔托的设计理念

阿尔托的设计理念包含三方面的内容，有信号论、表现论、人文特征。阿尔托强调设计与自然的和谐共生，这和芬兰的自然环境有着密切的关系，芬兰的季节变化明显，冬季的漫漫长夜和夏季的短暂明丽，使这个国家的季节变化非常具有特色。大自然创造了一个美丽的芬兰，独特的气候条件和地貌特征，对阿尔托的设计理念的形成产生了重要的影响作用，阿尔托的建筑设计就是根植于这片土地上的。尽管芬兰气候条件恶劣，但是芬兰人善于发现自然中的美，阿尔托的设计正是建立在此基础之上的。这是他的设计能够被广泛接受的原因之一，它带有原汁原味的芬兰原宿民的味道和气息，观看他的设计作品，能感觉到清新自然的气息扑面袭来。

1）信号论

阿尔托认为设计具有信号特征，这里的信号是一种抽象的含义，不同于我们日常生活中提到的信号。这种信号的实质是让观众和设计物品的使用者，对设计物产生选择的作用。或者是喜欢他的设计，或者是不喜欢他的设计。这里所传达的信号不存在模棱两可的、皆大欢喜的特征，因此，可以说他的设计哲学本身具有独裁的特点，没有宽容的讨论余地。

2）表现论

阿尔托的表现论非常晦涩难懂，在他的设计作品中，表现主义往往屈从于功能性的要求。阿尔托的作品是从二战之后逐渐出现表现主义特征的，在他早期的作品中很难看到表现主义的痕迹。二战之后，国际主义风格盛行，风格单调的建筑设计，普通设计师都可以进行设计。这一时期的作品如果没有个人风格的话，很快会流于平庸，很难在高手如林的设计界占有一席之地。因此，阿尔托在二战之后逐渐开始探索表现主义在设计中的应用，再加上 1950、1960 年代经济的复苏，也都为表现主义的产生和发展提供了合适的土壤。

阿尔托 1956 年到 1958 年间设计的伊玛特拉的伏克赛尼卡教堂，教堂顶部的象征性塔楼、内部简单明了的布局、三个十字架的安排方式，都具有强烈的个人的乃至宗教的表现意味，是他表现主义建筑设计的代表作之一。它综合了来自物质世界和精神世界的多重需求，将宗教仪式和社会生活功能紧密地结合在一起。环绕教堂走一周，你会发现整座建筑没有统一的形态，建筑的造型会随着视野的变换，呈现出不同的样貌、结构与细节。建筑的内部空间与外部环境有机融合在一起。

3）人文特征

人文特征是阿尔托设计理念的核心部分，他强调设计的人情味特征，他对于风格单调的国际主义建筑风格颇多微词，他反对玻璃幕墙和合成金属材料框架构建的非人性的、单纯的都市面貌。为了使他的设计具有人情味特征，他早在 20 世纪 30 年代就开始这方面的设计探索，大量采用自然材料，采用有机的形态等，都是这一时期探索的结果。

阿尔托认为工业化和标准化必须为人的生活服务，满足人的功能需要，适应人的精神要求。他在 1940 年曾写道："建筑师所创造的世界应该是一个和谐的，和尝试用线把生活的过去和将来编织在一起的世界。而用来编织的最基本的经纬就是人纷繁的情感之线与包括人在内的自然之线。"

阿尔托主张在汲取德国的理性主义设计理念精髓的同时，摒弃德国设计过于简单机械、缺少人情味的特点。阿尔托兼收并蓄地发展了现代主义设计理念，在他的设计作品中，将有机形态和理性的功能主义内核恰如其分地融合在一起，形成了举世闻名的"有机功能主义"。阿尔托在他的设计作品中贯穿了这一设计准则，用曲线造型打破现代主义设计所确定的直线的、直角的设计准则。阿尔托在现代主义设计阶段所进行的设计探索，打破了已有现代主义设计模式和理念，发展和创造了理性的现代主义设计的新内涵，为世人留下了众多优秀的设计作品。

阿尔托不仅是一位设计师，他还有着深厚的美学功底，在艺术领域他有着自己独特的见解和独到的情趣。他的不少设计作品，特别是玻璃器皿、家具设计，都具有相当高的艺术表现特点，这与他个人的艺术情趣是分不开的。他与现代主义美术家让·阿普（Jean Arp）、康斯坦丁·布兰库西（Constantin Brancusi）、费尔南德·列日（Fernand Leger）、音乐家让·西比里乌斯（Jean Sibelius）都是很好的朋友。

2. 阿尔瓦·阿尔托的产品设计

阿尔托同时又是一位玻璃制品设计的大师和艺术家。几十年的

图 6-15　阿尔托花瓶

设计工作取得了累累硕果。阿尔托是芬兰玻璃品牌"伊塔拉"（Iittala）最重要的合作设计师，他为伊塔拉公司设计了众多经典的优秀设计作品。其中最著名的玻璃器皿设计，莫过于他在 1936 年设计的"甘蓝叶"（Savoy）花瓶，这是阿尔托为他负责室内装修设计的赫尔辛基甘蓝叶餐厅（Ravintola Savoy）所做的装饰品之一。现如今这款花瓶早已用"阿尔托"的名字来命名（图 6-15）。

阿尔托花瓶在当年伊塔拉公司举办的比赛中胜出，花瓶柔美的曲线轮廓，与芬兰星罗棋布的湖泊造型类似，再加上晶莹剔透的完美视觉感受，使这款花瓶脱颖而出。如今这款花瓶已经走过 70 多年的历程，并且至今仍在生产销售中，它几乎走进了芬兰的千家万户，深受芬兰人的喜爱。

此外，阿尔托还倾心于家具设计，他将民族浪漫主义的艺术风格融合到他的设计作品中，用工业化批量生产制造低成本，但设计精良的家具。阿尔托在家具设计领域最大的贡献在于他创立了"可弯曲木材"技术，他用了几年的时间来研究木材弯曲技术，最终成功地制造出曲木家具。这和当时流行的钢管家具有着很大的区别。钢管家具在芬兰是行不通的，主要原因是芬兰地处北极，领土的三分之一在北极圈内，一年中有大半时间都是寒冷的漫长冬日，如果室内陈设的家具还是冷冰冰的钢管家具的话，是很难让芬兰人接受的。芬兰人特别钟爱木材温润的质感，因此木材是芬兰家具设计的首选材料。

阿尔托的家具设计选取的材料是芬兰本地盛产的桦木，作为芬兰国树的白桦树，比较适合在高纬度地区生长。树干挺拔、树皮洁白的白桦树也是芬兰人的最爱。阿尔托选用桦木来进行弯曲木材实验，通过采用多层白桦木胶合板弯曲成型技术来设计生产家具。使用白桦木生产的家具轻巧舒适，具有较好的韧性和弹性，同时家具造型典雅、流畅，是深受斯堪的纳维亚人喜欢的现代家具之一。

阿尔托的家具设计具有延续性，他曾经说过，很难将一种产品设计得一步到位，阿尔托会不断地修改完善他的设计作品。在家具设计方面，阿尔托也会对他设计出来的原有经典家具不断进行完善，逐渐形成一系列的家具产品。比如：1936 年他为帕米欧疗养院设计的供护士每天调换护理用品时使用的手推车就是此例（图 6-16）。最初的手推车是两层的，方便护士在医院里使用。三年后，阿尔托继续改进了这个设计作品，他针对普通家庭的使用需求，把双层手推车改成单层的形式，同时还增加了一个吊篮，方便在家庭中使用，改动后的设计非常适合普通家庭的使用需求。随后几年。阿尔托又对这款手推车进行了多次材料和色彩方面的实验。现如今，在阿尔托原居所中，这种款系的手推车产品静静地矗立在墙角边，经过岁月的剥蚀和打磨，手

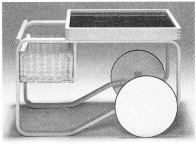

推车的颜色变得更加暗淡素雅。

阿尔托在家具设计领域的又一杰出贡献是设计出悬臂椅（图6-17），在这之前，钢管一直被认为是唯一能用于这种结构的材料。阿尔托经过几年的反复实验，研究层压板弯曲承重技术，最终确定层压板亦有足够的强度用作悬臂椅，并于 1933 年取得成功，制成全木制悬臂椅，并首次用在帕米欧疗养院。在随后的许多年里阿尔托继续研究这种结构，在此基础上不断翻新这一系列设计作品。

阿尔托是一个精力充沛、创作欲旺盛的设计大师，他一生涉猎范围很广。阿尔托不仅是芬兰现代建筑设计的鼻祖，在其他领域也颇有建树。他获得过诸多国际的设计奖项，并在世界各地的大学讲学，担任客座教授。他的理念影响了一大批年轻的设计师，对世界现代设计的形成和发展也作出了卓越贡献。

图 6-16（左）
手推车

图 6-17（右）
悬臂椅

6.5 北欧五国的设计探索

北欧的家具设计在世界家具行业拥有举足轻重的地位，北欧五国地处高寒地区，漫漫长夜、清冷的严冬，也让北欧的家具具有独特的个性，北欧家具更注重功能性和保暖性，这和北欧独特的地理环境有着直接的关联。北欧家具倾向于使用木材，因为木材温润的质感很适合北欧严寒的气候，此外，在家具布置中，质感淳朴的棉布、代表着阳光的蜡烛、易用的玻璃制品，都是北欧家具不可或缺的组成部分。北欧各国的家具设计各有特色，丹麦的家具堪称经典、芬兰的家具翔动着自然的灵感、瑞典的家具善于制造摩登的品位，这就是北欧家具设计的特色所在。

除了家具设计之外，丹麦的灯具和金属制品也具有相当高的世界声望。20 世纪初期，丹麦著名的银器设计师乔治·杰森（Georg Jensen，1866 ～ 1935 年）开始采取传统风格与现代功能相结合的方法设计金属制品，在这之后，他的徒弟凯·博杰森（Kay Bojesen，1886 ～ 1958 年）继承了他的设计思想，进行不断的创新，从而成为真正的金属制品设计大师，其设计作品成为 20 世纪 20、30 年代最高金属制品设计水平的代表。二战之后，又出现新的金属制品设计大师汉宁·科佩尔（Henning Koppel），他主要设计日用金属制品，比如：刀叉餐具、容器等。丹麦的设计逐渐得到关注，赢得世界各国消费者的欢迎，同时也引起国际设计界关注。

凯·博杰森是丹麦现代设计先驱，以银器设计和玩具设计而享誉世界。1886 年 8 月 15 日出生于哥本哈根，1906 ～ 1910 年间，博杰森在丹麦著名的银器设计大师乔治·杰森手下学徒，他早期的银器设计充满了雕饰的细节，具有典型的贵族风范。但是，博杰森很快就转变了自己的风格，开始崇尚现代主义设计，成为丹麦战后设计趋势的领跑者。博杰森的设计与一般的现代主义设计存在很大不同，他的设计更加平易近人，舍弃了繁杂的装饰花纹，使产品更加实用。

虽然博杰森以银器设计及制造闻名于世，但是，他的木制玩具设计更是一绝，深受世界各地小孩子的喜爱。现今，在世界范围内仍有不少藏家专门收藏博杰森的木制玩偶，这些木制玩具的设计为博杰森赢得了世界声誉。这些原本是丹麦孩子的传统玩具，博杰森用他的巧思使这些老掉牙的玩具重新焕发了生机，并且这些玩具成为常青树，历久不衰。

卡尔·克林特（Kaare Klint，1888 ～ 1954 年）是丹麦学派的开创者，他对家具设计进行全方位的思考，1924 年，当包豪斯在进行功能主义家具设计探索的时候，"卡尔·克林特正着手在皇家学院的建筑学院创建一个新的家具和内部装饰系。这里的学生们也在研究功能设计，但却是以完全不同的方式，他们通过测量和记录，通过按照实物大小实测制图，缜密观察历史上的功能家具和建筑。"[1] "丹麦的设计传统提倡观察和对有价值造物以实测图加以记录，而这种做法在大多数国家未得到认识。"[2]

卡尔·克林特的设计实践对丹麦家具设计师产生了深远的影响，他直接或间接地培养了一批丹麦现代家具设计大师。可以说，卡尔·克林特的丹麦学派是与包豪斯分庭抗礼的设计流派，他创造了一种有别于包豪斯的理性主义设计风格，卡尔·克林特充分挖掘传统，他的设计充满人情味和文化特征。

除了卡尔·克林特，丹麦还有一批具有国际知名度的设计师，这其中包括被誉为"丹麦现代设计之父"的保罗·汉宁森（Poul Henningsen，1894 ～ 1967 年），保罗·汉宁森是丹麦著名设计师和最杰出的设计理论家。1894 年，汉宁森出生于奥德拉普，青年时代，汉宁森就读于哥本哈根的技术学校和丹麦理工大学。从学校毕业之后，他在出版界工作了 8 年，撰写艺术评论文章，还为报纸和期刊撰写文章，为剧院编写剧本、创作

---

1 （丹）阿德里安·海斯等著 . 西方工业设计 300 年 [M]. 李宏、李为译 . 长春：吉林美术出版社，2003：17.

2 （丹）阿德里安·海斯等著 . 西方工业设计 300 年 [M]. 李宏、李为译 . 长春：吉林美术出版社，2003：9.

诗歌等。汉宁森于 1920 年成为哥本哈根市独立建筑师，开始进行各种设计创作。在此期间，他成功地设计了几栋住宅、工厂和剧院的室内。汉宁森不仅是一位杰出的设计师，他还是一位资深的评论家。

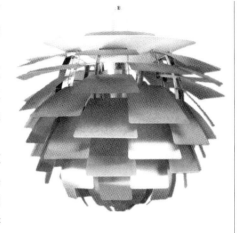

图 6-18　PH 灯

汉宁森的成名之作是那款饮誉世界的 PH 灯，这款灯具设计于 1924 年，在第二年的巴黎国际博览会上展出，一举摘得金奖，这种灯具也因此获得"巴黎灯"的美誉。在这之后，汉宁森一直都保持了 PH 灯设计的精妙原理，在此基础上，不断完善 PH 灯，形成了极为成功的 PH 系列灯具，至今仍畅销不衰（图 6-18）。

PH 灯具的重要特征是：①所有光线都经过至少一次反射才到达工作面，以获得柔和、均匀的照明效果，避免了清晰的阴影；②无论从任何角度均不能看到光源，以免眩光刺激眼睛；③对白炽灯光谱进行补偿，以获得适宜的光色；④减弱灯罩边沿的亮度，并允许部分光线溢出，避免室内照明的反差过强。这类灯具不仅具有极高的美学价值，它还是基于科学的照明原理的设计产物，体现了斯堪的纳维亚工业设计的特色。

汉宁森一生当中总共设计过上百个灯具，有一些在他去世之后仍在流行。汉宁森的灯具设计具有鲜明的北欧特色，具有较高的美学价值和科学合理性。汉宁森和大多数现代主义设计师不一样，他认为传统的形式和材料更适合大众产品的制造。他的设计提倡艺术化主张，提倡一种更实用的、能够把"优秀设计"引向批量化生产的途径和方法。

第 7 章 包豪斯

包豪斯（Bauhuas）的历史开始于 1919 年，从现代设计的发展进程来看，包豪斯对现代设计的发展作出了重要贡献，虽然包豪斯设计学院早在 1933 年 4 月就被关闭了，可是它的影响至今仍在。时光流转、旧史钩沉，转眼间几十年过去了，但是，包豪斯的艺术教育方法对现今设计教育体系仍具有现实的指导意义，因此，研究和解读包豪斯的历史也显得尤为重要。

包豪斯是世界上第一所为发展设计教育而建立的学院，但是，它不仅仅是一所设计院校，包豪斯更代表了一种团队自强不息的合作精神和民族精神，它在短短 14 年间所走过的艰辛历程，充分说明了这一点。曾经在包豪斯工作过的几十名教师和总共招收的一千多名学生，他们是包豪斯的灵魂，尽管包豪斯三易校长，但是，这些师生团结奋进所体现出的团队精神，让包豪斯具有空前的凝聚力。

包豪斯这所学校集中了欧洲各国对设计的新探索和试验成果，是欧洲现代主义设计的大本营。其创始人是德国著名的建筑家和设计理论家沃尔特·格罗皮乌斯，他对包豪斯的建立和发展作出了卓越贡献。在他的领导下，包豪斯成长为世界上第一所体制健全的设计院校，包豪斯的设计探索把欧洲的现代主义设计运动推到一个空前的发展高度。

包豪斯对世界设计教育体系的贡献在于，它奠定了现代设计教育的结构基础。目前，世界各国的设计院校的基础课体系就是由包豪斯首创的，同时，包豪斯在现代材料的应用上也具有里程碑的意义和作用，学院率先采用现代材料设计产品和建筑，并且以批量生产为目的，进行具有现代特征的工业产品的设计教育，从而奠定了现代产品设计的基本面貌。

包豪斯广泛采用工作室模式进行教学，让学生自己动手参与设计制作过程，改变了过去只是在图纸上设计的陈旧教育模式。此外，包豪斯还广泛建立与企业界和工业界的联系，使学生有机会参与工业生产实践，这一点和当代的设计教育体系所提倡的观点相同。目前，国内外的设计院校也通过建立广泛的校企合作机制，提供机会让学生参与企业的设计生产实践，由此可见，包豪斯前瞻性的教育方法在当代仍具有指导意义。

7.1　包豪斯的三任校长

包豪斯实行校长负责制，前后共有三位校长，格罗皮乌斯是包豪斯的第一任校长，他把包豪斯从一无所有，发展成为一个坚实的教育基地；成为现代主义设计的发源地；成为欧洲现代主义思想交汇的大本营。格罗皮乌斯在 1927 年辞去学校校长的职务，把接力棒交到汉斯·迈耶（Hans Meyer，1889 ~ 1954 年）的手里。迈耶是一位激进的共产主义者，由于他鲜明的政治倾向，学校的发展被他带到死胡同。在这种情况下，密斯·凡·德·罗接手了包豪斯，在密斯的努力下，包豪斯从一个以产品设计为中心的学院发展成为以建筑设计为核心的院校。但是好景不长，这时期的包豪斯已经日薄西山了。纳粹在 1933 年上台后，立即下令关闭了包豪斯。

包豪斯的三位校长对包豪斯的教育体系的形成和完善，都起到了巨大的影响作用。格罗皮乌斯是一位理想主义者，迈耶具有典型的共产主义理想，密斯是实用主义的代言人。这三个阶段贯穿在包豪斯的发展过程中，包豪斯也成为兼具知识分子的理想主义、浪漫的乌托邦精神、共产主义的政治目标、建筑设计的实用主义方向、严谨的工作方法于一体的整合体。这也造成了包豪斯精神内容的丰富和复杂性，这是世界上任何一所设计院校都难以达到的高度，因此，包豪斯也带有鲜明的时代烙印和特征。

7.1.1　理想主义者沃尔特·格罗皮乌斯

格罗皮乌斯 1883 年 5 月 18 日出生于柏林一个非常富裕的家庭，他的家族有建筑和艺术两方面的传统，而且家族的大部分成员受过良好的教育。在这种良好家庭氛围的熏陶下，格罗皮乌斯受到很大影响，并且接受了良好的教育。中学毕业之后，他就去了柏林和慕尼黑两地学习建筑，并且以优异的成绩提前毕业。

1908 年，格罗皮乌斯进入彼得·贝伦斯的设计事务所工作，这是他辉煌设计生涯的开端，在这里他工作了三年，贝伦斯的设计思想对他产生了很大影响。1910 年，他离开贝伦斯的设计事务所开创了自己的工作室，工作室创建之后不久，他接到了后来使他成名的重要设计项目：法古斯鞋厂的设计。在这座建筑设计中他采用了钢铁和玻璃等现代化建筑材料，使用了世界上最早的玻璃幕墙结构，使这座建筑具有良好的功能和现代化的外形。此外，他还设计了厂房的室内、家具和用品。这座建筑从建成之日起就备受关注，从而使格罗皮乌斯受到世界建筑界的关注，使他成为建筑界冉冉升起的一颗耀眼新星。在这之后他又成功地设计了几个著名的建筑，使格罗皮乌斯在一战前就成为德国乃至世界知名的青年设计师了。

1914 年，格罗皮乌斯又被推荐接替亨利·凡·德·维尔德担任魏玛美术学院的院长。但是，格罗皮乌斯的设计生涯被第一次世界大战打断了，1914 年他应征入伍参加西线战争。在战争期间，他目睹了人造机器杀人的残酷，并在战争中受了伤，这对他在肉体上和精神上带来很大的打击。一战后他的设计理念发生了极大转变，战前对机器的浓厚兴趣开始改变，他也从一个非政治化的设计师，转变成具有"左倾"思想和社会主义立场的新人。他的"左倾"思想在包豪斯的早期教育体系中可以一窥端倪，他提倡手工艺生产和行业协会精神、提倡团体精神，并且通过教育向学生灌输这种思想。他之所以采用钢筋混凝土、玻璃、钢材等现代材料建造房屋，取消多余的装饰，就是希望他设计的住房能够为广大劳动人民服务，格罗皮乌斯的这种理念一直贯穿于他的前半生。

关于创建一所学校的想法，早在一战前他就起草过一份备忘录，阐述了关于创建一所新型学院的想法，但随后爆发的战争打乱了他的计划，办学的事情暂时搁置起来。1916 年，格罗皮乌斯重启了创办学院的议题，并向魏玛政府寄出一份建议书。在他的不断斡旋努力下，再加上战后初年，魏玛政府面临艰巨的重建任务，把德国建设成为一个现代化的欧洲强国，成为政府关注的首要议题。因此，魏玛政府改变了最初的反对态度，并且建议他在魏玛美术学院的基础上组建新学校。

在格罗皮乌斯的努力下包豪斯在 1919 年 4 月 1 日，一战的硝烟还没有消失殆尽的时候开门招收学生了。包豪斯的德文的全称是："Des Staatliches Bauhaus"，即国立包豪斯。包豪斯这个词语是格罗皮乌斯创造出来的，其中包（bau）是德文中建筑的意思，豪斯（haus）是德文中房子的意思。格罗皮乌斯用这个词语作学院的名称，也表达了他致力于建设一个新型设计体系，区别于传统设计的愿望。同一天，作为新学校校长的格罗皮乌斯亲自拟定的《包豪斯宣言》也发表了。宣言的全文如下：

"完整的建筑物是视觉艺术的最终目的。艺术家最崇高的职责是美化建筑。今天，他们各自孤立地生存着；只有通过自觉，并且和所有工艺技术人员合作才能达到自救的目的。建筑家、画家和雕塑家必须重新认识：一栋建筑是各种美观的共同组合的实体，只有这样，他们的作品才能灌注进建筑的精神，以免流为'沙龙艺术'。

建筑家、雕塑家和画家们，我们应该转向应用艺术。

艺术不是一门专门职业，艺术家与工艺技术人员之间并没有根本上的区别，艺术家只是一个得意忘形的工艺技师，在灵感出现，并且超出个人意志的那个珍贵的瞬间片刻，上苍的恩赐使他的作品变成艺术的花朵，然而，工艺技师的熟练对于每一个艺术家来说都是不可缺乏的。真正的创造想象力的源泉就是建立在这个基础之上。

让我们建立一个新的艺术家组织，在这个组织里面，绝对不存在使工艺技师与艺术家之间树起极大障碍的职业阶级观念。同时，让我们创造出一栋将建筑、雕塑和绘画结合成为三位一体的新的未来的殿堂，并且用千百万艺术工作者的双手将它耸立在云霞高处，变成一种新的信念的鲜明标志。"[1]

格罗皮乌斯是一位拥有独特魅力和领导能力的领军人，他仪表堂堂、英俊潇洒，平时很注重个人着装打扮，身上散发着英武洒脱的军官气质，又渗透着温文儒雅的学者气息。正是在他的带领下包豪斯渐入佳境。

格罗皮乌斯于 1969 年 7 月 5 日去世，虽然他已经去世几十年了，但是他对世界建筑设计界所带来的影响依然持续着，他作为世界上最伟大的建筑师之一，理论界至今还在研究他的思想和著作，以及他的建筑设计作品。格罗皮乌斯所开创的包豪斯设计学院奠定了世界现代设计教育的基础，他作为现代主义设计大师和杰出教育家当之无愧。

7.1.2　狂热的共产主义者汉斯·迈耶

汉斯·迈耶出生于瑞士的巴塞尔，1928 年 4 月 1 日在格罗皮乌斯的推荐下，他接手学院成为包豪斯历史上的第二位校长。迈耶有着丰富的建筑经验，早年间曾经受过专业的泥水匠培训，一战之后，他在巴塞尔附近设计了福雷多夫住宅，这种经历让迈耶有着扎实的建筑功底。迈耶还在巴塞尔工艺美术学院进修过，这些综合因素决定了迈耶作为一名建筑师，具有工程与科学合二为一的专业素质。

包豪斯在创始之初，就提出了建筑的重要性，但是，在当时经济条件和社会背景的制约下，始终没有实力建立一个建筑系。1925 年，包豪斯搬迁到迪索之后，格罗皮乌斯终于决定组建建筑系，尽管当时条件并不成熟，学院还是在 1927 年成立了建筑系。格罗皮乌斯认为迈耶是比较理想的负责建筑专业的人选。因为，他不但从事建筑设计，并且在理论上很有自己的看法，因此，在格罗皮乌斯的主持下，他接手了包豪斯建筑系的工作。

迈耶是一位坚定的马克思主义者，德国共产党党员。迈耶对建筑设计有着独特的见解，他认为建筑是一个社会、技术、经济和精神的共同体，是一个生物学过程，建筑本身不包括美学过程。因此，艺术家设计的建筑没有存在的理由，这是迈耶的核心建筑设计思想。

迈耶对于设计有着激进的社会主义思想倾向，强烈的社会功能主义立

1　王受之著 . 世界现代设计史 [M]. 北京 : 中国青年出版社，2002 : 141.

场，认为建筑是为广大民众服务的。日后他激进的、极端"左倾"的政治立场给包豪斯带来毁灭性的灾难，这是格罗皮乌斯当初绝对想不到的。

1928 年，格罗皮乌斯突然提出辞职，此时的包豪斯的发展已经渐入佳境，与迪索市和企业之间建立了良好的合作关系，学院拥有充足的发展资金，强大的师资阵容，因此，格罗皮乌斯选择这一时期离开。格罗皮乌斯在离开学校之时，推荐密斯·凡·德·罗担任校长，但是被密斯拒绝了。因此，他转而推荐迈耶，迈耶的当选大大超出师生的意料，由于他的极左倾和反艺术立场，让他在学校中很孤立。

迈耶把包豪斯当作他的社会主义实验场，进行积极的教育改革，把社会主义理想和商业化设计贯穿到建筑设计中，强调建筑的民主性，建筑是为广大民众服务的特性。要求学生着重进行社区建筑的练习，考虑制造成本，用低廉的价钱建筑广大民众能够享用的住房。在他的大力倡导下，学校中组建了共产党基层小组，学生对设计的热情逐渐减淡，转而关心德国的政治。迈耶的这种指导思想，让许多艺术背景的教员无所适从，因此，许多人相继离开包豪斯，这些教员的离开固然是包豪斯的巨大损失，但是，真正让包豪斯遭遇危机的是迈耶的"左倾"政治立场，在他的怂恿和庇护下，学院变成政治运动的温床，这是最让政府感到恐慌的，也是日后包豪斯学院被关闭的主要原因。

7.1.3 纯粹主义路线的密斯·凡·德·罗

密斯·凡·德·罗于 1886 年 3 月 27 日出生于德国亚琛（Aachen）市的一个普通石匠之家，但这并不影响他日后成为闻名世界的现代主义设计大师。密斯通过自己的设计实践，奠定了世界现代主义建筑设计的风格，他提出的"少就是多"（Less is More）的原则和立场，改变了世界大都会的建筑风貌，使钢筋混凝土结构的玻璃幕墙构造的摩天大楼风靡世界。密斯是现代主义设计的奠基人之一，包豪斯的第三任校长，20 世纪中期世界最著名的四位现代建筑大师之一，他在世界现代建筑上所取得的成就，大概只有格罗皮乌斯、赖特、柯布西耶能与之相提并论了。

密斯在 21 岁时离开家乡，来到首都柏林，寻找事业发展的契机。1907 年，他进入彼得·贝伦斯的建筑事务所工作，他受到贝伦斯设计理念的很大影响。密斯通过设计实践，逐渐形成自己的设计理念，自由主义又包含保守主义的倾向，并通过各种建筑设计实践，将他的理念付诸实现。1923 年，密斯受邀参加德意志制造联盟，当时联盟内正在发起一场关于标准化设计的大争论。争论的双方是亨利·凡·德·维尔德和赫尔曼·慕特休斯，他们都是制造联盟的重要奠基人之一。这种持续不断的争论和相互攻击，使制造联盟几乎陷于瘫痪。这时候的德意志制造联盟急需一位得力的领导来力挽狂澜，具有丰富经验的密

斯自然被推举为联盟的领导成员之一，从此，他进
入德意志制造联盟的领导阶层。

　　1929 年，密斯设计了他战前最重要的建筑：巴
塞罗那举办的世博会的德国馆。这座建筑是他现代
主义建筑设计的开端，他成功地运用了现代主义建
筑的全部特征：功能主义、理性主义和减少主义的
形式。再加上展馆内的家具，那把经典的"巴塞罗
那椅"（图 7-1），使密斯一举成名。巴塞罗那国际
博览会的德国馆也成为密斯设计生涯中的里程碑，
从而奠定了他在世界设计界的地位。

图 7-1　"巴塞罗那椅"

　　密斯在 1931 年接任包豪斯学院，成为该院的
第三任校长，这是密斯在 1930 年代最重要的工作。包豪斯在迈耶的
泛政治倾向的领导下，已经走进了死胡同，受到来自社会各界的攻击
和压力。在这种情况下，密斯果断地进行了改革，结束了学院激进的
社会主义政治倾向，努力把学校改造成单纯的教学中心。在密斯的不
断努力下，包豪斯的教学方向由产品设计为核心转向以建筑设计为核
心。这种教育模式奠定了日后设计学院教学模式的基础。

　　1938 年，密斯移居美国避难，在伊利诺伊州立大学担任建筑系
主任的职务。他将理性主义、功能主义的设计理念带到了美国，并进
行大量的设计实践。密斯在二战之后设计了一系列著名的建筑作品，
这其中包括纽约的西格兰姆大厦（Seagram Building, New York,
1954 ～ 1955 年）、新泽西的科罗纳德公寓（1958 ～ 1960 年）、IBM
公司芝加哥地区大厦（1967 ～ 1969 年）、芝加哥的湖滨公寓（Lake
Shore Drive Apartment, Chicago, 1945 ～ 1951 年）等。这些建筑
对于战后国际主义风格的形成起到了极大的推动作用，可以说密斯是
20 世纪对世界建筑设计影响最大的人。

　　学术界对于密斯哲学的看法很不统一，他是受到理论界批评最多
的一个人，原因是他的影响太大了，他所奉行的"少就是多"的原则，
终生追求单纯的建筑风格，对世界建筑界产生了连锁反应，没有他不
可能形成那种单调的建筑风格。不管批评声多大，也没办法抹杀他在
建筑行业决定性的影响作用。研究密斯的设计哲学，对于研究现代主
义建筑和设计的发展仍具有重要的指导意义。

7.2　包豪斯的发展阶段

7.2.1　早期的包豪斯——魏玛时期

　　魏玛是一座风景如画、古色古香的小城，位于图林根州府以东 20

公里处，过去它作为德国的文化中心，有过辉煌灿烂的时代。两位文学巨匠歌德和席勒在此创作出了不朽的文学作品，哲学家尼采和李斯特等世界闻名的艺术家都曾经在这里居住过。

魏玛是有悠久历史和文化传统的古城，它闻名德国乃至世界。它原是魏玛大公国（The Grand Duchy or Weimar）首都的城市，1919年，这座城市成为战后德国的新首都。魏玛不仅是德国的文化艺术中心，这里还留下了政治历史的残酷烙印，第一次世界大战之后，德国国民议会在魏玛制定了第一部共和宪法，这部宪法被称为"魏玛宪法"，依宪成立魏玛共和国。但是，1933年纳粹上台后，扼杀了魏玛共和国。希特勒当政时期是魏玛历史上最黑暗的时期，在这个文化古城的西北部设立了臭名昭著的集中营，五六万人在那里丧生。魏玛共和国存在的时间很短，从1919年开始到1933年结束，前后总共14年的时间。它的存在和包豪斯几乎是同步的，魏玛共和国灭亡的那一年，包豪斯也被迫解散。因此说，包豪斯的历史不仅仅是一部设计史，它还是一部时代史。

包豪斯在创办初期困难重重，不仅办学经费紧张，而且校舍很破旧，学院的校址就在魏玛美术学院的旧址上。战后的德国非常贫困，学院缺少运作的基本资金，格罗皮乌斯不断在政府各部门奔波去筹集资金，确保学院的正常运作。除了经济方面的压力之外，格罗皮乌斯还要面对来自社会各界的攻击，他们攻击包豪斯是反艺术道德、以犹太人为主的学院。格罗皮乌斯为了取得政府的支持，不得不参加市议会召开的公听会，向公众解释学院的情况。包豪斯在创办初期，就是面临这样的内忧外患，如果没有格罗皮乌斯的社交能力、人格魅力、社会名气，包豪斯是不可能创建起来的。

格罗皮乌斯除了要面对来自外部的压力之外，还要解决学院内部的矛盾纷争，学院在创办初期，合并了魏玛美术学院，也合并了美术学院的一些教员，这些教员指控学院不进行传统的美术教育，背离了美术绘画的原则。面对这种情况，格罗皮乌斯果断作出决定，在同年9月将学院分成两部分，美术学院作为独立学院，不再与设计学院发生纠葛，这样才解决了内部纷争，这次改组对于包豪斯日后的发展起到了至关重要的影响作用。

7.2.2　魏玛时期包豪斯的教员

包豪斯在成立之初困难重重，不仅经费紧张，而且还面临着教员聘请的严峻问题，如何找到适合学院的教员来从事教学工作成为当务之急，经过深思熟虑的思考之后，格罗皮乌斯在1919年聘请了第一批的三名教员，他们是作为形式导师的约汉·伊顿（Johannes Itten，1888～1967年）、雕塑家格哈德·马科斯（Gerhard Marcks，1889～1981年）和画家里昂·费宁格（Lyonel Feininger，1871～1956 年）。

约汉·伊顿是一名瑞士的表现主义画家，他在众多包豪斯教员中是与众不同的。伊顿是第一个创立现代基础课的人，他奠定了世界现代设计教育的基础课体系，今天的设计教育的基础课程仍然受到伊顿的影响。伊顿对形式有着敏锐的认知，对基础形式教育也具有独到的见解和强烈的实验欲望。伊顿首先对学生进行洗脑，以理性的视觉规律进行实践训练，把平面、色彩、立体、肌理和对传统绘画的理性分析融为一体，他的基础课也具有强烈的达达主义特色和德国表现主义绘画的特点。另一方面，伊顿又是高度宗教化的，他的教学往往是将宗教和科学视觉教育混作一体，他的宗教思想也常常干预教学，对学生来说，具有积极和消极的双面影响。因此，伊顿的教学方式也饱受争议，尤其是来自杜斯伯格和李西斯基的攻击，1923 年，伊顿辞职，由匈牙利艺术家拉兹洛·莫霍利 - 纳吉接替他教授学院的基础课程。

格哈德·马科斯是一位德国的雕塑家，他还善于绘图、木雕、平版画和陶瓷制作等工作。1919 年，接受格罗皮乌斯的邀请后进入包豪斯担任形式导师，负责包豪斯的陶瓷工作室。马科斯具有丰富的实践经验，在进入包豪斯之前就与陶瓷企业有长期的合作，他非常熟悉陶瓷企业的生产和运作模式，并通过自身的关系，让学生参与到陶瓷厂的设计实践中。

里昂·费宁格是德裔美国人，他以绘画见长，是著名的画家和漫画家。费宁格曾经为美国和德国的多家报纸和杂志绘制过漫画，并且持续时间长达 20 年之久（图 7-2）。费宁格的绘画具有表现主义和立体主义色彩，他的建筑绘画，则具有理性特征，这种风格比较符合包豪斯的教育初衷。他也被认为是对包豪斯的发展具有正面影响的教员之一。

接替伊顿教授基础课程的纳吉是一位艺术家和设计师，他倾向于俄国构成主义精神，受到构成主义大师塔特林和李西斯基的影响。聘用纳吉也可以看出格罗皮乌斯在思想上的一次转变，从注重艺术和手工艺转变为追求理性和技术的立场，学院自从聘用纳吉之后就开始朝着大工业生产的方向转变。纳吉首先进行设计教育改革，将设计当作一种社会活动或劳作的过程，否定个人表现成分在设计中的作用。他身体力行地进行各种设计实践，采用构成主义手法创作各种绘画和平面作品。这种创作手法也奠定了工业设计三大构成的基础课教育体系，他对于包豪斯从表现主义向理性主义发展方向的改变起到了决定性的作用。

纳吉与其他包豪斯教员不同的一点是，他对机器持肯定态度。认为谁掌握了机器，就等于掌握了时代精神。纳吉在接替伊顿的基础课程之后，完全摒弃了那种表现主义和神秘主义风格，把设计与工业技

图 7-2　费宁格为 1919 年的包豪斯宣言设计的封面"社会主义大教堂"，这是一幅具有表现主义的木版画

图 7-3（左）
威廉·瓦根菲尔德和卡
尔·贾克设计的台灯

图 7-4（右）
瓦根菲尔德设计的玻璃茶壶

术、材料和功能联系在一起，创造理性化的功能性产品。包豪斯的早期学生作品，就体现了这种理性和功能性原则，譬如，威廉·瓦根菲尔德（Wilhelm Wagenfeld，1900～1990 年）和卡尔·贾克（Carl J.Jucker，1902～1997 年）设计的台灯（图 7-3），瓦根菲尔德设计的玻璃茶壶，都是功能性设计的体现（图 7-4）。还有，玛丽安·布兰德（Marianne Brandt，1893～1983 年）设计的金属制品也堪称早期理性主义设计的经典。

　　布兰德在 1924 年到 1928 年间创作了许多经典的产品，这些产品令人印象深刻。比如，她在 1924 年设计的由银、乌木和树脂玻璃材质组成的茶具（图 7-5），还有同年设计的另一组金色茶具（图 7-6），都采用了简洁抽象的形式，传达出产品的实用性和功能性。布兰德在进入包豪斯学习之前，接受过绘画的训练。进入包豪斯之后，在纳吉的金工工作室当学徒，纳吉发现了她在金属制品设计方面的天赋，很快提升她为助手，让布兰德的设计才华得以充分发挥。

　　奥斯卡·施莱莫（Oskar Schlemmer，1888～1943 年）和瓦西里·康定斯基，也是早期包豪斯的教员之一，格罗皮乌斯请施莱莫主持包豪斯的雕塑工作室，但是，他对包豪斯的最大影响不是雕塑或者壁画，而是他的舞台设计。1922 年，由施莱莫导演的芭蕾舞《三人芭蕾》（Triadic Ballet）在斯图加特剧院上演（图 7-7），该舞剧采用三人、三色，具有强烈的形式主义和表现主义特征。

　　康定斯基出生于俄国，1896 年移居德国，他是一位知识广博的艺

图 7-5（左）
布兰德设计的由银、乌木和树脂玻璃材质组成的茶具，1985 年由意大利公司阿莱西（Alessi）投产

图 7-6（中）
布兰德在 1924 年设计的金色茶壶

图 7-7（右）
《三人芭蕾》

术理论家，德国表现主义的重要成员。康定斯基不仅对艺术理论有非常深入的研究，他还对物理等学科都有涉猎，并能将多个领域的知识融会贯通，他的这些优点对于包豪斯的设计教育来说是非常重要的。康定斯基从 1922 年开始来到包豪斯任教，当时他正在进行绘画实验工作，包豪斯的环境和氛围对他来说是最合适不过了。康定斯基取代了施莱莫壁画工作室形式导师的职务，设立了自己独特的基础课程体系，他严格地把设计基础课程建立在科学、理性的基础之上。

除此之外，保罗•克利（Paul Klee，1879 ～ 1940 年）、杜斯伯格、约瑟夫•阿尔伯斯（Josef Albers，1888 ～ 1976 年）等人也先后来到包豪斯，他们的到来对包豪斯的发展起到了一定的促进作用。尤其是克利将理论课、基础课和创作课联系起来的方式，使学生受到很大启发。杜斯伯格将风格派的理性主义带到了包豪斯，影响了很多学生。阿尔伯斯是包豪斯的优秀毕业生，他善于挖掘纸张的潜量，对纸这种材料进行不断研究，并通过教学把他的研究成果传达给学生。阿尔伯斯用纸造型创建的基础课教育非常具有特色，许多学生毕业后都记忆犹新。

7.2.3　中期的包豪斯——迪索时期

包豪斯在魏玛时期取得了一定成果，但是好景不长，1924 年德国的右翼分子控制了议会的多数席位，他们利用各种机会攻击学院，包豪斯变得声名狼藉。政府也逐渐缩减了对包豪斯的财政支持，迫使包豪斯关闭。格罗皮乌斯的任何游说和解释都是徒劳的，在这种情况下，寻求资金支持，寻找理想的地点搬迁过去，是包豪斯唯一的生存之路。当时德国有几个城市欢迎包豪斯搬迁过去，包括布莱斯劳、达姆斯塔德、法兰克福和迪索市（Dessau）。综合考量各方面的条件后，格罗皮乌斯决定将学院搬迁到迪索市。

迪索市与魏玛市有着许多相似之处，这是一座美丽的城市，而且生活和交通都很便利。但是，迪索市的艺术设计教育非常落后，与迪索的经济和工业发展不适应，这座城市急需发展自己的设计教育体系，来适应经济发展的需要。再加上迪索市的社会背景，长期由社会民主党人（the Social Democrats）控制政权，这座城市具有比较悠久的社会主义政治倾向。德国的安霍特王子家族也住在迪索，他们和魏玛大公一样，在艺术教育资助方面非常慷慨。迪索市长也对包豪斯给予慷慨赞助，赞助金额大大超出格罗皮乌斯的预想，这些原因使得格罗皮乌斯最终决定迁校迪索市。

迪索时期是包豪斯发展过程中最美好的一段时期，学院资金充足，社会环境、氛围轻松。包豪斯经常举办各种晚会和比赛，与魏玛时期的紧张气氛完全不同。学院出版了自己的刊物《包豪斯》，系统地介绍学院的教学成果和研究专题。学院最大的变化莫过于建筑系的创建，这是包豪斯发展史上的新篇章，由建筑师汉斯·迈耶主持建筑系的工作。包豪斯终于走上系统的发展轨迹，这是包豪斯发展过程中的重大飞跃。

迪索时期，包豪斯面临的首要任务是设计新校舍，学院在搬迁初期都是在临时校舍内教学的，为了保证包豪斯的顺利运作，建设新校舍迫在眉睫。格罗皮乌斯当仁不让要独挑重任，他不得不以最快的速度完成新校舍的设计建造工作，米维持整个学院的运作。这座校舍自建成之日起就受到世界瞩目，它成为 1920 年代最杰出的现代主义建筑设计作品（图 7-8）。这是一个综合性的建筑群，整座建筑没有任何装饰，使用现代化的材料和加工方法进行设计，提高建筑的功能性。整座建筑高低错落有致，采用非对称结构，用预制件拼装，这些典型的现代主义建筑语汇的运用，也让这座建筑在当时非常具有时代特征。同时，预制构件和玻璃幕墙的采用，也大大缩短了工期。建筑上不使用任何装饰不仅是现代主义设计的特征，还可以减少不必要的资金浪费。

包豪斯的校舍在建筑本身的结构来讲是一个实验品，建筑内的设备和家具以及所有用品都是由学生和老师自行设计，在学院自己的工厂制作完成的，因此，从建筑外观到内部设施，具有高度的统一性。该建筑群被评论界认为是 1920 年代最重要的现代主义建筑群。此外，格罗皮乌斯还设计了四栋教员宿舍，这些建筑同样具有高度的功能主义和理性主义特征，全部采用钢筋混凝土预制构件建造，没有任何装饰。这些具有现代主义特色的建筑，在 1970、1980 年代，曾一度改成前民主德国高级政府官员的私人住宅，可见这些建筑的魅力所在。

图 7-8 包豪斯校舍

为了给人一个清晰的包豪斯形象，1926 年，在包豪斯学校的名称后面加上了一个副标题：包豪斯设计学院（德文：Hochschule fur gestaltung，或者英文的 the Institute for Design），这是包豪斯第一次旗帜鲜明地把设计学院和学院名称挂在一起。

1928 年，随着格罗皮乌斯的辞职离去，学校领导权的接力棒传到汉斯·迈耶的手中。由于迈耶激进的社会主义立场，在他的领导下，学校再次陷入政治漩涡中，开始受到来自社会各界的攻击。迈耶将包豪斯当作社会主义实验场所，他并不在乎包豪斯的存亡。在迈耶的领导下，学院政治气氛高涨，学生对设计的兴趣变淡，开始参加社会上的左翼活动，并在新年晚会上大唱俄国革命歌曲。迈耶再次将包豪斯推到风口浪尖，在这种情况下，包豪斯如果想继续存在就必须更换领导，虽然格罗皮乌斯已经离开了包豪斯，但是他经常关注学院的发展状况，他与学院和政府一起向迈耶施压迫使他辞职。1930 年，迈耶离开学校，那些跟随他的共产党学生也遭到了处理，大部分学生跟他去了苏联。迈耶的辞职标志着包豪斯泛政治化时期的结束，但是，在这场政治斗争中，包豪斯受到了巨大的冲击，很难回到格罗皮乌斯任职期间的状态了。学院陷入左右两翼的共同攻击中，再加上学校本身的经济问题、教育问题，包豪斯开始进入困难重重的阶段，1930 年 8 月，密斯·凡·德·罗取代迈耶，担任包豪斯的第三任校长。

7.2.4　迪索时期包豪斯的教员

包豪斯的不断发展，需要新教师的加盟，格罗皮乌斯从刚毕业的学生中挑了几位高材生留校任教。他们是：阿尔伯斯、赫伯特·拜耶（Herbert Bayer，1900 ～ 1985 年）、马谢·布鲁尔（Marcel Breuer，1902 ～ 1981 年）、辛纳克·谢柏（Hinnerk Scheper，1897 ～ 1957 年）、朱斯特·施密特（Joost Schmidt，1893 ～ 1948 年）、根塔·斯托兹（Gunta Stölzl，1897 ～ 1983 年）、玛丽安·布兰德和威廉·瓦根菲尔德。其中，阿尔伯斯早在魏玛时期就已经担任部分课程的教学工作了，其他几人被分配担任基础课程和设计课程的教学工作。格罗皮乌斯希望通过自己培养的学生，来改变教学模式，而他也的确达到了目的。

这几位教员中，来自奥地利的赫伯特·拜耶是其中较出色的一位（图 7-9），他在包豪斯读书期间就表现出杰出的艺术设计天赋，他擅长绘画、平面设计、摄影和版面设计，此外，他还进行雕刻、建筑、环境和室内设计。拜耶的主要成就集中在字体设计方面，他发明了一种简约利落的"无饰线体"字体风格，包豪斯的大部分出版物都采用了拜耶设计的这种字体。拜耶对包豪斯最大的贡献在于，将包豪斯的印刷系改造成采用活字印刷、机械化生产的新专业。此前，魏玛时期

图 7-9　赫伯特·拜耶

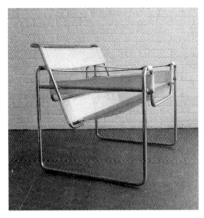

图 7-10（左）
瓦西里椅

图 7-11（中）
马谢·布鲁尔与瓦西里椅

图 7-12（右）
马谢·布鲁尔 1928 年设计
的钢管椅，采用镀铬钢管、
木材和藤条制成

的印刷系只是单纯为石版印刷、木刻等专业服务的辅助体系。

　　马谢·布鲁尔和拜耶一样，是包豪斯重要的教员之一，他被分配负责木工工作室的工作。布鲁尔受到风格派和构成主义的影响，积极探索抽象形式与工业材料在家具设计中的应用。布鲁尔开创了钢管家具的历史，他早期广为人知的设计就是那些钢管家具。布鲁尔在 1925 年设计了钢管家具的经典作品：瓦西里椅（Wassily Chair）（图 7-10、图 7-11），瓦西里椅创造性地采用了垂直悬挂的具有支撑力的带子，这些带子可以让就座者感觉放松和舒适，瓦西里椅所具有的简约性、舒适性和创造性的设计理念，远远超越马谢·布鲁尔所处的时代，因此，被认为是钢管家具中的经典之作。这把椅子是为了纪念他与老师瓦西里·康定斯基的友谊，在这之后，钢管家具成为现代家具的同义词，流行了几十年之久。

　　1920、1930 年代，马谢·布鲁尔倡导钢管家具，1930 年之后，他开始进行具有创意的木材家具实验。布鲁尔还是第一个采用电镀来进行金属表面处理和装饰的设计师，他在 1928 年设计的钢管椅（图 7-12），就采用了镀铬技术进行金属表面的处理和装饰。布鲁尔对大工业生产兴趣浓厚，他努力设计规范化和标准化的家具部件，以适应批量化工业生产的要求，他是一位真正意义上的现代主义和功能主义设计先驱。

　　辛纳克·谢柏是在 1919 年冬季学期进入包豪斯学院学习的，包豪斯的课程强调同时对学生进行视觉艺术、产品的工艺和技术方面的教育。谢柏在包豪斯的这种教育模式下，很快成为一名壁画熟练工，并在 1922 年通过魏玛的工艺认证考试。在这之后，他作为自由职业的画家和色彩设计师，为魏玛城堡博物馆和其他一些机构工作。1925 年，格罗皮乌斯委任他担任壁画工作室的导师，他在包豪斯一直工作到 1933 年。

　　谢柏在壁画方面非常有建树，他在壁画设计中强调大面积运用淡出色块，创造舒适的室内环境，达到功能和装饰的高度统一。谢柏对于色彩设计方面很有研究，从 1931 年开始，他成为色彩研究方面的专业人士，并且进行了一系列色彩复原工作和色彩设计工作，包括埃森市博物馆复原工作和迪索时期包豪斯建筑的色彩设计工作。谢柏还受到荷兰风格派的很大影响，他的墙纸设计具有风格派的特征。谢柏对包豪斯的贡献主要是在壁画教学方面，他自身的设计水平和教学方式，让学生受益很多。

朱斯特·施密特擅长绘画、室内浮雕装饰、印刷和平面设计，他在进入包豪斯之前已经是一位很有成就的画家了。包豪斯在建立初期，施密特就显示了他在室内浮雕装饰方面的天分。因此，进入包豪斯执教之后被委任担任雕塑系的导师。他在包豪斯主要从事雕塑、字体和平面设计方面的探索。施密特的设计风格也受到风格派和构成主义的影响，1923 年，他为包豪斯作品展设计的海报就融合了风格派和构成主义的特征（图 7-13）。施密特在包豪斯还教授字体设计课程，他在印刷和平面设计方面也很有天赋。譬如，他设计的包豪斯刊物《平版印刷》（图 7-14），使用了无衬线字体，版式设计充分传达了简约理性的风格。

根塔·斯托兹是包豪斯极少数女性教师中的一位，也是迪索时期包豪斯重要的高级教员，她对包豪斯纺织工作室的发展起到了重要作用，实现了纺织设计从个人绘画模式到现代工业设计方式的转变，她对现代纺织设计的发展做出了不可估量的贡献。

魏玛时期，包豪斯纺织工作室的重点是艺术风格的表现，轻视纺织的工艺技术研究。在这种情况下，许多学生不得不自行学习纺织的各种工艺技术。作为纺织工作室的主管乔治·蒙克（Georg Muche，1895 ～ 1987 年）也对工艺没什么兴趣，他认为纺织是"女人的工作"，他的这种态度阻碍了包豪斯学院纺织技术的提高。斯托兹在刚进入包

图 7-13（左）
朱斯特·施密特为包豪斯作品展设计的海报

图 7-14（右）
包豪斯刊物《平版印刷》

豪斯工作的时候，纺织工作室处于被忽视的地位。斯托兹通过自己的努力让纺织摆脱了是"女人的工作"的传统认知，她积极提高纺织的技术，改进设计方法，很快斯托兹成为学生的良师益友。1925 年，斯托兹成为纺织工作室的主管。

当包豪斯从魏玛搬迁到迪索之后，纺织工作室又增设了纺织和染色等设备。斯托兹将现代艺术与纺织设计融合，采用综合材料进行纺织实验，致力于提高纺织工作室的技术水平。此外，纺织工作室在课程设置方面还增加了数学课程，用来培养学生的理性和逻辑思维。在斯托兹的努力下，包豪斯的纺织工作室成为最成功的工作室。

斯托兹的纺织设计具有典型的构成主义特色，早期受到她的老师克利和康定斯基的很大影响。斯托兹在 1927 ～ 1928 年间设计的纺织品"红蓝开缝挂毯"就体现了构成主义特色（图 7-15），挂毯具有热情奔放的色彩，几何形式的构图。

玛丽安·布兰德进入包豪斯之后，在 1928 年接管了金工工作室，她和威廉·瓦根菲尔德等人一起工作，通过改进工作室的设备，实现了工业生产的可能。这期间，布兰德与企业签署了设计合同，让学生的设计能够与工业生产挂钩。

布兰德是一位优秀的设计师，她在金属制品设计领域取得了卓著的成绩，比如，她与欣·布雷登迪克（Hin Bredendieck,1904 ～ 1995 年）合作设计的台灯（图 7-16），成为现代灯具设计的代名词，这款台灯充分体现了包豪斯的设计精神。

威廉·瓦根菲尔德在产品设计方面也取得了非常大的成绩，1929年，瓦根菲尔德接替布兰德主持金工工作室，此时，金工工作室正面临重组，迈耶将金工与壁画和木工工作室合并，形成一个能为建筑和室内设计提供协助的综合性作坊。瓦根菲尔德顺应了这一重新改组，采用功能化和理性化的模式设计标准化的工业产品。其中，瓦根菲尔

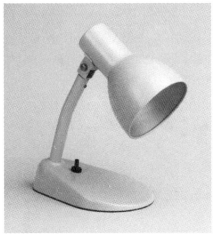

图 7-15（左）
根塔·斯托兹设计的"红蓝开缝挂毯"

图 7-16（右）
布兰德与布雷登迪克合作设计的台灯

德最著名的产品是他在离开包豪斯之后设计的玻璃存储罐（图 7-17），这是一些可以相互叠加的厨房用品。瓦根菲尔德充分利用了工业化生产方式，在产品设计中率先采用新技术和新材料，他将包豪斯的设计带入到大众消费市场。

图 7-17 瓦根菲尔德在 1938 年设计的玻璃存储罐

上述这 8 位新教员与他们的老师在思想和教学方法上存在很多不同，正是这种多元化的设计教育体系，让包豪斯保持具有弹性的教育体制。这些年轻的教员和他们的老师相比，具有更加丰富的设计实践经验，因此，也更能在实践方面给学生提供帮助。同时，也促进了包豪斯教学和实践的结合，可以说，他们为迪索时期包豪斯形象的确立作出了重要贡献，他们所取得的成果也继续扩大了包豪斯在世界设计界的影响。

7.2.5 晚期的包豪斯——密斯·凡·德·罗时期

密斯·凡·德·罗是著名的现代主义设计大师，他对现代主义建筑风格的形成作出了重要贡献。作为包豪斯的第三任校长，他从汉斯·迈耶手里接过包豪斯校长的接力棒，他接手时的包豪斯正处于风雨飘摇之际。由于迈耶的泛政治化倾向，包豪斯被他带入发展的死胡同，学校受到来自社会各界的攻击。密斯临危受命，迪索市市长希望通过他的努力能让包豪斯回到发展的正轨上来，但是，此时的包豪斯四面楚歌，最终密斯也无力回天，纳粹上台后，马上就命令关闭包豪斯，在密斯手里包豪斯最终只存在了三年多的时间。

密斯 1931 年接手包豪斯的时候，学院的左翼政治活动非常频繁，为了保障学院的正常教学活动的进行，密斯首先进行全面整顿，肃清学院的泛政治化影响。密斯清退了迈耶集团核心的五名学生，学院的 170 名学生全部重新登记注册，所有学生必须遵守校规，严禁参加任何政治活动，如有违规将被开除出校。这样没过多久，学院终于勉强回到教学的轨道上，密斯努力地将学院改造成为了一个单纯的设计教育中心。

密斯把主要精力放在教学体制的改革上，成立了新的室内设计系，学院分成两大部分：建筑设计系和室内设计系，明确了以建筑设计为核心的办学方向，同时对建筑的功能和目的都提出了明确要求，建筑不仅要具有功能性，形式美感也是建筑的基本要素之一。他要求学生要有明确的美学立场，建筑的功能和外形的美观同等重要。在密斯的改革中，大部分教员觉得难以适应先后离职，只剩下康定斯基和克利，密斯就任不久，克利也辞职了。

1931 年，随着德国右翼势力的不断发展，包豪斯的发展已经举步维艰了。同年，纳粹控制了迪索市议会，包豪斯在政府中的支持也宣告结束。1932 年 9 月，迪索政府下令关闭包豪斯，9 月 30 日纳粹党徒冲进学校，翻箱倒柜地进行大规模的破坏活动，学校内所有的设备、工具和教学文件都被扔到街上，他们还想炸平整座校舍，只是这座校舍名气太大才免遭厄运。1932 年 9 月 30 日这天是包豪斯的迪索时期的结束日，包豪斯这所后来名扬世界的设计院校，就在纳粹的践踏下结束了。

迪索的包豪斯关闭之后，马格德堡和莱比锡，这两个由德国社会民主党执政的城市邀请学院迁过去。但是，密斯决定把学院搬到柏林去，新校址位于柏林的斯蒂格利茨的一个废弃的旧电话公司。学校在开学的时候又增加了一个副标题，全称是包豪斯与研究学院。虽然密斯为包豪斯的维系尽力奔走，但是德国国内日益严峻的政治氛围，让包豪斯走到了尽头。1933 年元月，纳粹政府上台，希特勒成为德国元首，早已把这所学校视为眼中钉的纳粹党，在上台以后由德国文化部发布第一号命令关闭了。

1930 年代末期，为了躲避欧洲的战火和纳粹的迫害，包豪斯的主要领导人和大批学生都移居美国，从而把现代主义设计理念带到了美国，在美国强大的经济实力的依托下进行各种前卫的设计探索，形成国际主义风格，这是现代主义和美国本土文化结合的产物。包豪斯设计学院师生的离开是德国设计界、企业界的巨大损失，这些现代主义设计大师移居美国之后，对美国的设计教育、风格的发展起到了极大的促进作用。

第8章 两次世界大战之间的设计

8.1 美国的汽车设计

19世纪中期美国的工业和制造业所形成的制造体系，以大规模的机械生产和互换零件为特征。这种机械化的生产模式，适应了美国经济发展的需要，促进了工业和企业的成长。美国在20世纪上半叶经济增长迅猛，但1929年爆发的经济危机，在很大程度上延缓了这种增长势头。

美国制造体系在1920年代左右主要体现在汽车制造领域，这一时期，美国的汽车企业以福特汽车公司为主导，福特汽车公司创立于1903年，创始人是亨利·福特（Henry Ford，1863～1947年）。1908年，福特公司推出了令人瞩目的"T型车"（Ford Model T），这些T型车拥有相同的黑色表层喷漆，以马车车身为基础造型（图8-1）。

亨利·福特并不是汽车的发明者和流水作业线的创建者，但是，他创造了使用流水作业线生产汽车的方法，从而让汽车的价钱下降，让普通百姓也实现了拥有汽车的梦想。从1908年到1927年，福特汽车公司总共销售了超过1500万辆T型车，这一销售业绩保持了将近一个世纪。福特T型车流水作业线生产方式的成功，一方面源自科学的管理方法和有效的成本控制，另一方面，标准化和通用化的精密零件是实现批量生产的基础。美国在19世纪中叶所形成的制造体系，在福特T型车的生产中发挥了巨大的功用。

福特公司的流水作业线让生产效率提高了10倍，T型车的售价也从开始的825美元，下降到1916年的360美元，到1919年，每辆车仅售265美元！截至1918年，美国半数以上的汽车是福特的T型车。福特的流水作业线可以在93分钟内生产一辆汽车，与此同时期的其他汽车生产商生产能力的总和也不及福特的生产力。福特T型车是如此成功，以至在1927年停产之前，从未做过一次广告。

福特公司在1914年发起了"工资运动"（Wage Motive），将工人的工资提高到每日5美元，开创了8小时工作制，设置了休息日，以缓解工人在流水生产线重复劳动中的压力和疲惫。工人还可

图8-1 1910年的福特T型车

以通过信用卡结算消费，让他们实现拥有自己生产的 T 型车的梦想。1926 年，福特公司工人的休息日也从 1922 年的每周一天，调整为每周两天。工人在休息日可以开着廉价的 T 型车去度假，从而也促进了 T 型车的销售。

到 1920 年代末期，T 型车一成不变的模式，让它看起来有些过时，T 型车逐渐丧失了吸引力。这一时期，美国的通用汽车公司（General Motors）抓住时机，采用多样化的设计方法，设计造型时尚的汽车来吸引消费者。

通用汽车公司创建于 1908 年，是别克汽车的控股公司，威廉•C•杜兰特（William Crapo Durant，1861～1947 年）是通用的创建者。通用汽车早期的发展历程并不顺利，在面对福特 T 型车的强大攻势下，通用汽车公司出现严重的资金危机，杜兰特也被解除总经理职务。随后，杜兰特与路易斯•雪佛兰成立了雪佛兰公司，并于 1916 年重新夺回通用汽车公司，成立了新的股份制的通用汽车公司。但是，杜兰特在重新取得通用公司领导权之后，很快自满起来，完全靠个人意志来领导公司。杜兰特一系列的失误决策导致通用汽车公司在 1920 年到 1921 年间再次遭遇严重危机，由此也代表杜兰特时代的结束。1923 年，阿尔弗雷德•斯隆（Alfred P.Sloan，1875～1966 年）担任了通用汽车公司总裁，在他任期的十年间，通用汽车公司开始快速发展起来，从而超越福特成为美国最大的汽车制造商。

通用汽车公司推出了多款具有细微风格变化的雪佛兰车型，同时还采用了彩色喷漆技术进行车身装饰，与福特 T 型车千篇一律的黑色外壳形成鲜明对比。福特车之所以采用黑色喷涂，是因为这种黑漆价格低廉，并能在短时间内风干。通用汽车公司发明了一种可以在短时间内快速干燥的彩色瓷漆，并将这种新喷涂装饰应用到雪佛兰（Chevrolet）车型的设计中（图 8-2）。通用汽车公司还通过一系列广告，宣传"设计的美"和"不贵的售价"，相比较福特车的单调，物美价廉的雪佛兰汽车开始受到消费者的青睐。

正是雪佛兰汽车对福特汽车公司造成了真正的威胁，1926 年，雪佛兰汽车的销量第一次超过了福特 T 型车。面对来自雪佛兰的竞争压力，1927 年，亨利•福特不得不调整他的统一化和标准化的理想生产模式，停产了 T 型车，推出全新的"A 型车"（图 8-3），并与通用汽车公司一样，进行广告宣传战略。这是福特汽车公司 1920 年代末最大的一次战略调整。

为了面对竞争日益激烈的汽车市场，通用汽车公司总裁斯隆不断推进雪佛兰汽车的设计策略，以和福特汽车公司竞争。设计师哈利•厄尔（Harley Earl，1893～1969 年）的加盟，无疑加速了斯隆竞争策略的实施。1927 年，厄尔建立了通用汽车公司的样式和色彩部门，他

与斯隆一起建立了汽车款式设计的概念，提出了"有计划的废止制度"，这一策略的提出是对通用汽车公司非常大的一个贡献。"有计划的废止制度"要求在进行汽车设计的时候，必须有计划地考虑在未来几年内不断进行汽车外观设计的更新，做到汽车外观设计两年内有一次小的变化，三到四年间有一次大的变化。通过不断更换汽车的式样，促使消费者为了追赶潮流抛弃旧的、还有用的汽车而购买新品。这样做的目的的确为美国的资本主义企业带来了巨额的商业利润，这是非常典型的美国市场竞争的产物。美国的企业可以通过这种设计模式获益良多，不需要进行设计创新，仅仅依靠改变产品的造型就可以获得巨大的商业利润，这种设计模式也因此成为消费社会的重要基石。

　　样式和色彩部门在 1930 年代急速扩张，通用汽车公司成为汽车市场上最具竞争力和实力的生产商。厄尔也让汽车的外观造型变得越来越漂亮，还在汽车设计中引入了二维草图和全尺寸黏土模型的设计模式，这是现代汽车设计模式的基础。厄尔组建的样式和色彩部门还培养出一批优秀的汽车设计师，厄尔的设计理念远远超越了他所在的时代，他创造的汽车设计风格也成为其他制造商竞相模仿的对象。

　　但是，由斯隆和厄尔创建的"有计划的废止制度"也引发了一系列问题，美国的汽车工业从 1930 年代起一直到 1980 年代初期，都只看重外形设计而不注重汽车功能本身，这样做的严重后果就是美国汽车逐渐成为样式时尚、性能低下的产品。

　　此外，"有计划的废止制度"也招至环保主义者的抨击，消费者原本保有的勤俭节约的美德，被认为不合时宜而被抛弃。消费者为了追赶潮流而购买新的产品，不但造成开支上的增加，同时，对有限的自然资源也造成极大的浪费。但是，这种方式自从 1930 年代开始，就迅速在美国的企业界生根，如今枝繁叶茂影响到世界各地。似乎没有什么方式可以把厄尔创造的这种体系推翻，在巨大的商业利益的诱惑下，企业界仍然继续进行"有计划的废止制度"策略的设计、生产和销售模式。

图 8-2（左）
1923 年面世的高级雪佛兰
（Chevrolet Superior）汽车

图 8-3（右）
1930 年的福特 A 型车

8.2　美国的第一代工业设计师

从 1929 年开始持续了三年的经济危机，是美国第一代工业设计师产生的根源和契机。经济危机期间，美国企业为了生存和发展，率先在企业中成立设计部门，出现了最早的驻厂设计师。此外，美国企业还积极雇用设计师进行产品设计，由此，成立了一批独立的设计事务所，这是美国最早的工业设计公司。这些独立的设计事务所为企业量身定做设计产品、企业形象、标识和包装，和企业间形成了长期的合作关系。美国的第一批工业设计师就是在这样的背景下诞生的，其中最杰出的工业设计师大致有五六个，他们是：雷蒙·罗维（Raymond Loewy，1893～1986 年）、沃尔特·提格（Walter Darwin Teague，1883～1960 年）、亨利·德雷夫斯（Henry Dreyfess，1903～1972 年）、诺尔曼·贝·盖迪斯（Norman Bel Geddes，1893～1958 年）等人，他们早在 1920 年代就开始从事工业产品设计工作，开创了工业设计这个新的职业。

法国人雷蒙·罗维是美国第一代工业设计师中最杰出的一位（图 8-4），他还是 20 世纪最著名的工业设计师，设计行业的先行者。罗维 1893 年生于巴黎，他的职业设计生涯基本是在美国度过的，所以被认为是美国设计师。罗维从小便对火车、汽车具有浓厚的兴趣，1909 年他设计了一个飞机模型，还因此获得了一个奖项，他对火车的热爱也在 1934 年为美国宾夕法尼亚公司设计的流线型火车头而得以实现（图 8-5）。

罗维在 1919 年移居美国，当时他已经年近 30 岁。在美国初年，罗维居住在纽约，为一些商店设计橱窗，还先后为 Vogue、Harper's 等时尚杂志设计插图，罗维以其特立独行的艺术风格很快在时尚界占领一席之地。罗维设计的转机出现在 1929 年，他接到了第一份工业设计任务，西格蒙德·格斯特纳（Sigmund Gestetner）委托罗维重新设计复印机。这份订单不仅时限紧，而且难度颇高，客户只给他 5 天的时间。格斯特纳复印公司原先的复印机具有弯曲的伸长的四只脚，不但造型不合理，对办公室来回走动的秘书来说也存在安全隐患。罗

图 8-4（左）
雷蒙·罗维

图 8-5（右）
罗维在 1934 年为美国宾夕法尼亚公司设计的流线型火车头

维采用了小巧的、不突出的支脚替代了原来的弯曲的腿，之后采用了模压塑料壳将机器包裹起来，并改变机器转动曲柄、复印台面的形状。该复印机在罗维的重新设计下，由丑陋笨拙的机器摇身一变，成为富有魅力的办公机器，重新设计的格斯特纳复印机立即取得了良好的市场效应。

在成功设计格斯特纳复印机之后，罗维的客户接踵而来。他在短短几年间设计了大量的工业产品。罗维的设计也从格斯特纳复印机，可口可乐的玻璃瓶，跨越到宾夕法尼亚铁路公司的火车头，此外，他还进行了大量的企业形象设计。在短短的几年间，罗维成为美国最出名的设计师。

罗维的成功除了通过大量优秀的设计之外，他还善于利用新闻媒介的宣传来增加知名度，他是最早利用新闻媒介宣传自己的设计师，罗维的很多"神话"都是自己创造的。1951 年，罗维的自传《不要把好的单独留下》（Never Leave Well Enough Alone）出版，这本自传除了介绍工业设计之外，还描述了罗维早期的生活，对罗维的宣传起到了重要作用。

罗维在 1930 年代成立了设计公司，他的事业到 1950、1960 年代达到顶峰。当时他的业务主要包括三大方面：交通工具设计、工业产品设计、包装设计。其中，1930 年代设计的可口可乐标志及饮料瓶是罗维的经典之作，白色的、飘逸的字体表达了软饮料的特色，深褐色的瓶体衬托白色的标准字，让重新设计的可口可乐饮料的外观焕然一新，可口可乐很快畅销全球。另一个成功的包装设计案例是"幸运"香烟纸的设计（图 8-6），罗维只是将原先绿色的外观变成白色，同时加上圆形的主题商标。

罗维的设计事务所雇用了大批员工为他做设计工作，在当时的美国是非常大的设计公司。罗维规定公司的所有产品设计，不论设计者是谁，都必须标记"罗维设计"，以他个人的名义出品。罗维的这种方式，是他进行管理和市场运作的模式，通过这种手段可以大幅度提高公司的知名度，设计的价格也能够随之提高，这也是罗维在企业管

图 8-6　"幸运"香烟

理方面非常独特的地方，他不仅是一位成功的设计师，还是一位杰出和精明的企业主管。

因为业务发展的需要，罗维先后在美国和欧洲设立了几个设计事务所，罗维的设计公司在 1980 年代成为世界上经济实力最强、效益最好、规模最大的独立设计公司，几乎没有什么设计公司能与它相比肩。

罗维的设计是非常美国化的，与欧洲的设计师不同，他从未企图建立自己的设计体系或设计

学派，毕生没有形成自己的设计哲学，也没有进行多少设计观念上的理论探索。罗维作设计完全凭借自己的感觉，靠的是敏锐的直觉，如果一定要给罗维的设计定义几个原则的话，那就是实用主义原则至上，容易维修和保养，外观典雅大方，使用方便并且经济耐用等，都可以算作罗维设计哲学的组成部分。

罗维将流线型与欧洲现代主义糅合，建立起独特的艺术语言。他首开工业设计先河，促成设计与商业联姻，并凭借敏锐的商业意识，无限的想象力与卓越的设计禀赋，为工业设计的发展注入鲜活的元素。他一生起伏多变，职业生涯恢宏而多彩，其设计数目之多，范围之广，令人瞠目，大到汽车、宇宙空间站，小到邮票、口红、公司的图标都囊括其中。无论20世纪中期的美国人意识到与否，他们实际生活在雷蒙·罗维的世界之中。

罗维的设计生涯一直持续到80多岁高龄，之后他返回法国，享受悠闲的旅行生活，直到1988年他去世前不久还在从事设计活动，他是当代工业设计师中设计生涯最长的人之一。作为美国工业设计的奠基人，他的一生对于美国工业设计的发展，起到非常重要的促进作用。毫不夸张地讲罗维的人生就是一部美国工业设计的发展简史，他当之无愧地被冠以"工业设计之父"的称号。

沃尔特·提格是美国最早的工业设计师之一，他还是一位优秀的平面设计师。提格在1920年代从事产品设计，1926年成立了沃尔特·提格设计事务所，这是美国最早的工业设计顾问公司。

美国在1920年代末遭遇了严重的经济危机，大企业都在寻找生存策略，寻找具有创造力的专业工业设计师。1928年，提格被大都会博物馆馆长介绍给柯达公司，由此开始了与柯达公司长期密切的合作。同年，提格成功地设计出大众型的新照相机：柯达（Anity Kodak），受"装饰艺术"运动的影响，这款相机机身采用金属条带和黑色条带作装饰，与埃及出土的图坦卡蒙面具有明显的联系。该款相机取得了非常好的市场效应，在此基础上，他于1936年为柯达公司研发出最早的便携式相机：班腾（Bantam Special）（图8-7），装饰上同样采

图 8-7　班腾相机

用横线作为装饰动机，具有浓郁的装饰艺术风格，
相机的外形简单，没有锋利的棱角，使用起来也很
安全。

亨利·德雷夫斯是美国第一代工业设计师，
1903 年出生于美国布鲁克林地区，他的家族从事剧
院建材业务，从小受到家族影响，他开始进行舞台
设计业务。不过，德雷夫斯在设计行业中最具影响
力的作品是电话，他是对现代电话设计影响最大的
设计师。

图 8-8　亨利·德雷夫斯
设计的电话

1929 年，德雷夫斯的事业开始出现转机，他赢得了贝尔电话公司
举办的"未来电话"大赛，从此开始与贝尔公司合作。贝尔公司是美
国最强大的电话公司，当时的电话行业处于垄断地位，基本不受竞争
的威胁。从 1930 年代开始，德雷夫斯为贝尔公司设计电话，到 1950
年代左右德雷夫斯为贝尔公司设计出一百多种电话（图 8-8）。德雷夫
斯是最早提出将话筒与听筒合一的设计师，贝尔公司采纳了他的建议，
开始生产金属电话机。1940 年代初期，这批金属话机又被塑料材质取
代，从而奠定了现代电话的雏形。

德雷夫斯还是一位人机工程学的坚定拥护者，1961 年，他出版了
著作《人体度量》，从而为设计界奠定了人机工程学这门学科的基础，
将人机工程学引入到设计中。德雷夫斯也是最早把人机工程学系统运
用到产品设计中的设计师，对这门学科的进一步发展起到很积极的推
动作用。

诺尔曼·贝·盖迪斯是美国著名的舞台设计师和工业设计师，早
年间，盖迪斯主要从事舞台设计，他曾经主持和设计过各种各样的剧
院项目。盖迪斯在 1927 年开设了自己的工业设计事务所，开始进行
工业设计业务。他涉猎非常广泛，不仅从事各种商业化设计，还涉足
室内设计领域。

1932 年，盖迪斯出版了著作《地平线》（Horizons），这本书扩大
了他在设计界的影响。盖迪斯在书中描述了一种美学设计原则，他的
未来主义设计理想和观念，在书中也有淋漓尽致的表现，书中包含了
许多未来主义的设计项目，充满科幻的味道。盖迪斯提出了一种具有
现代技术特征的风格体系，同时又将这种技术特征包裹在有机的造型
之内。盖迪斯将技术特性与有机的造型设计融合在一起，并身体力行
地贯彻和发扬了这种设计风格。

盖迪斯的设计充满了理想主义的浪漫色彩，他有时不顾大众的需
求去设计自己的奇思妙想，因此，他的设计实现的不多。他梦想着通
过技术进步从物质上和精神上改善人们的生活，他还对飞机和汽车等
现代化的交通工具进行了预想，有些设想在几年后就变成了现实，他

也因此成为名噪一时的"未来学"大师。

8.3　流线型风格

流线型（Streamlining）设计风格来源于空气动力学原理，造型圆滑、线条流畅的物体在高速移动过程中所受阻力较小。空气动力学在 20 世纪初期被应用到交通工具的设计中，并对汽车和飞机的造型设计产生了影响。由空气动力学在交通工具设计中的应用所引发的流线型风格，在 1930～1940 年代成为最流行的产品设计风格，成为最具时代精神的造型语言。

流线型风格应用在交通工具设计中，是具有一定科学基础的，一辆流线型列车在行驶中所受的阻力，要比其他造型的列车所受的阻力小三分之二，它不仅可以节省能耗，还能减少行驶时间，因此，在交通工具设计中很快兴起了流线型风格。早在 1900 年左右，就出现了"泪滴形"（Tear-drop shape）交通工具的设计试验。1913 年意大利著名汽车工程师朱塞佩·梅如塞（Giuseppe Merosi，1872～1956 年）设计了极具革新性的铝材质的泪滴形汽车（图 8-9）。1921 年，流线型风格开始应用到飞机领域，德国飞机工程师埃德蒙·伦普勒（Edmund Rumpler，1872～1940 年）尝试设计流线型飞机。此外，匈牙利人保罗·雅雷（Paul Jaray，1889～1974 年），1922 年在德国齐柏林工厂（Zeppelin）风洞中的试验，奠定了空气动力学在流线型汽车设计中的地位，这些极具前瞻性的试验，在两次世界大战期间对汽车造型设计产生了巨大影响。

流线型风格在美国和欧洲都有不同的体现。在美国，流线型风格被当做一种促销的手段，它的实质是一种"样式设计"，这也是美国浓厚商业文化的体现。流线型风格在美国得到流行具有几个层面的原因，其一是来自材料和技术上的原因，金属和塑料材质模压成型技术的广泛应用，让大弧度的曲面外壳容易从模具中脱模，因此，在汽车和冰箱等产品设计中，出现很多大的曲面设计。其二是流线型风格所代表的特征，这种风格是时尚的代表，是未来的标志。美国人在面对 1930 年代全面爆发的经济危机时，流线型所具有的未来风格，也成为心灵和情感的寄托。其三，流线型风格与未来主义和象征主义同出一脉，它用象征性手法赞扬了

图 8-9　朱塞佩·梅如塞 1913 年设计的泪滴形汽车

时代精神。在这些因素的影响下，流线型风格在 1930 年代成为美国工业设计的代名词，席卷了美国的汽车工业，并很快延伸到其他产品设计和室内设计领域。

　　流线型风格在美国最主要的影响是在汽车设计领域，它成为具有象征意义，代表速度联想的最佳造型形式。美国的设计师也在不断进行流线型的设计尝试，1933 ～ 1934 年间，美国设计师理查德·布克敏斯特·富勒（Richard Buckminster Fuller，1895 ～ 1983 年）设计了流线型汽车："Dymaxion"（图 8-10、图 8-11）。这种造型前卫的汽车在当时引起了轰动，但只有少数思想开放的人能够接受，因此 Dymaxion 只作为原型存在，没有投入批量生产。不过，富勒被认为是流线型运动的先驱。此外，戈登·伯瑞格（Gordon Buehrig，1904 ～ 1990 年）设计的科德 810 型汽车（图 8-12），也吸收了流线型设计的理念，这辆车被视为 20 世纪的经典车型。

　　1933 年，罗维设计了一个泪滴形的铅笔刀（图 8-13），模仿风驰电掣的汽车的造型。罗维设计的灰狗（Greyhound）长途客车也是流线型风格的代表，这辆汽车的所有边角都是圆弧形的（图 8-14）。罗维最著名的流线型风格的设计还包括 1935 年为西尔斯百货公司设计的"冰点"（Coldspot）电冰箱（图 8-15），这台冰箱外形简洁明快，具有大的曲面弧度的流线风格，同时，浑然一体的白色箱形奠定了现代电冰箱的造型基础。在冰箱的内部，也作了合乎功能要求的设计调整，改变了传统电冰箱的结构。冰点冰箱打破了同类产品的销售纪录，甚至在经济不稳定的 1937 年也保持了经济大萧条之前的生产水平。

图 8-10（左）
富勒设计的流线型汽车 Dymaxion

图 8-11（中）
汽车的俯视图和侧视图

图 8-12（右）
戈登·伯瑞格设计的科德 810 型汽车

图 8-13（左）
铅笔刀

图 8-14（中）
灰狗汽车

图 8-15（右）
"超级六号"冰点电冰箱

图 8-16　大众小汽车

流线型风格在富有想象力的美国设计师手中，逐渐演变成只具象征意义的设计方式，譬如，1936 年，奥洛·赫勒尔（Orlo Heller）设计的流线型订书机，就是一件纯形式主义的产品。在这个号称"最美的订书机"的设计中，表示速度的流线型符号被用到静止的物体上，订书机传达出的是一种关于流行风格的装饰意味，并不具有实际的功能性含义和科学依据。在这些设计中，流线型已经失去了空气动力学的依据，它成为一种纯粹的样式设计，但是，这种风格表达了速度和时尚的造型语言，符合美国民众的审美需求，是美国大众文化审美趋向的反映。

在欧洲，流线型风格虽然不及美国影响范围广泛，但也有精彩的表现。尤其在小型汽车设计领域，诞生了许多经典车型，其中，最著名的汽车是奥地利人汉斯·列德文克（Hans Ledwinka）设计的塔特拉（Tatra）V8-81 型汽车，流线型的汽车尾部附加了一条尾鳍，车身整体造型流畅、样式时髦。

在德国，由于高速公路的兴建，也兴起了流线型汽车设计的浪潮。德国梅赛德斯和巴伐利亚等汽车公司都将流线型风格与汽车车身设计结合起来，其中，最具代表性的设计是德国设计师斐迪南·波尔舍（Ferdinand Porsche，1875 ～ 1951 年）设计的大众牌小汽车（图 8-16），这辆车的外观酷似甲壳虫，是一辆价格低廉的小型汽车。这辆车的原型是在 1936 ～ 1937 年间设计的，但是直到第二次世界大战之后才投入批量生产。

流线型风格作为一种独特的设计探索，主要影响是在汽车设计领域，它是基于科学基础之上的设计研究，是新型的设计美学风格的代表。流线型风格与刻板的欧洲现代主义设计形成鲜明对比，流线型风格的有机造型，比现代主义抽象的几何设计语言更容易理解，这也是流线型风格广泛流行的原因。

8.4　装饰艺术运动

1920 ～ 1930 年代欧洲各国在经历了一战的阵痛和洗礼之后，逐渐走出战争的阴霾，开始发展经济、重建家园。在战后初年，一场波及法国、英国、美国的设计运动悄然兴起。这一设计运动早在 20 世纪初期就已露端倪。1905 年，萨穆尔·宾的新艺术之家倒闭，现代之家也遭遇相似的命运，这些新艺术运动中前卫的组织和团体都以失败告终。在新艺术运动之后，又一场具有国际影响力的设计运动在法国开始了，这就是"装饰艺术"运动。

装饰艺术（Art Deco）一词起源于 1925 年在法国巴黎举办的"现代工业装饰艺术国际博览会"。装饰艺术运动不仅反映在建筑设计领域，也对纯艺术、实用美术和平面设计等其他艺术设计范畴的发展产生了一定影响。装饰艺术运动是一场承上启下的设计运动，在装饰艺术运动进行设计探索的时候，现代主义设计也方兴未艾地发展起来，因此，装饰艺术运动在设计风格上受到现代主义设计的很大影响，从材料的选择、设计的主题，再到设计的特点，这两种设计流派都存在很多内在关联。

装饰艺术运动是对新艺术运动的反动，新艺术运动强调自然风格、强调手工艺特性，以及对机械化的否定，这些都是装饰艺术运动所反对的，装饰艺术运动主张机械化的美，因此，装饰艺术运动更具时代进步意义。另一方面，装饰艺术运动是为上层权贵服务的设计活动，现代主义设计的民主色彩和社会主义背景在装饰艺术运动中从来没有出现过。

装饰艺术运动在设计形式上，采用几何的、机械式样的、纯粹的装饰线条来进行装饰。在色彩设计方面，喜欢使用亮丽的色彩或者带有金属意味的金色、银色以及古铜色来描绘设计物的外观。在装饰动机上，中东、远东、罗马、希腊、埃及与玛雅等古老文化的物品或图腾，也都成为装饰艺术运动的素材来源。比如：图坦卡蒙陵墓文物的出土就曾经影响过装饰艺术运动的设计风格，出土文物的简单几何图形，金属色系和黑白色系的应用达到了高度的装饰效果，这给设计师以强烈的启示。

装饰艺术运动主要发生在法国、英国和美国，但是，装饰艺术运动的风格却成为世界流行的风格。这场运动波及范围广、影响时间长，从 1910 年前后开始，一直持续到 1935 年左右。装饰艺术运动成为 20 世纪非常重要的设计运动之一，其根本原因在于装饰艺术运动中采用的几何造型为机械化生产提供了可能，从而扩大了这一运动的影响范围。1980 年代，装饰艺术运动再次回潮，并在后现代主义设计中得以再次体现。因而，对于装饰艺术运动的研究和解读，就更具有重要的意义。

8.4.1 　法国的装饰艺术运动

法国政府早在 1911 年就开始筹划举办一次规模空前的装饰艺术与现代工业博览会，但是由于主办方在展会标准制定方面存在着分歧，再加上一战爆发，使得这一计划不得不搁置。时隔 14 年后，法国政府重启了这一计划。1925 年，博览会在巴黎成功举办。主办方要求参展作品必须具有现代风格，不能因循守旧承袭传统。这次展览以法国、芬兰和苏联的展厅最具特色，法国的参展单位以"装饰艺术家协会"最为著名。展会中的室内产品和家具产品以应用华美的装饰和使用稀缺材料为亮点，以使用直角线条和非曲线形式为特征，以使用工业材料的仿制品为特色。这些独具风格的展品传达出现代设计的精神风貌，表达出现代生活中多元化的消费需求。

装饰艺术运动起源于法国，集中在豪华奢侈的产品和艺术品领域开花结果，这和法国的传统有着深刻的关联，法兰西民族的浪漫品位与众不同，他们偏好奢华的工艺品，装饰艺术运动自然也会反映出法国人的这种需求特性。

装饰艺术运动在法国最集中的体现是在家具设计领域，这一时期的家具设计呈现两种不同的风格，第一种风格带有浓郁的东方味道，这是受到俄国芭蕾舞团舞台艺术的影响。俄国芭蕾舞所具有的异域风情风靡了巴黎，芭蕾舞台豪华的布景、新潮的服饰让法国人耳目一新。另一种风格是来自现代主义的影响，包豪斯钢管家具的用材，柯布西耶的家具设计探索，都对法国家具设计带来触动。

法国制作奢华家具的历史由来已久，自巴洛克时代开始，豪华家具就大行其道。巴洛克的繁琐装饰，让家具充满了雕琢的气息。这种设计状况也让设计师感到不满，从新艺术运动开始，法国的设计师就在探索一条折中主义的装饰路线，来对抗过于繁琐的巴洛克装饰风格。装饰艺术运动就是这一探索的产物，简洁的装饰化风格，是对新艺术风格的发展，是对繁琐装饰风格的反动。

在家具的选材方面，设计师喜欢采用名贵木材，大量进口昂贵的硬木，这些木料材质坚硬，并带有美丽的纹路。设计师将各种名贵木材搭配使用，创造出不同的肌理和装饰效果，这很符合法国权贵阶层的审美喜好。除了使用名贵木材制作家具之外，在家具表面采用青铜、象牙等名贵材料进行表面装饰，增加家具的奢华感和高贵感，也是法国这一时期家具设计的特色。此外，动物的皮革也用来制作家具表面的镶拼处理，特别是来自非洲动物的皮革。几种不同的昂贵材质的对比，特殊的装饰味道，形成了法国奢华的装饰艺术风格的家具产品。

法国装饰艺术运动中涌现出许多杰出的家具设计师，其中比较有代表性的有：艾米尔－雅克·鲁尔曼（Emile-Jacques Ruhlmann）、艾琳·格雷（Eileen Gray）、阿曼德·阿尔伯特·拉图（Armand Albert Rateau，1882～1938年）和皮埃尔·勒格雷恩（Pierre Legrain，1889～1929年）等人。艾米尔－雅克·鲁尔曼在1920年代设计了许多杰出的家具作品，他喜欢采用昂贵的材料制作家具的某些功能性部件，或使用昂贵的木料进行镶嵌处理。在家具造型方面，鲁尔曼倾向于使用简洁的几何造型。在设计风格上，鲁尔曼受到新古典主义和帝国主义风格的影响，他又将这种设计手法与几何形式特征融合在一起。譬如，他在1916年设计的橱柜就体现了这种设计风格（图8-17），橱柜高雅的造型与几何特征的装饰融合呼应。

图8-17　鲁尔曼设计的橱柜

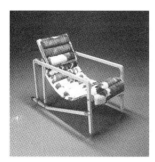

艾琳·格雷是法国装饰艺术运动中杰出的女性家具设计师，她出生于爱尔兰一个富足而充满艺术氛围的家庭。在 1891 年的时候，格雷的全家移居巴黎，在此期间，她对漆艺产生了浓厚的兴趣，在几位著名漆艺家的指导下，她很快掌握了漆艺工艺，后来她成为著名的漆艺大师。1922 年，格雷开设了自己的事务所，展示自己设计的家具和漆艺作品。

格雷的家具设计不仅具有豪华的装饰效果，她还注重现代主义设计表现手法和现代材料的运用，在格雷设计的家具中，有使用钢管和皮革的座椅，具有强烈的现代主义设计味道；还有使用昂贵材料、装饰风格奢华的家具设计，"Transat 躺椅"就是这种设计的代表（图 8-18），椅子采用木材框架结构，在木材表面进行了上漆处理，靠背和坐面通过铬钢部件连接在一起，椅面则覆盖了昂贵的皮料。

艾琳·格雷最具代表性的家具设计作品是 1927 年设计的可调节的边桌"E1027"（图 8-19），现在成为纽约 MOMA 博物馆的永久藏品。E1027 边桌采用镀铬钢管和水晶玻璃材料制作而成，桌子精准的比例和特殊的结构，呈现出现代简约、摩登的美感。E1027 边桌也成为 20 世纪最具代表性的经典家具设计之一。

格雷是把法国的装饰艺术运动与现代主义设计联系起来的重要设计师，她的作品一直受到设计界的关注，她不仅是 1930 年代法国重要的设计师，她所取得的成就直到 1980、1990 年代还依然得到广泛的关注。

阿曼德·阿尔伯特·拉图主要设计室内家居用品，他的设计风格受到东方、非洲和古代装饰题材的影响。拉图在 1922 年设计的贵妃椅是其装饰艺术风格的代表（图 8-20），这把躺椅是为巴黎的女性服装设计师珍妮·朗万（Jeanne Lanvin，1867 ～ 1946 年）公寓的阳台设计的。躺椅采用了青铜材质，在装饰风格上使用了简化的阿拉伯图案。四只比例优美的成年雄性麋鹿优雅地环绕在躺椅的周围，成为躺椅的支撑结构和装饰点缀。

皮埃尔·勒格雷恩是又一位具有影响力的法国装饰艺术风格的家具设计师，他的设计受到立体主义和非洲部落文化的影响。勒格雷恩

图 8-18（左）"Transat 躺椅"

图 8-19（中）边桌 "E1027"

图 8-20（右）贵妃椅

的家具往往采用稀有材料，在造型上倾向于使用立体主义风格和非洲艺术风格，来设计豪华精美的家具产品，图 8-21 所示的椅子就具有这种特点。

法国装饰艺术运动中玻璃器皿的设计独树一帜，成为非常具有特色的一个分支。法国的玻璃设计师们热衷于丰富的玻璃表现手法，创造了许多杰出的玻璃制品。在这一时期的玻璃设计中，其他国家是难以与法国相提并论的。法国在这一时期涌现出非常多的玻璃设计大师，有雷内·拉里克（Rene Lalique，1860～1945 年）和毛里斯·玛里诺（Maurice Marinot，1882～1960 年）等人。

拉里克是其中比较重要的玻璃设计大师，他富于想象，善于从东方艺术、古典风格和现代艺术的某些因素中找寻设计灵感。拉里克早期的设计作品充满自然主义风格，受到新艺术运动的很大影响，是新艺术风格向装饰艺术风格的过渡，譬如，他设计的柑橘（Oranges）花瓶就体现了这种过渡风格（图 8-22）。到 1920 年代左右，拉里克逐渐完成了设计风格的转型，成为装饰艺术风格中玻璃设计的代表性人物之一。他一共设计了 200 多种不同的玻璃器皿形式，这其中包括香水瓶、玻璃瓶、灯具、钟盒和其他装饰品。拉里克的玻璃器皿色彩鲜艳，常采用重复动物图案或女人体进行装饰。在表面装饰处理上，他会采用或光滑、或有霜冻肌理的效果进行玻璃表面装饰，并且这些器皿大部分可以批量生产。拉里克的这种设计风格和装饰手法在当时非常受欢迎，并且影响了日后玻璃器皿设计的装饰手法，他的玻璃器皿在欧洲和美国各个主要百货公司都有销售。在法国的装饰艺术运动中，很少有人能够达到拉里克的高度。

另外一位重要的玻璃设计师是毛里斯·玛里诺，他是一位野兽派画家，在 1911 年开始从事玻璃设计，他设计了各种器皿，包括香水瓶、玻璃瓶等。玛里诺利用玻璃制作时的气泡作为装饰手段，他还探索透明玻璃的潜在特性，创造出具有雕塑感的器皿（图 8-23）。玛里诺力

图 8-21（左）
勒格雷恩设计的椅子

图 8-22（右）
拉里克设计的柑橘花瓶

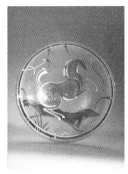

求做到精益求精，设计制作出美轮美奂的玻璃制品，因此，他的每一件作品都是一件艺术品，价格之高令人望而却步。

　　法国装饰艺术风格的一个很重要的类别还包括具有装饰性的金属制品，比如，各种人物雕塑，简单实用又具有装饰性的灯具、壁板和其他室内用品等。这些金属制品非常注重表面装饰处理，采用不同材料所具有的肌理进行对比装饰，尤其是在金属表面镶嵌其他材料，比如陶瓷、珐琅、象牙、宝石等，达到一种贵气袭人的效果。

　　到 1920 年代中期以后，法国装饰艺术运动的金属制品设计开始转向比较简单明快的风格，造型也偏爱几何形状，但是服务对象依然是上层阶级，只不过是受到工业化的影响，风格发生了转变而已。

　　埃德加·布兰特（Edgar Brandt，1880～1960 年）是法国装饰艺术运动中金属制品设计师的杰出代表，他擅长使用金属材料来设计产品，在装饰方面热衷使用动物和植物题材。他设计的金属屏风："绿洲"（图 8-24），就装饰有抽象的植物图案，并采用金属锻造而成，风格华美绚丽。

　　另一位杰出的金属制品设计师当推让·皮福卡特（Jean Puiforcat，1897～1945 年），他来自于巴黎的一个银器世家，从小对奢华银器制品的耳闻目染，让他的金属制品设计具有严谨精准、优雅高贵的特征。他最经典的金属制品设计是那套来自于远洋货轮造型的茶咖具（图 8-25），这套产品采用银和水晶制成，视觉效果奢华高雅。

8.4.2　英国的装饰艺术运动

　　英国是最早进行工业革命的国家，早期的工业发展再加上一系列的海外殖民战争，英国获得了巨额财富，迅速完成了资本的原始积累，英国成为当时世界上最强大的国家。在强大的资金和物力、财力的支持下，英国率先进行设计探索，工艺美术运动最早在英国开始，接着席卷了整个世界，引领了世界设计的潮流。

　　虽然有一个好的开端，但是英国却没有将这种趋势延续下去，继

图 8-23（左）
毛里斯·玛里诺设计的玻璃器皿

图 8-24（中）
埃德加·布兰特设计的"绿洲"金属屏风

图 8-25（右）
让·皮福卡特设计的茶咖具

工艺美术运动和新艺术运动之后，英国就退回到贫乏无力的复古主义中去了，对新兴的装饰艺术运动无动于衷。英国设计界对文艺复兴以来甚至中世纪以来传统风格的依恋，导致设计思想的极度贫乏和官僚主义滋生，严重阻碍了英国设计的发展，使英国置身于世界设计运动的洪流之外而浑然不觉。英国没能很好地把握时机，走出自己的设计之路，从那时起，英国设计就慢慢落后于欧美等国家，这种现状一直持续到现代。

直到1920年代木和1930年代初，在世界各国流行的工业化风格和装饰艺术风格的影响下，英国的设计才开始出现变革。首先反映在家具设计领域，在此之前，英国的家具设计基本是古典样式的翻版和改良，1930年代之后，英国的家具也开始追赶世界潮流，家具设计的色彩日趋鲜艳、明快。在材料方面，开始采用新材料，比如：使用流行的钢管和皮革等材料来设计制作新款式的家具。在装饰风格上则引入了装饰艺术运动的风格特征。这些都体现了英国设计的变革，体现了装饰艺术运动在英国的影响，但这一影响的深度和广度是很有限的。

英国的装饰艺术运动还体现在装饰艺术品、实用品、包装设计和平面设计方面，成为大众化的审美产物，这在法国和美国是很少见的。比如：克拉里斯·克里夫（Clarice Cliff，1900～1970年）设计的肥皂盒、爽身粉盒就是一个典型，反映出英国的装饰艺术风格在应用上的独到之处。克拉里斯·克里夫是著名的女性设计师，被认为是装饰艺术运动中最重要的陶瓷产品设计师之一，以餐具设计和陶瓷装饰品设计见长。她的作品在英国本土非常畅销，还大量出口其他国家。克拉里斯·克里夫设计的陶瓷产品拥有简洁的几何形式，强烈的色彩对比效果，抽象的图案和装饰化的人物，具有浓厚的装饰艺术风格（图8-26、图8-27），这些陶瓷产品在1930年代的英国非常流行。

苏丝·库柏（Susie Cooper，1902～1995年）和夏洛特·里德（Charlotte Rhead，1885～1947年）也是装饰艺术运动中著名的陶瓷产品设计师，苏丝·库柏主要从事咖啡具设计，一直为格雷

图8-26（左）
克拉里斯·克里夫设计的装饰艺术风格的陶瓷1

图8-27（右）
克拉里斯·克里夫设计的装饰艺术风格的陶瓷2

（A.G.Grey&Co）陶瓷公司工作。她喜欢在银色或者绿色的釉底上手绘葡萄图案作装饰。苏丝·库柏是英国本土最重要、最成功的陶瓷产品设计师,她的职业生涯长达70年,贯穿了她一生的大部分时间。苏丝·库柏对韦奇伍德和格雷陶瓷公司的设计风格产生过重要影响,在当代对苏丝·库柏作品的研究仍具有重要的意义。

　　苏丝·库柏1902年10月29日出生于一个大家族,家中有7个孩子,她的家族从事商业和陶瓷业务,还有一间大农场,农场是苏丝·库柏的童年中最美好的记忆。从那时起,自然界中的事物给予她许多灵感,库柏开始拿起画笔记录下点点滴滴,这对于她成年后的职业生涯产生了重要影响。苏丝·库柏受家族影响,懂得如何去运作和经营商业贸易,这也对她日后辉煌的职业生涯埋下了伏笔。

　　1919年,苏丝·库柏进入伯斯勒姆（Burslem）艺术学校学习,从学校毕业后,她进入格雷陶瓷公司工作,在这间公司她工作了八年。在公司工作的初期,她的创造天赋无法发挥,这让她感觉很痛苦。最终,她接触到公司的高层主管爱德华·格雷（Edward Grey）,爱德华·格雷很快发现苏丝·库柏杰出的创作天才,从此她的事业开始出现转机。在1920年代,她开始为公司设计简单几何造型和条状装饰图案的陶瓷产品,这些产品具有浓郁的装饰艺术风格,成为英国装饰艺术运动中陶瓷产品设计的杰出代表。

　　夏洛特·里德是英国装饰艺术运动中又一位重要的陶瓷产品设计师,她出生于艺术世家,父亲弗雷德里克（Frederick Alfred Rhead）曾经在英国著名的陶瓷公司明顿做过学徒,从小受父亲的影响喜欢陶瓷产品设计。此后,夏洛特·里德进入皇家杜卡陶瓷厂从事设计工作,她主要设计餐具,作品色彩艳丽,具有强烈的装饰艺术风格特征。

　　除此之外,英国著名的陶瓷工厂韦奇伍德在1930年代也生产过一批价格低廉、具有装饰艺术风格的陶瓷,这部分陶瓷产品造型简洁、风格独特、构图严谨。主要由吉茨·穆雷（Keith Murry,1893～1981年）设计,除了设计陶瓷产品之外,他还设计了大量的玻璃制品,也具有典型的装饰艺术风格。

8.4.3　美国的装饰艺术运动

　　1920～1930年代的美国国力雄厚,各种艺术形式得到蓬勃发展,音乐剧、歌舞、爵士乐都方兴未艾,文学、诗歌的创作也达到新的高峰。同时,好莱坞的电影梦工厂也发展到一个新的高度,产生了遍及全世界的影响。正是在这种情况下,起源于法国的装饰艺术运动很快传到了美国,美国雄厚的经济实力,对艺术设计的发展提供了强有力的保障和支持。

装饰艺术运动在美国具有广阔的发展空间，与法国不同，美国在这一运动中，主要体现在建筑设计、舞台设计、室内设计、家具设计和装饰绘画等各个方面，比法国发展的空间更加广阔宏大，并且影响到世界各地。这和美国的国力有着紧密的联系。原因是第一次世界大战之后，法国和其他欧洲国家在战争中遭受重创，国力大大被削弱，还没有恢复元气，不可能有足够多的财力来进行建筑设计方面的实验和探索。而美国没有参加一战，反而在战争中靠出售军火大发战争财，因此，一战后美国国力雄厚。同时，装饰艺术风格正好符合美国新兴的富裕中产阶级的胃口，因此，从 1920 年代开始，美国开始大规模地进行装饰艺术风格的探索。

在建筑设计方面，美国的装饰艺术运动取得了非凡的成果，纽约成为装饰艺术运动建筑设计的主要试验场所，其中重要的装饰艺术风格的建筑包括：克莱斯勒大厦、帝国大厦、洛克菲勒中心大厦等。这些建筑豪华的室内设计普遍采用金属作为装饰材料，大量的壁画、漆器装饰具有强烈而绚丽的色彩效果，不仅显示了美国的实力，还把法国雕琢味道很浓的这种风格加以极端化，变得更加具有美国味道。这场运动从刚起步，就变得与法国不一样了，其恢宏的气派，又混杂了美国大众艺术和通俗文化于其中，形成了自己独特的风格和面貌。

美国的家具设计也受到装饰艺术风格的影响，其中比较有影响力的设计师包括：保尔·西奥多·弗兰克尔（Paul Theodore Frankly，1887 ～ 1958 年）、厄戈尼·斯科恩（Eugene Schoen，1880 ～ 1957 年）和科恩·韦伯（Kern Weber，1889 ～ 1963 年）等人。弗兰克尔设计了一些类似于摩天大楼造型的家具，这些家具让他声名显著。斯科恩和韦伯的家具设计则受到欧洲设计开始的影响。斯科恩早年间曾前往欧洲游历，并遇到约瑟夫·霍夫曼和奥托·瓦格纳，并学习了他们的作品。尤其是 1925 年参观了巴黎现代工业装饰艺术国际博览会之后，他的设计风格便具有了明显的法国装饰艺术风格。韦伯出生于德国，一战后移居美国。韦伯在 1930 年代设计的家具，具有典型的装饰艺术风格，他还在家具中采用了弯木接合技术，代替了传统的榫卯结构。

第五篇　1945～1989年的工业设计

　　第二次世界大战给交战国带来深重的灾难，战后各国一片废墟。英国作为二战的同盟国之一，虽然取得了战争的胜利，但是英国本土受到战争的很大摧残，战后的英国满目疮痍、百废待兴。英国进入战后艰难的重建时期，直到1950年代英国还实行粮食和生活必需品的配给制度。德国、日本和意大利等发动战争的国家更是困难重重，不仅国土变成一片废墟，还面临着严重的经济问题。总之，各国在战争中受到很大创伤。只有美国在两次世界大战中经济始终高速发展，美国本土没有卷入战争的漩涡中。尤其是二战之后，美国的经济和科学技术飞速发展，在战后初年达到新的发展高峰，西方各国中只有美国是当时的经济强国。

　　设计在战后重建过程中起到了积极的促进作用，西方和日本等国都意识到工业设计的重要性，因此，战后这些国家相继把设计作为国策确定下来，并且制定了相应的法规和制度来促进设计的发展。随着一系列相关法令的出台，这些国家的设计得到了快速发展，设计对经济的促进作用也日渐显露出来。但是，也有少数国家在二战之后没有采取相应的措施来促进设计的发展，导致了这些国家的工业设计发展滞后，其中最典型的当属法国和西班牙。

　　长久以来，法国以生产豪奢的产品见长，法兰西民族的特性，让法国人厌恶美国式的商业主义设计。政府甚至在1983年作出了一项非常愚蠢的决定，通过法令禁止使用具有强烈美国色彩的"设计"（design）一词，以式样取代，这引起法国设计界的普遍不满和困惑。二战结束之后，法国政府没有制定任何政策来促进设计的发展。长期以来对设计的漠视，导致法国设计从1950年代起就落后于西方发达国家，法国的工业设计逐渐走出世界设计舞台。西班牙则在二战之后处于弗朗哥的独裁统治之下，也没能够像西欧各国那样迅速进入现代设计阶段。弗朗哥对西班牙的独裁统治一直持续了30年之久，直到弗朗哥去世之后，西班牙才逐步进入民主化进程，设计也开始发展，不过比西欧国家晚了30多年。除了法国和西班牙之外，英国也是一个特例，英国政府虽然重视设计，但是由于认识上的偏差，导致设计政策制定上的失误，使战后英国设计举步维艰，再也没有恢复到工艺美术运动时期，引领世界设计潮流的巅峰状态。直到1960年代的"波普"（Pop）设计运动，才让英国避开现代主义设计，找到了一条适合英国特色的设计发展之路。

　　斯堪的纳维亚国家在二战之后，设计开始得到快速发展，斯堪的纳维亚国家在1950年代的米兰设计展中让世界惊艳。芬兰、瑞典和丹麦相继发展出各具特色的设计风格，与欧洲国家和美国的设计有一定区别，这是一条符合北欧国家文化和地域特色的设计之路。

　　除了欧洲国家之外，美国的设计也非常具有特色，美国工业设计的发展历程与欧洲和日本等国有很大不同，美国政府对设计从未采取过积极的支持态度，设计在美国是企业行为和市场经济行为，这是典型的美国商业主义设计的原则和特色，设计是与市场经济紧密相连的，经济和市场需求的变动都会对设计产生影响。

第9章 二战之后世界工业设计的发展

9.1 工业设计的职业化进程

工业设计这门学科发起于 1920 年代的欧洲，在第二次世界大战之前就有相当规模的发展，但是工业设计职业化进程的出现却是在二战之后，它作为一门独立的行业和学科日趋成熟和完善。从 1960 年代开始，世界上越来越多的国家开始采用工业设计这个名称来界定这一设计行业。在这之前，它一直被称为工业美术、实用美术、外形美化、产品造型等名称。长期以来学术界对工业设计也存在认识上的误区，很多人分不清工业设计和工程设计之间的概念。直到 1970 年代理论界才达成共识，认定工程设计解决的是产品部件之间相互关系的问题，工业设计解决的是产品与人之间关系的问题，这一概念上的界定有助于工业设计朝着良性和健康的方向发展。

工业设计职业化趋势的出现最早开始于 1945 年，首先在发达国家开始。欧美的一些大企业中率先出现设计部门。荷兰的飞利浦公司（Philips）、美国的国际商务机器公司（IBM）、德国的布朗公司（Braun）、意大利的奥利维蒂公司（Olivetti）、日本的索尼（SONY）电器公司、美国的诺尔（Knoll）家具公司和赫尔曼·米勒（Herman Miller）家具公司、法国的雪铁龙（Citroen）汽车公司等大型企业率先进行了设计的制度化变革。到 1960 年代之后，工业设计逐渐成为欧美企业不可分割的一部分，工业设计对企业的发展起到了很大的影响作用。尤其是日本企业成功运用工业设计促进企业发展的例子，让其他国家清楚地认识到工业设计的重要性，也让企业意识到发展工业设计是关乎企业生存发展命脉的重要途径。在这些因素的影响下，欧美等国家加速发展工业设计这个行业，极大地促进了工业设计职业化趋势的发展和成熟。

随着工业设计的不断发展，它也由最初只进行产品造型方面的设计，发展成为企业制定市场决策、规划生产环节的重要工具和手段，工业设计成为市场营销环节的重要组成部分。从产品设计的构想开始，一直到产品销售出去为止，工业设计都扮演着重要角色。伴随着现代企业制度的不断健全，工业设计作为独立的职业被划分出来，这是自然而然的事情。

伴随工业设计同时发展的还有"企业形象"（Corporate Identity,CI）设计,欧美各大企业争相树立自己的企业形象识别系统,这一活动在1960～1970年代达到顶峰，企业形象也成为企业不可分割的一个有机组成部分。由此开创了设计的一个崭新的领域。

设计职业化趋势在欧美等发达国家顺利进行，但是，也并不是所有的西方企业界都完成了设计的职业化进程，仍有一部分企业故步自封，认为工业设计只是美化工作，没有在企业中设立相应的设计部门。这种情况在发达国家也部分地存在着，更不用说发展中国家设计的职业化进程的发展状况。伴随着现代企业的发展，工业设计本身也在不断变化，设计的地位和作用也在不断变化和发展。因此，工业设计的职业化进程也是一个逐步发展、不断完善的体制和过程。

9.2　人机工程学的发展

人机工程学也叫人体工程学或人机工学，起源于1950年代，是一门新兴的学科。人机工程学研究的是人与产品之间的协调关系，通过对人与机器关系的研究，寻找一种最佳的人机协调的模式，为设计提供依据和服务。

设计是为了满足人类生理和心理需求的活动，因此，心理学特别是消费心理学是人机工程学研究的依据。随着对消费心理学研究的不断深入，对人机工程学的诠释也在不断发展更新着。人机工程学在1960～1970年代得到显著发展，对于工业设计也起到很大的促进作用。现如今人机工程学成为工程技术人员必不可少的工具，成为工业设计的重要研究目标、方式和方法。人机工程学研究的目的是提高人类工作和活动的效率，保证使用者多种需求的满足，解决人造物与人、环境之间的关系，合理地设计人类工作和活动的过程，让产品更好地服务于使用者。

工业化时代的人体工程学经历了如下三个阶段的发展。

1. 经验人机工程学时期（人适应机器的被动阶段）

经验人机工程学时期研究的主要内容是：利用测试来选择工人和安排工作，制订培训方案，规划和更好地利用人力，发挥人的最大工作潜能。这一时代的人机工程学的出现，和工业革命有着很大的关联，由于新机器和新产品的不断出现，人们在使用和操作这些机器或产品的时候遇到前所未有的麻烦。因此，考虑人与产品的物理关系，尤其是产品的尺寸问题，成为当务之急。

这一时期的人机工程学在设计上注重与人体尺寸相配合，人机工程学研究的重点是寻找符合使用者尺度的设计细节，但是对于产品的效率性、安全性，则还没有适当地考虑。人机工程学的这种研究状态和过程一直持续到第二次世界大战之前，可以说，机械时代还没有真正地发展出人机工程学来。

2. 科学人机工程学时期（机器适应人的阶段）

人机工程学发展的一个重要刺激因素是两次世界大战，一战之后，工程技术人员开始把研究的注意点转移到如何在工作程序和工作方法上发展出适应人的需求的设计方面，开始关注到人在工作中的适应性。

第二次世界大战期间，人机工程学的研究变得更加复杂。战争中各种新式武器和军用设备不断出现，随着武器操作难度系数的增加，逐渐暴露出人机工程学研究的不足。第一阶段以人适应机器的被动模式，单纯考虑产品尺寸的方式，已经明显暴露出它的不足，已不能适应战争中出现的新问题。

这一时期的军用产品除了要适应人的使用需求之外，还必须通过人机工程学的研究找到如何为作战中的人更好地使用各种武器的方法，使武器达到最大的杀伤力，成为设计的关键。在各国军事工业的支持下，研究人员开始专注研究人机工程学，以提升武器的易用性和操作的方便性。因此，新的设计开始从以前的为适应人的设计转移到为适应工作的人的设计上，这是人机工程学研究领域的重大进步。

3. 现代人机工程学时期（为人的思维的设计阶段）

第二次世界大战结束之后，直到 1960 年代，欧美各国都进入经济的高速发展时期。在科学技术进步的带动下，各种新产品不断问世，从前那种人机工程学研究的范畴，已不能应对新时期工业产品设计所面临的问题。人机工程学在科技发展的促进下，提升到一个新的高度。这一时期人机工程学的一个发展重点，是从为军事装备设计服务转入为民用设备、为生产服务。

从技术角度来说，第一阶段和第二阶段的人机工程学，是人适应机器的被动阶段，考虑的是人与产品的物理关系，是为了最大限度地扩展人的肌肉力量而进行的研究。第二次世界大战后，人机工程学的研究方向转移到人的思维力量的研究方面，把人—机—环境作为一个统一的整体来研究，使设计不仅能够支持、解放、扩展人的脑力劳动，还要使人—机—环境相协调，从而获得系统最高的综合效能。

1970 年代是人机工程学高速发展的年代，也是人机工程学泛滥和夸大的年代。设计界将人机工程学当作是重要的、甚至是唯一进行良好设计的途径。因此，1970 年代人机工程学作为独立学科，在理论和实践方面得到不断完善和发展。

9.3　联邦德国现代设计的发展

1945 年夏天，德国作为战败国无条件投降，第二次世界大战结束，战争不仅为世界各国人民带来了深重灾难，发动战争的肇始者之一：德国，也分裂为民主德国和联邦德国两个部分，民主德国处于苏联统治之下。战后的民主德国和联邦德国满目疮痍，重建的任务面临重重困难。再加上东、西方的对立，冷战的格局就在德国本土上形成了，工业的振兴和设计的发展都有很长的路要走。

战后德国设计界开始重新思考设计的问题，二战中德国重要的设计师，包括包豪斯的设计大师都大规模移居美国，严重削弱了德国的设计力量。如何在战后迅速恢复德国的设计水平，让设计为国民经济服务，促进德国产品设计水准的快速提升，满足国内市场的需求，振兴德国的制造业成为首要任务。德国设计在战后经历了很长时间，直到 1960 年代，才得到较全面的恢复。

战后德国的设计逐渐呈现出两种完全不同体系的设计风格来，一种是理性主义的、系统化的工业产品，以德国博朗公司的产品为代表。另一种则是有机形态的、人情味的、浪漫的作品，路吉•克拉尼（Luigi Colani）有机形态的设计作品堪称这方面的典范。这两种设计风格的形成，有着深层次的社会根源，一方面，德国人多年来对于设计应该具有科学技术性还是艺术性，始终是困扰的。另一方面，工业化风格特征的产品战后在德国比较受欢迎，如果强调设计的手工艺特性，就有点第三帝国阴魂不散的味道。因为，在纳粹统治时期，为了强调日耳曼民族的优越性，要求德国的设计要体现手工艺特性。所以，工业化特征的产品代表了战后德国的精神，代表了德国的未来，代表了战后德国摆脱独裁统治的民主化进程。在这种情绪和因素的影响下，有许多设计师把自己归类为非手工艺和非艺术化的立场。但是，德国的设计师并没有走入技术型或者手工艺型的发展路线的极端，反而是兼收并蓄地吸收两者的优点，事实证明，这样做是非常明智和正确的。

9.3.1　乌尔姆设计学院

德国是世界上最早实行义务教育的国家之一，教育对于这个国家的强盛起到了巨大的促进作用，各种大学和职业化教育是战前德国教育的特色，这其中就包括举世闻名的包豪斯设计学院。德国长期以来就有重视教育的传统，所以战争一结束，德国人就开始思考重新振兴设计教育体系，让德国的设计和设计教育恢复到战前的繁荣状态。乌尔姆设计学院（Ulm Institute of Design）就在这种背景下成立了。

二战之后德国设计理论和实践都得以快速发展，一批年轻的理论家提出应用美学和技术美学的观点，这是现代美学发展的重要里程碑。在这一美学研究领域中，第一次旗帜鲜明地将设计体现出来的形态作为美学研究对象，这种美学被称为技术美学，它是衡量产品和设计美学各要素环节的综合理论体系。而乌尔姆设计学院就是这一美学思想体系的实践者和倡导者，乌尔姆设计学院将技术美学思想应用于具体的设计实践中，这所战后兴建的设计院校，其在设计界的影响不亚于包豪斯。

乌尔姆设计学院是一所国际化的设计院校，"将近一半的讲师来自法国、荷兰、英国、瑞士、奥地利与南北美洲。和今天大学里最多只有百分之十的外国学生相比，乌尔姆一直有百分之四五十的外国学生。"[1] 乌尔姆设计学院将自身的教学定位在工业产品制造领域，以国际性招生和教学模式为基础。乌尔姆与其他同时期的艺术院校不同之处在于，它刻意排除了"工艺与艺术"，这是一所单纯的设计院校。正是乌尔姆设计学院这些鲜明的特色，吸引了来自世界各地的学生。

乌尔姆设计学院成立于 1953 年，1968 年因财政问题关闭，地点在德国小城乌尔姆。学院是由英格•艾舍 - 秀尔（Inge Aicher-Scholl）和奥托•艾舍（Otl Aicher，1922～1991 年）创建的，早在1947 年，他们就开始筹划创建乌尔姆设计学院，这所学院得到斯图加特市政府的支持。从学院创立到 1968 年关闭，乌尔姆设计学院迅速完善了设计教育体系，提出了理性设计的原则，同时与企业界建立了广泛的联系，提出了系统设计的理论，形成了所谓的"乌尔姆哲学"。它的作用有如包豪斯设计学院在战前的作用一样，不仅仅是德国现代设计的重要中心，同时对世界设计也起到推动作用。

乌尔姆设计学院的发展被划分为六个阶段，第一个阶段大致从1947 年开始，一直持续到 1953 年，这一时期是乌尔姆的创校阶段。英格•艾舍 - 秀尔为了纪念被纳粹处死的弟妹汉斯及秀尔（Han and Sophie Scholl）成立了私人基金会，"目的在于建立一所将职业技能及文化造型与政治责任结合起来的学校。"[2]

第二个阶段是从 1953～1956 年。乌尔姆设计学院正式招生的时间是 1955 年，在发展初期，乌尔姆的课程设置直接继承了包豪斯的传统，只是去掉了绘画和雕塑专业。学院的第一任校长是包豪斯的早期毕业生，著名的平面设计师马克斯•比尔（Max Bill，1908～1994 年）。比尔是战后平面设计领域影响最大的一位设计家，他对乌尔姆设计学院具有美好的憧憬，努力要把它打造成高品质的、杰出的联邦德国设计院校，努力达到当年包豪斯的盛况。马克斯•比尔也为

1　汉诺威大学工业设计研究所 . 包豪斯的继承与批判——乌尔姆造型学院 [Z]. 胡佑宗等译 .
2　Bernhard Burdek 著 . 工业设计——产品造型的历史、理论及实务 [M]. 胡佑宗译 . 亚太图书出版社，1996：38.

学院物色了一批优秀的教师，他们是阿根廷画家托马斯·玛多纳多（Tomás Maldonado）、平面设计师奥托·艾舍和荷兰建筑师汉斯·古格洛（Hans Gugelot，1920～1965 年）。

玛多纳多对乌尔姆设计学院的转型作出了重要贡献，他去除了包豪斯教育模式中的手工艺思想，并与工业界建立了良好的互动关系，引导乌尔姆朝着现代技术和生产模式转型。奥托·艾舍是 20 世纪最重要的平面设计师，乌尔姆的创始人之一。艾舍年轻时致力于反对纳粹的活动，1937 年因拒绝加入希特勒少年军团而被捕，直到二战结束才获得自由，之后他前往慕尼黑艺术学院学习雕塑，并于 1947 年在家乡乌尔姆开设了工作室。在比尔和这些教员的共同努力下，乌尔姆设计学院逐渐发展成为德国新理性主义和构成主义的设计中心，极大地促进了德国设计实践和理论的发展。虽然学院已经关闭多年，但是它所形成的教学思想体系和设计观念，对德国现代设计的发展具有深远影响意义，迄今为止，这种理论体系和实践方法依然是德国设计理论、教学和设计哲学的核心组成部分。

第三个阶段是 1956～1958 年。1957 年，比尔辞职离开乌尔姆设计学院，由托马斯·玛多纳多接任学院院长的职务。与具有艺术化思维倾向的比尔不同，玛多纳多认为设计应该遵循理性的、科学的、技术的原则，他在教学中立场鲜明地贯彻了这一思想。学院在他的领导下，逐渐形成完整的理性主义教学体系，抛弃了艺术课程，代之以各种社会科学和技术科学课程。学院要求学生掌握自然科学和社会科学知识，还要具有敏锐的视觉感知度和表达能力。学院还创立了视觉传达设计，努力把这一种教学模式贯彻到底，视觉传达设计系逐渐被建设成一个极为科学、严谨的学科。这种教育模式对于个性的发展是非常压抑的，只是强调设计的企业性格、工业性格、批量生产的特点。不过，玛多纳多的这种教学模式对学生产生了很大的影响，从乌尔姆设计学院毕业的学生一直将这一设计传统延续着。

第四个阶段是 1958～1962 年。乌尔姆设计学院在训练课程中强调精确化，并强化理论方面的教学。玛多纳多重新设定了基础教学目标，将人文科学、操作科学、人机工程学、规划方法学和工业技术引入到教学内容中，由此确立了乌尔姆设计学院理性主义教学的主导地位。由此也引发了一系列问题，如大量的科学技术性课程与造型艺术课程设置比例上的冲突，尤其是在校务领导层面，艺术设计背景的教师所占比重逐渐减少，这一冲突也愈发扩大。玛多纳多意识到乌尔姆需要建立一种新型的教学体系，才能扭转这种局面。

第五个阶段是 1962～1966 年。学院在玛多纳多的领导下，逐渐确立了乌尔姆的教学模式，完全摆脱了包豪斯的影响。这一时期的乌尔姆设计学院在理论与实践之间，科学与造型之间寻找到了新的平衡。

此时，乌尔姆教学模型基本定型，这种教学模式成为其后许多设计院校办学的蓝本。乌尔姆也在这一时期建立了研究所，接受工业界的各种委托进行设计，促进了教学与企业生产实践的结合，企业界也逐渐对工业设计产生兴趣，并意识到设计的重要性。

第六个阶段是 1967 ～ 1968 年。这一时期的乌尔姆设计学院由于缺乏经费，开设课程被大大缩减，引起学生的恐慌，他们不确定是否可以完成学业。最终，保守分子利用学校内部的冲突成功地将乌尔姆设计学院关闭，学院的师生被并入临近的工程学校，1968 年 12 月 5 日乌尔姆设计学院正式被解散。

虽然乌尔姆设计学院努力提倡理性主义设计原则，以适应德国社会的发展，提升德国的设计水平，但是，这一系列的探索和当时的社会状况仍然存在很大差距，学院过于强调技术因素、工业化特征和科学性，忽视了人类的情感需求，让设计产品充满了冷冰冰的机械味道，这些设计作品因而并不受到消费者的青睐。

联邦德国战后产品设计的发展，离不开乌尔姆设计学院的大力支持，它对于德国战后设计的复兴，起到了极大的推动作用，同时也促进了联邦德国设计理论的发展。虽然乌尔姆设计学院早已关闭，但是，它所形成的理论体系和教学方法，至今对德国设计仍具有影响作用。

9.3.2　德国设计的起步

战后联邦德国设计和经济的发展离不开大企业的推波助澜，其中，最具影响力的企业当属博朗（Braun）。该公司于 1921 年在法兰克福创建，创始人是马克斯·博朗（Max Braun，1883 ～ 1967 年）。公司在建立初期主要生产工业用的传送带，之后开始转向通信产业。二战之后，马克斯·博朗重建了企业，他的两个儿子分别掌管了公司的商业和技术部门。1951 年，博朗兄弟在接手父亲的公司之后，博朗公司还籍籍无名，为了推进公司设计的发展，在 1950 年代他们决定与乌尔姆设计学院合作，以此来推动公司设计的发展，这种合作产生了良好的效果，使博朗的设计成为优良产品的代表，成为德国制造文化的一部分，这是学院教育直接服务于企业的典范。

图 9-1　收音机和唱机组合

博朗公司在乌尔姆设计学院教师的协助下，生产了大量优秀的产品。1955 年，在杜塞尔多夫广播器材展览会上，博朗公司推出的收音机和电唱机造型素雅、外观简约，在展览中引起轰动，这是与乌尔姆设计学院首批合作的成果。1956 年，迪特尔·拉姆斯（Dieter Rams）与汉斯·古格洛合作设计了收音机和唱机的组合式产品（图 9-1），该产品具有简约的白色外壳，机器上部安装了透

明的有机玻璃盖子，因此获得了"白雪公主之匣"的称号。在这之后，博朗公司在设计上不断发展，逐渐成长为世界知名的家用电器生产商。

　　系统设计在德国二战之后的设计发展史中具有里程碑的意义，这一设计方法的应用很大程度上归功于乌尔姆设计学院所开创的设计科学。1959年，古格洛与拉姆斯将系统设计方法应用到产品设计中，他们设计了袖珍型电唱机、收音机组合。这种类似于积木的造型形式是日后高保真音响设备的开端。1970年代之后，几乎所有的公司都采用这种积木式的组合造型模式。

　　除了音响产品之外，博朗公司还生产电动剃须刀、电风扇、电吹风、厨房机具、电子计算器、幻灯放映机和照相机等一系列产品。在造型上，这些产品都具有简约、均衡和无装饰性的特色，在色彩上，多采用"黑白灰"色系，这一造型和色彩上的特点，形成了博朗公司产品的特色。博朗公司的产品注重外在美感与内在品质的结合，它超越了物质层面，将价值与品质和功能完美融合，形成了博朗公司品牌的风格。

　　博朗公司在发展历程中非常注重通过设计提升产品的附加值，因此，不断与知名设计师合作，推动博朗产品的更新换代。此外，博朗公司还通过不断举办设计大赛，来挖掘好的设计。1967年，博朗公司开始举办设计大赛，这是德国举办国际设计大赛的先河。从1967年开始，博朗公司通过持续不断的大赛，赢得了工业设计界的普遍关注。1992年，博朗国际工业设计大赛获得工业设计协会的支持，这是唯一获得该协会支持的比赛，博朗国际工业设计大赛也因此被誉为"工业设计界的奥斯卡"。

　　二战之后，在乌尔姆设计学院和德国大企业的推动下，德国设计和德国制造逐渐得到国际认可，成为高品质设计和制造的代言。这其中，德国设计师功不可没，奥托·艾舍就是其中之一，他与众多德国企业有过合作经历。奥托·艾舍最著名的设计包括与学生设计组"E5"为德国汉莎航空公司设计的标志（图9-2），还有为宝马（BMW）公司、博朗公司和麦迪森厨房设备所做的不同的设计项目。1972年，奥托·艾舍成为慕尼黑奥林匹克运动会的总设计师，这一设计业务让他具有国际知名度，他设计了奥林匹克五环，还创作了奥运会吉祥物"瓦尔迪"（Waldi）（图9-3），瓦尔迪是一只德国腊肠犬的造型，可爱的卡通形

图9-2（左）
汉莎航空公司的标志

图9-3（右）
奥运吉祥物"瓦尔迪"

象人见人爱。

　　除了奥托·艾舍之外，路
吉·克拉尼也是德国著名的设计
师，他以特立独行的设计风格，
成为德国"非主流"设计的典范。
二战之后，由乌尔姆设计学院
建立的理性设计体系和系统设
计方法，都是以系统和逻辑的

图 9-4　路吉·克拉尼设
计的卡车

方法为基础的。尤其是系统设计概念要求标准化生产与多样化选择有
机结合起来，产品具有简单、可组合的形态，同时加强几何化和直角
化的设计原则。这种设计方法，到 1970 年代开始遭到质疑，德国设
计界出现一批前卫的设计师，试图跳离理性主义的设计禁锢，以更加
自由的造型来进行设计。路吉·克拉尼是其中最杰出的代表，他被称
为"设计怪杰"，他的设计作品是对理性主义和功能主义的反动，路
吉·克拉尼也成为最具争议的设计师。

　　路吉·克拉尼运用丰富的想象力，创造了大量的交通工具、日
用品和家电设计，这些设计与德国 1960、1970 年代推崇的"良好设
计"不同，克拉尼以有机造型和更加自由的创作模式，设计出风格独
特的产品，与主流的德国设计严谨刻板的面孔差距很大。譬如，克拉
尼在 1980 年代设计的有机造型的卡车就是其非主流设计风格的代表
（图 9-4）。

　　二战之后，德国设计正是在德国政府、企业、设计院校和设计师
的通力合作下，实现了再次飞跃。德国设计在乌尔姆设计学院和博朗
公司的影响下，形成了理性主义设计风格，同时，一批前卫设计师的
探索，也丰富了德国设计的面貌，1980 年代，德国再次成为世界上的
设计强国。

9.4　美国的商业主义设计

　　美国的工业设计在 1930 年代经济大萧条中发展起来，美国资本
家也意识到工业设计对企业发展的作用，在商业利益的驱使下，企业
主们让工业设计师重新设计产品，以此来吸引消费者，促进产品销售。
工业设计成为产品的"美容师"，在市场销售中具有"神奇"的作用。
美国的商业主义设计是以促进企业的生产和销售为目标的，因此，商
业竞争成为美国早期工业设计发展的促进力量，市场机制决定了工业
设计的命脉。

　　流线型运动和"有计划的废止制度"也在美国商业主义设计中推
波助澜，"有计划的废止制度"成为美国企业文化的基石，尤其在汽

车工业中，快速更换汽车式样的设计取得了巨大的商业利润，这一策略很快推广到世界各地，直到 1970 年代才遭遇真正的危机。1972 年，能源危机爆发后，美国汽车性能低下、高油耗的缺点日益暴露出来，因此，日本汽车后来居上，以简约的造型、优异的性能轻而易举地打败美国汽车，成为世界汽车生产的第一大国，究其原因，单纯重视汽车外形的样式设计也是导致美国汽车产业落后局面的因素之一。

1960 年代，美国的消费主义发展到一个新的高峰，消费市场日趋成熟，形成越来越细致的划分。设计师不得不针对不同的目标消费群体进行设计定位，以前那种风格单一的功能主义设计，远远不能满足新形势发展的需要了。设计朝着多元化的方向发展，越来越重视短期消费需求，很少从长远角度规划设计，战后倾向于设计用后即弃的产品。

1970 年代是美国设计的反思年代，爆发的能源危机让美国设计界和理论家意识到商业主义设计的弊端所在。美国设计理论家维克多·巴巴纳克（Victor Papanek）出版了一本引起极大争议的著作《为真实世界而设计》，"维克多·巴巴纳克批评了设计师在消费品生产中的职能，提出了工业设计师面临解决与教育、残障人士和第三世界国家相关的问题的挑战。"[1] 由此，他提出的"有限资源论"才得到普遍认可。

1980 年代是美国设计重新振兴的年代，加利福尼亚的硅谷成为美国设计新的起航点，这一时期，设计公司如雨后春笋般在硅谷建立。比如，1990 年代更名为埃迪欧（Ideo）的美国当代著名的设计公司，前身就是 1976 年创建于硅谷的"ID Two"。1980 年代，加州设计的繁盛，让美国工业设计得到快速的发展。

9.4.1　企业中的商业主义设计

在美国商业主义设计氛围中，企业采取了各种措施来促进商品的销售，工业设计的重要性也逐渐得到认识，美国企业通过一系列的设计实践，取得了良好的市场销售成果。二战之后，美国成功运用工业设计引导企业走出低谷的企业不在少数，其中，国际商务机器公司（International Business Machines Corporation，IBM）和特百惠公司（Tupperware Brands Corporation）比较具有代表性。

国际商务机器公司成立于 1911 年，其前身是 C-T-R 公司（Computing-Tabulating-Recording），在 1924 年更名为国际商务机器公司（IBM）。二战之后，国际商务机器公司的创始人托马斯·沃特森（Thomas Watson）意识到设计在产品销售中的重要作用，为公司寻找合

1　维克多·巴巴纳克. 为真实世界的设计：人的生态和社会挑战 [M]. 纽约：Pantheon 出版社，1972. 转引自：（美）维克多·马格林. 设计问题——历史·理论·批评 [M]. 柳沙、张朵朵等译. 北京：中国建筑工业出版社，2010：2.

适的设计师也被提上议事日程。他的儿子小托马斯·沃特森力邀艾利奥特·诺伊斯(Eliot Noyes)加盟国际商务机器公司,二战之前艾利奥特·诺伊斯就在美国小有名气,他毕业于哈佛建筑学院,之后为格罗皮乌斯和马谢·布鲁尔工作。在小托马斯的反复邀请下,1956 年,他进入国际商务机器公司担任设计主管,并进入公司上层领导机构,艾利奥特·诺伊斯是最早从事科技产品造型设计的美国设计师之一。

在艾利奥特·诺伊斯的建议下,国际商务机器公司开始重新设计公司的整体形象,从建筑、产品到服务,建立起国际商务机器公司的视觉形象和产品形象,并形成公司的设计理念和哲学。艾利奥特·诺伊斯让商业与设计交融在一起,用设计推动公司的快速成长。他还组建了一支强大的设计顾问队伍,聘请了保罗·兰德(Paul Rand,1914 ～ 1996 年)、查尔斯·伊姆斯(Charles Eames,1907 ～ 1978 年)、乔治·尼尔森(George Nelson,1908 ～ 1986 年)和艾格尔·考夫曼(Edgar J. Kaufmann,1885 ～ 1955 年)为公司的平面、影视、展览和整体形象设计顾问。1973 年,小托马斯发表了著名的演说"好设计就是好商业"。[1]国际商务机器公司是美国第一个通过设计走向成功的企业。1977 年,艾利奥特·诺伊斯与小托马斯相继退休离开公司,这也预示着国际商务机器公司一个辉煌时代的结束。

国际商务机器公司是以设计推动商业发展的成功案例,是典型的美国商业主义设计模式,为美国经济的发展作出了一定的贡献。除了国际商务机器公司之外,美国还有很多企业比较具有典型代表性,特百惠公司就是其中之一。现今,特百惠公司以家居用品生产为主,在生产家居用品之前,特百惠公司在二战中生产过用于防毒面具的优质塑料,其产品的可靠性得到过军方的认可,二战之后,公司创始人厄尔·特百(Earl Tupper,1907 ～ 1983 年)开始进行家居用品生产。特百惠公司最初的产品是热塑性塑料制成的食品保鲜容器,这些器皿带有密封性的盖子,具有轻便、密封、造型简单、易于使用的特性,同时,容器的盖子可以互换,便于使用和保鲜食品。

特百惠公司在 1950 年代,取得了商业销售上的成功,这得益于一种新式软塑料材质:聚乙烯 -T 的发明,这种原本用于军需产品生产的材料被厄尔·特百用于家居实用品中。使用这种材料的家居用品具有良好的性能,方便了人们的日常生活。1960 年代,随着战后婴儿潮的到来和迁居郊外潮流的兴起,妇女承担了生育子女和繁重的家务劳动,特百惠公司即时推出厨房用品,这些保鲜盒不仅可以让厨房保持洁净,还可以延长食品的保鲜期。

---

1 (美)高登·布鲁斯.献给一位伟大的设计师和老师——艾利奥特·诺伊斯[J].产品设计,2003 (4):25.

1960、1970 年代，随着职业妇女的增多，特百惠公司适时地推出旅行书桌、抽屉式储藏盒等便携产品，让职业女性的生活更加便利。针对战后婴儿潮的到来，特百惠公司也抓住商机，推出了一系列儿童玩具。

1980 年代，针对越来越快速的生活和工作节奏，特百惠公司推出了各种节约时间的产品。比如，减少烹饪的时间，让消费者在繁忙工作的同时，也能享用美味食物的微波炉配套产品。在环保主义呼声日益高涨的 1980 年代，特百惠公司也开始注重为消费者提供可循环使用的就餐容器。此外，特百惠公司还关注特殊群体在使用产品中的不同需求，比如，在产品中有专门为盲人设计的凹凸提示。这些策略的应用都显示出特百惠公司作为一个国际性知名企业所具有的社会责任感，这成为特百惠公司企业文化的一部分。在美国商业主义设计环境中，特百惠公司通过建立良好的企业形象，使公司的产品销售一直保持良好的状态。

9.4.2　家居产品设计

美国二战之后的家居用品生产开始繁荣，这一时期出现了许多杰出的家具和家居用品，也成就了一批知名的品牌和设计师。查尔斯·伊姆斯是美国 20 世纪中叶最具影响力的建筑师和设计师，他是一位设计的多面手，擅长家具设计、电影制作、平面设计、摄影以及教育。在家具设计领域中，伊姆斯最著名的设计是 1956 年和妻子雷·伊姆斯合作设计的沙发椅和脚凳（图 9-5），由赫尔曼·米勒（Herman Miller）公司生产。这件家具使用起来非常舒适，体现了现代技术与传统工艺的完美结合，对现代家具设计产生了很大影响。

赫尔曼·米勒公司成立于 1905 年，是以家具生产为主的制造企业。查尔斯·伊姆斯是其合作设计师之一，赫尔曼·米勒一直注重与知名设计师合作，公司也生产出许多具有世界知名度的家具产品。比如，日裔美国设计师野口勇（Isamu Noguchi）设计的造型简约的桌子（图 9-6），这张桌子具有抽象雕塑的美感。

查尔斯·伊姆斯还与妻子合作设计了"埃菲尔"椅（Eiffel）（图 9-7），这是他们对新材料和新结构研究成果的体现，这把餐椅的靠背

图 9-5（左）
查尔斯·伊姆斯夫妇设计的沙发椅和脚凳

图 9-6（中）
野口勇设计的桌子

图 9-7（右）
"埃菲尔"椅

采用了模压成型技术，椅子的支撑结构采用了镀铬钢管，并增加了橡胶减振结点，以增加椅子的舒适性。

伊姆斯的设计不属于任何流派，他也从未提出过任何口号，他只强调设计的实用性和每件作品的完整性，这种无风格的设计方法反而成为一种特殊的风格，被称为"伊姆斯美学"。图 9-8 所示的座椅，就成为伊姆斯美学的代言，这件座椅风格非常特殊，纯净的白色椅面和靠背凸显出椅子脱俗的优雅气质，简约的金属支架和木质底座与白色的椅面有机融合在一起，这把椅子已经成为家具设计史中的经典之作。

埃罗·沙里宁（Eero Saarinen，1910～1961 年）是美国 20 世纪中期最有创造性的建筑师之一，他于 1910 年 8 月 20 日出生于芬兰，父亲是著名芬兰裔美国建筑师伊利尔·沙里宁（Eliel Saarinen，1873～1950 年）。从小受家庭影响，小沙里宁喜爱设计工作。他的有机造型形式的家具设计非常突出，其中，"子宫"椅（Womb）和"郁金香"椅都成为 1950、1960 年代最杰出的家具作品（图 9-9、图 9-10）。这些家具将有机形式与现代功能主义结合在一起，开创了有机现代主义的设计新方法。

乔治·尼尔森也是一位建筑师出身的产品设计师，他在 1946 年成为赫尔曼·米勒公司的设计指导，他不仅是一位杰出的设计师，还是一位成功的管理者，在他的引荐下，赫尔曼·米勒公司开始与查尔斯·伊姆斯合作，在乔治·尼尔森的引导下，赫尔曼·米勒公司逐渐成长为世界最具影响力的家具制造商。与此同时，尼尔森也发展了自己的设计体系，1947 年，开设了乔治·尼尔森设计事务所（George Nelson Associates），不仅设计家具，还设计了许多杰出的灯具、钟表和塑料制品。其中，"泡泡"灯比较具有代表性（图 9-11），灯具以钢丝作为框架支撑成球体，表面喷涂了塑料材质，形成如泡泡般鼓胀的效果。这款灯具造型简约、材料新颖，一经推出很快受到中产阶级的欢迎。

尼尔森的家具设计也非常具有特色，"尼尔森家具设计中最有创意的可能是他对模数制储藏家具系统及模数制办公家具的研究，这两种系统都在世界范围内产生

图 9-8（左）
查尔斯·伊姆斯设计的座椅

图 9-9（中）
"子宫"椅

图 9-10（右）
"郁金香"椅

图 9-11 "泡泡"灯

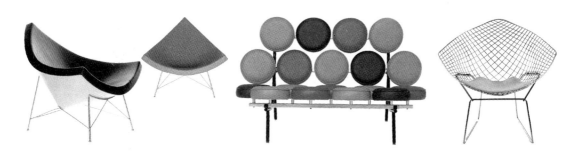

图 9-12（左）
"椰壳"椅

图 9-13（中）
"向日葵"椅

图 9-14（右）
"钻石"椅

了影响。"[1] 此外，尼尔森还设计了一批风格鲜明的家具产品。譬如，尼尔森在 1955 年设计的"椰壳"椅（图 9-12），其构思来自椰子的外壳，椅子造型很优雅，特色比较鲜明。还有，尼尔森在 1956 年设计的"向日葵"椅（图 9-13），椅子由多块圆盘组成，具有鲜明的色彩，简约的几何形式，向日葵椅在当时是非常前卫的设计作品。

意大利裔的哈里·贝尔托亚（Harry Bertoia，1915～1978 年）是美国著名的建筑师、雕塑家、珠宝和家具设计师。贝尔托亚 1915 年出生于意大利圣劳伦佐，1930 年移民美国。之后，哈里·贝尔托亚进入当时美国著名的设计学府：克兰布鲁克艺术学院，当时学院的院长是伊利尔·沙里宁。哈里·贝尔托亚在克兰布鲁克艺术学院毕业后以优异的成绩留校任教。

贝尔托亚早期的设计受到流线型风格的影响，后来开始喜欢抽象艺术，他还跟随伊姆斯夫妇设计过座椅底架，并逐渐对金属工艺产生兴趣。贝尔托亚最著名的家具设计作品是 1952 年的"钻石"椅（图 9-14），这把椅子采用金属材料制成，椅子具有雕塑的美感，这与他的雕塑根底是密不可分的。钻石椅一经设计出，就马上投入大批量生产，并为贝尔托亚赢得了广泛的赞誉。

9.4.3　底特律的汽车设计

底特律的汽车制造业是美国大众文化和消费主义设计模式的产物，二战中，美国汽车制造商停止生产民用汽车，二战结束后，民众对于汽车的需求达到一个高潮，美国的汽车制造商们开始大规模生产民用汽车，以满足国内外市场对汽车的渴求。这种对汽车的热望一直持续到 1950 年代早期，随着汽车市场的日益饱和，购买力也随之下降，为了刺激消费，美国汽车企业重新采取了二战之前确立的"有计划的废止制度"，通过推出年度车型来刺激消费。

在这场汽车销售争夺战中，通用汽车公司总裁斯隆和总设计师哈利·厄尔继续大力推行"有计划的废止制度"，并通过使用标准化的汽车底盘和适于大规模生产的机械零件，来降低汽车制造的成本。在

1　胡景初等编著 . 世界现代家具发展史 [M]. 北京：中央编译出版社，2005：207.

汽车外观设计上，与战前不同的一点在于，通用汽车公司扩大了汽车造型之间的差异化，战前的雪佛兰汽车款型之间只具有细微风格的变化，二战后，通用汽车公司推出了差异化明显的汽车款型，并很快占据了汽车高、中、低端市场。

图 9-15 （左）
P-38 战斗机

图 9-16 （右）
卡迪拉克"Eldorado"车型

　　在 1950 年代的汽车设计中，航空语汇的运用是一个显著特点，在通用汽车公司成功设计先例的引导下，美国许多汽车公司先后推出具有"尾鳍"的汽车款型。尾鳍的原型来自二战中的战斗机 P-38（图 9-15），尾鳍在战斗机中的作用是增强机身的稳定性。将这一造型移入汽车设计中，尾鳍失去了功能性意义，变成纯装饰性部件，它给人以速度和稳定的联想。厄尔在 1948 年首次将尾鳍引入通用豪华车的设计中，1953 年的卡迪拉克"Eldorado"车型就是这一设计形式的体现（图 9-16）。除了在汽车造型中植入尾鳍，厄尔还将汽车的平板式挡风玻璃依照飞机的造型改成大的弧面造型，以增强整体的视觉效果。在镀铬部件的使用上，从边线和轮框部分延伸到车标、灯具、线饰、反光镜的设计中，以加强汽车造型设计的奢华感。

　　同时期美国其他汽车公司也相继模仿通用汽车设计的造型语言，在汽车设计中引入飞机造型的装饰特征。比如，1954 年，福特汽车公司为了扭转汽车销售局面，推出的"雷鸟"（Thunderbird）跑车，也采用了夸张的尾鳍造型，这是一辆双排座的跑车，是为追求自由放纵的年轻消费群体量身打造的车型，在那个年代，汽车代表了不受约束的自由生活，是都市人生活的梦想。

　　各种形式的宣传和广告在汽车销售中扮演了重要角色。1950 年代，正是各种大众传媒对汽车的极力颂扬，让消费者产生了对汽车的崇拜心理，各种造型和马力的汽车成为彰显个性和体现现代化生活的象征。

　　1970 年代爆发的能源危机，让美国汽车工业开始重新思考汽车的设计定位，一味追求奢华造型和速度感的高油耗的美国车，不得不刹车了。1980 年代的美国汽车工业，是重回理性的年代，汽车设计不再是单纯的样式设计那样简单，汽车成为文化、环境、能源、生活方式和个性化的体现，这一时期的汽车设计朝着多元化的方向发展。

9.5　意大利现代设计的发展

　　二战之后，意大利与德国和日本有着类似的境况，国土变成一片废墟，国计民生接近崩溃的边缘。战后经过短暂的彷徨之后，意大利人民开始着手重建家园，再加上美国的经济援助，意大利度过了战后最困难的时期。设计在重建过程中发挥了重要作用，意大利经济逐步摆脱低谷开始稳步发展，前后经历了短短几十年时间，意大利成为世界上的经济强国、设计大国。意大利的家具、服装、电子产品、家用电器、汽车等产品，以优异的品质和杰出的设计水准为意大利设计和制造赢得了国际声誉。

　　二战结束后，意大利的设计出现了一次重大的转变，设计从战前和战时的支持新理性主义到战后的反对理性主义的转变。这种转变的出现和意大利的政治和社会层面有着深层次的关联，究其根源是因为在战争期间，墨索里尼政府为了促进意大利经济的发展，对理性主义设计采取了支持的立场。战争结束之后，墨索里尼政府支持的这一设计风格，也被当作法西斯政权的象征一并摒弃，这种把设计和政治混同一体的做法很明显是错误的，不过，当时也有不少头脑清醒的知识分子意识到，理性主义对意大利经济发展的重要作用，因此，他们主张在意大利推行理性的现代主义设计。这种趋势可以从战后初期的两个展览中看出端倪，一个是 1946 年举办的家具和家庭用品展，另一个是 1947 年举办的米兰设计三年展，这两个展览都有一个共性，那就是提倡理性的现代主义设计，展品简洁、质朴，具有明显的功能主义特征。

　　1947 年的米兰设计三年展还拉开了平民设计浪潮。在平民设计浪潮的指引下，意大利出现了许多为解决平民需求而设计的产品，其中最著名的是"黄蜂"（Vespa）小型摩托车（图 9-17），设计者是科拉迪诺·达斯卡尼奥（Corradino d'Ascanio，1891～1981 年），1946年由比亚乔（Piaggio）公司生产。黄蜂摩托车轻便小巧、外观时尚，采用了流线型造型，并且拥有便宜的售价，大多数工人阶层都能够消费得起，满足了战后人们对于交通工具的需求。黄蜂摩托车流行了相当长一段时间，成为战后意大利独特的一道风景线。

　　此外，美国在意大利战后重建过程中发挥了重要作用，美国政府通过巨额的资

图 9-17　"黄蜂"小型摩托车

金援助，促进战后意大利的重建。与此同时，美国加紧对意大利提供工业技术援助，直接扶植意大利企业发展，把美国的工业生产模式和工业设计引进意大利，改变了意大利企业陈旧的生产方式和落后的设计水平。意大利不少重要的大企业，包括：奥利维蒂办公设备公司、菲亚特（Fiat）汽车厂、维斯科萨（Snia Viscosa）纺织品公司和比列利（Pirelli）家庭用品工厂等，都从美国的工业技术援助中直接受益。

奥利维蒂公司创建于 1908 年，是意大利重要的企业之一，为意大利战后经济发展作出了重要贡献。公司创始人是卡米洛·奥利维蒂（Camillo Olivetti，1868 ～ 1943 年），公司位于都灵附近的伊夫雷亚，最初的业务是生产打字机。二战之后，奥利维蒂公司的业务继续向前发展，从 19 世纪初期的打字机生产商，经过几十年的发展，奥利维蒂公司成为意大利最大的商业机器公司，对意大利战后重建和设计的发展起到了重要促进作用。公司支持科学技术投资和设计投资，是意大利设计的主要支持力量。

奥利维蒂公司在设计上的重大转折出现于 1958 年，公司聘用了艾托·索扎斯（Ettore Sottsass，1917 ～ 2007 年）为新成立的电子产品设计部门的领导。索扎斯是意大利激进设计运动当仁不让的领袖人物，他从 1958 年以来，一直是奥利维蒂公司设计部的负责人，主持公司的产品设计，主要是打字机和电脑的设计工作。当时索扎斯对技术几乎一无所知，但是，公司总裁安德利安·奥利维蒂还是雇用了他。索扎斯独特的设计视角，艺术化的思维方式，让奥利维蒂公司的产品面貌趋于多元化，避免走入单一的国际主义设计风格的误区。同时，索扎斯的社会地位也为奥利维蒂公司的发展带来了一定的促进作用，他与意大利文化部、工业设计部门、文艺界的关系非常密切，索扎斯的这种背景，也让奥利维蒂公司的产品研发吸收了艺术的、人文的灵感，这是其他公司的产品所没有的特性。

从 1950 年代开始，意大利的设计逐渐形成自己的风格，这是一种被称为意大利文化特征的设计风格。意大利的经济在 1950 年代中期开始飞速发展起来，使意大利在 1960 年代进入丰裕社会阶段。经济的增长带来了国民收入的增加，国内消费市场的需求也日益扩大，再加上西欧的繁荣和美国经济的高度发达，也造成了庞大的意大利出口产品市场，这些因素都对设计产生了重要的促进作用。从 1960 年代中期开始，意大利的激进主义设计运动风起云涌，这系列设计运动主要受到国际激进主义运动的影响，具有强烈的反叛味道的青年知识分子的乌托邦运动，统称为"反设计"运动，并且在 1960 年代末期达到高潮。1960 年代，风行世界的除了美国的设计风格外，就是斯堪的纳维亚的设计风格了，后者的人情味特征赢得了广泛的欢迎，但是，经过意大利设计师十多年的努力，1970年代，意大利的设计风格，开始取代斯堪的纳维亚，成为世界设计的主流。

进入 1970 年代之后，意大利的社会局面逐渐稳定，促使社会动乱的因素慢慢消退，消费阶层也日趋成熟稳定。激进的设计运动逐渐失去了赖以生存的土壤，消退得也很快，包括激进主义设计师的代表艾托·索扎斯本人，也开始对于激进主义的目的和现实社会之间的矛盾感到厌倦和失望，意大利的设计又开始朝着新的方向探索前进。1980 年代，意大利设计稳步向前发展，开始与德国和斯堪的纳维亚国家形成三足鼎立的局面，继续引领世界设计的潮流。

9.5.1　意大利的家居企业

意大利的家具设计和制造业闻名世界，这个国家有家具制造和生产的悠久历史和优良传统。从 1950 年代开始，意大利出现了大规模的家具生产中心，意大利的家具设计也开始由依靠传统手工艺生产，开始向大工业化生产方式靠拢。除了大工业生产模式之外，意大利的家具制造业还保留着家庭作坊式的手工业生产模式，因此，意大利的家具企业在战后分成两个层面，其一是采取大工业化生产模式，为出口服务的大型家具企业，其二是小规模的家具作坊，这些作坊主要针对国内市场，讲究小批量和艺术化的品位。

意大利的家具设计具有自己的特点，一开始就显现出和美国家具设计不同的特色。意大利的家具不拘泥于细节，而是醉心于新材料、新工艺的开发，意大利的设计师更是注重材料和工艺带给设计的美感，因此，意大利的家具设计具有强烈的表现特征，这些特色也让意大利家具设计和其他国家的设计风格拉开了距离，形成自己独特的品位。这一时期，斯堪的纳维亚的家具设计也非常具有特色，但是，斯堪的纳维亚国家的家具质朴清新，不像意大利家具那般华丽，斯堪的纳维亚的家具设计倾向于采用木材，在设计中也关注使用者的心理感受和情感需求。如果说意大利的家具代表了丰裕的、都市化的风格，那么斯堪的纳维亚家具则代表了平民的、小康的、乡村式的风格。从那时候起，斯堪的纳维亚家具和意大利家具逐渐形成两种不同的特色，引领世界家具设计的潮流。

1. 家具企业

二战之后，意大利新兴的家具企业和老牌家具企业一起发展起来，这些企业包括：贝尔贝尼尼（Bernini）、卡西纳（Cassina）、阿尔弗莱克斯（Arflex）、B&B 意大利（B&B Italia）、扎诺塔（Zanotta）、摩若索（Moroso）、卡特尔（Kartell）、帕里弗玛（Poliform）公司等，他们为战后意大利经济的复苏、设计的发展作出了卓越贡献，也奠定了意大利设计的国际地位。

贝尔贝尼尼公司是意大利重要的家具企业，创建于 1904 年，是一家有着一百多年历史的公司，对木制家具的热爱使得贝尔贝尼尼公司一直围绕木制家具进行设计生产，家具是该公司的核心产品。除了使用木材制作家具，为了追求特殊的家具制作效果，贝尔贝尼尼公司还搭配使用其他材料来美化家具产品，比如金属、塑料、玻璃、黄铜和大理石等材料都是贝尔贝尼尼公司的家具生产用材。

卡西纳公司则是以生产出口的实用现代家具为目标，该公司的家具设计简单、实用，能够进行大批量生产，产品的成本也比较低，因此具有良好的市场效应。卡西纳公司集合了一批才华横溢的设计师团体，包括朗哥·阿比尼（Franco Albini）、吉奥·庞蒂（Gio Ponti，1891～1979 年）等人，在这些设计师的努力下，卡西纳公司的家具产品始终引领着家具行业的潮流。卡西纳的家具产品蕴涵了不同的地域文化和语言特征，在设计风格方面也进行多方面的探索，他们还发展出一种风格厚重华丽的意大利地中海风格，与风格质朴的斯堪的纳维亚家具分庭抗礼。1960 年代之后，在波普艺术的影响下，卡西纳公司的家具设计不断调整策略，积极应对以适应新的市场发展需求。如今，卡西纳公司成为具有国际声望的大型企业。

阿尔弗莱克斯公司创建于 1949 年，最初它只是一间位于米兰凯旋门大道的小型家具作坊，现今发展成为国际著名的家具品牌。阿尔弗莱克斯公司主要以生产沙发、扶手椅和办公家具为主，其产品成功地销往世界各地。对设计的重视、对技术的研发是阿尔弗莱克斯公司成功的主要原因。众所周知，阿尔弗莱克斯公司的成功源自与著名设计师扎努索的合作。扎努索前卫的设计理念和杰出的设计水准，极大地提升了阿尔弗莱克斯公司品牌的国际知名度。扎努索认为设计产品时，所要考虑的并非是大众的要求，而是要用产品来引导和说服大众，这也成为阿尔弗莱克斯公司的基本设计观念。

B&B 意大利公司成立于 1966 年，是意大利起步较晚的股份制家具公司，以生产风格现代的时尚家具为主。公司创始人是布斯纳利（Pieco Busnelli），他具有前瞻性的视野，善于抓住时代发展的脉搏，公司在他的领导下经过短短 20 年时间，由几人合资的小型企业发展成为意大利当代家具行业的多元化品牌。现在 B&B 意大利公司成为意大利家具行业的一个突出代表，欧洲权威家具设计杂志《MD》认为 B&B 意大利公司，是世界上最注重创新设计的公司。除了生产家具之外，B&B 意大利公司还进行室内装饰业务，并被公认为是现代室内装饰行业的领导者。

扎诺塔公司创建于 1954 年，公司的发展历程浓缩了意大利当代家具发展史的缩影。扎诺塔公司伴随着意大利设计的发展而不断前行，为意大利设计走向国际作出了不可磨灭的贡献，是意大利工业设计界极受瞩目的一个领导品牌。1950、1960年代，正是家具及室内设计空前繁荣的时期，那时出现了许多新的产品品牌，现今，这些品牌都成为业界的佼佼者。扎诺塔公司正是抓住了这一发展契机，公司在创始人奥雷利奥·扎诺塔（Aureilio Zanotta）的领导下，1960年代初期开始赢得国际设计界的关注。扎诺塔公司注重研发新技术和生产工艺，不断将新技术投入到家具生产中。在家具设计方面，扎诺塔公司跳过陈腐过时的表现技法，充分展现其超越潮流的设计理念，公司创作的许多产品都被收入设计史丛书，并被世界各地的美术馆、设计博物馆收藏。

摩若索公司创建于1952年，该公司家具设计的最大特点在于原创性。摩若索公司注重打造高品质的家具产品，通过不断与知名设计师合作，来提升公司产品的品位。摩若索的家具设计具有简约理性之美，造型也极具艺术品位，摩若索公司被认为是家具行业的风向标，其高品位的家具设计为公司赢得了国际声誉。

卡特尔公司成立于1949年，创始人是朱利奥·卡斯特利（Giulio Castelli，1920～2006年），他是一名化学工程师，对材料的了解，也让他对塑料这种材质情有独钟。公司在创办初期以生产塑料汽车配件为主，后来逐步转向生产塑料灯具和家用产品，家具是卡特尔公司的主打产品。采用塑料来制作产品在当时具有很大的风险，人们习惯了日常喝水使用的玻璃杯，习惯了使用木制家具……因此，朱利奥·卡斯特利面临一项艰巨的任务，那就是把塑料制品介绍给千家万户，让他们喜爱并接受这些塑料产品。现如今，卡特尔生产的色彩艳丽、造型简约的半透明和透明的家具，成为家具行业中最具特色的产品。

帕里弗玛公司诞生于1942年，原本是一家小型的手工作坊，现在成为全球家具行业的领导者。帕里弗玛的产品涵盖了家居产品的各个领域，包括书架、容器、衣柜和床等。帕里弗玛的家具具有高贵优雅的特点，其简单利落的线条，经典的色彩搭配，丰富的细节处理，让帕里弗玛的家具产品成为永恒的经典。

2. 家居品牌

作为意大利家具产业的一个延伸，小型家庭用品的制作，伴随着家具行业的复兴而蓬勃发展起来，其中，比较具有代表性的品牌包括：阿莱西公司和弗罗斯（Flos）灯具公司。阿莱西公司成立于1921年，是意大利家用品制造商，这是一个家族企业，创始人是吉奥瓦尼·阿莱西（Giovanni Alessi）。1921年的意大利还沉浸在一战带来的创伤中，吉奥瓦尼却在那时决定创办一间属于自己的公司。

阿莱西公司经过几十年的发展，在家用品领域逐渐拥有自己的地位和稳定的客户群体。阿莱西公司注重设计，通过不断聘请知名设计师为公司设计产品,来推动阿莱西产品风格和类别的成形。同时,阿莱西公司还注重与年轻设计师合作，为他们提供发展的机遇。阿莱西公司正是在这种重视设计的策略下，成长为意大利著名的家居品牌。

"Flos"（弗罗斯）在拉丁语中是花的意思，这是一间创办于 1962年的灯具公司。在灯具生产领域，弗罗斯公司产品时尚前卫，颇受年轻消费群体的喜爱。弗罗斯的灯具设计关注文化、关注室内装饰风格对灯具设计的影响，力求在灯具设计中融入意大利的文化特色，使灯具能够搭配不同的使用空间，在凸显灯具文化品位和艺术特性的同时，满足室内装饰的需要。

9.5.2 杰出的意大利设计师

吉奥·庞蒂出生于 1891 年，是意大利现代主义设计的中坚力量，最杰出的现代主义设计大师之一。他的设计作品包罗万象，从建筑设计、室内设计，跨界到产品设计领域。庞蒂倡导艺术化的生产方式，反对繁琐的设计模式。提倡实用和美观并重的设计原则，他的这一指导思想影响了许多年轻的设计师，极大地推动了意大利现代设计风格的形成。

1928 年,庞蒂创办了《多姆斯》杂志,用来宣传他的现代设计观念，这是他辉煌成就的一部分，日后这本杂志成为意大利最重要的设计杂志。1941 ～ 1947 年，庞蒂又创办了另外一份设计杂志《风格》，1947年合并入《多姆斯》杂志。同时，庞蒂还是一位高产的理论家，并长期在米兰理工学院担任设计教学工作。此外，庞蒂还是意大利工业设计师协会的创始人，他发起和组织了蒙扎设计双年展和米兰设计三年展，这些展览为推动和宣传意大利设计作出了重要贡献，现今，米兰设计三年展成为重要的国际设计展览。

卡斯蒂格里奥尼三兄弟是意大利当代设计史的传奇，兄弟三个都毕业于米兰理工大学建筑系。老大里维奥（Livio Gastiglioni，1911 ～ 1979 年），老二皮艾尔·吉亚科莫（Pier Giacomo Gastiglioni，1913 ～ 1968 年），老三阿基利（Achilie Gastiglioni，1918 ～ 2002 年）都是意大利现代设计的主要代表人物，是意大利的著名设计组合。他们的设计范畴非常广泛，包括建筑、室内、产品、家具、灯具等。卡斯蒂格里奥尼三兄弟设计了非常多的具有国际知名度的产品。卡斯蒂格里奥尼兄弟利用现成的产品拼装家具，比如：用单车的坐垫、拖拉机的座椅组装的新椅子，开创了所谓现成组装设计（Ready-Made Design）的先河。这些产品在当时非常受欢迎，开创了一条新的设计道路，与1960 年代社会的总体反叛精神非常吻合，因此得到广泛的欢迎，特别是青少年消费者的喜爱。

乔治亚罗（Giorgio Giugiaro）是意大利当代最著名的工业设计师，毕业于都灵美术学院，17 岁进入菲亚特汽车公司工作，从此，开始了他辉煌的设计生涯。1968 年，乔治亚罗和工程师门托凡尼（Aldo Mantovani）共同创建了意大利设计公司（Italy design），进行汽车设计研发，将工程技术与工业设计完美融合在一起，为汽车厂商提供可行性研究、外观设计和工程设计，还包括模型和样车的制作。目前，意大利设计公司已经成为国际性的设计公司。

瑟奇奥·平尼法瑞纳（Sergio Pininfarina）是又一位重要的意大利汽车设计师，1926 年出生于意大利的都灵，从小受到父亲的影响，热爱汽车行业。平尼法瑞纳家族是意大利重要的汽车设计和制造商。平尼法瑞纳 1950 年进入家族企业工作，并于 1957 年接管公司业务，1966 年，他的父亲病逝，平尼法瑞纳成为家族企业的首席执行官，他将家族企业继续扩大，增设了与汽车设计相关的设计部门，为汽车设计提供辅助产品，比如车灯和配件。现今，公司有几千名员工，瑟奇奥·平尼法瑞纳则像这个公司的总指挥，调配控制公司的整个运营状况，保障公司产品的杰出品质。

9.6　斯堪的纳维亚国家现代设计的发展

斯堪的纳维亚一共包括五个国家：芬兰、挪威、瑞典、丹麦、冰岛，其中瑞典、丹麦、芬兰在设计的发展上更具特色，这三个国家将现代美学与传统的以手工艺为基础的工业相结合取得了巨大的成功。在第一次世界大战之前，斯堪的纳维亚国家多为农业国，与欧洲大陆其他国家相比，生活条件相当艰苦，因此，英国的工业革命一直没在这些国家出现过，在这样的历史背景中，斯堪的纳维亚国家的手工业传统非常浓郁。斯堪的纳维亚设计风格的初步形成是在 1930 年代，二战之后，这种设计风格逐渐成熟，形成了著名的斯堪的纳维亚设计学派。斯堪的纳维亚设计既不同于德国的理性主义设计，也和美国的商业主义设计有着根本区别，更不像欧洲其他国家推崇的贵族化和奢侈主义的设计风格，斯堪的纳维亚设计拥有自己的风格和体系。

斯堪的纳维亚是现今世界社会福利制度最完善的地区，民主思想深入人心。民主思想是斯堪的纳维亚设计的本质，功能主义是斯堪的纳维亚设计的基础，"以人为本"是斯堪的纳维亚设计的精髓。长久以来，斯堪的纳维亚设计师在进行设计的时候，除了遵循"以人为本"的设计理念之外，还要关注人与自然的关系，生态平衡是斯堪的纳维亚设计的又一个基本标准。

9.6.1　芬兰的现代设计

二战结束后芬兰迎来了和平发展时期，芬兰拒绝了美国的马歇尔计划，偿还了全部战败赔款，经过战后几十年的建设，芬兰成为经济繁荣、政治清明、人民富足的国家。芬兰设计也在 1950 年代引起国际设计界的关注，1954 年的"米兰设计三年展"，让斯堪的纳维亚国家的设计赢得国际声誉。

在二战之前，芬兰具有国际知名度的设计师只有阿尔瓦·阿尔托，作为芬兰现代设计的奠基人，阿尔瓦·阿尔托对芬兰设计的发展起到了一定的推动作用，由他开创的木材弯曲技术，对斯堪的纳维亚的家具设计产生了很大影响。阿尔瓦·阿尔托影响了一批芬兰设计师，这些设计师在二战之后，逐渐被国际设计界关注和认可，是他们共同奠定了芬兰现代设计的国际地位。

继阿尔瓦·阿尔托之后，凯·弗兰克（Kaj Franck，1911 ～ 1989 年）是又一位具有国际影响力的芬兰设计师，他是二战后芬兰设计的中坚力量。弗兰克 1919 年出生于芬兰维堡，1932 年，弗兰克以一名家具设计师的身份从应用艺术学院毕业。二战之后，弗兰克进入阿拉比亚（Arabia）公司担任设计师。弗兰克为阿拉比亚陶瓷公司设计的陶瓷用品逐渐引领了芬兰家居生活用品的潮流，他还影响了阿拉比亚陶瓷公司的工作环境，创造了一种自由的工作氛围，给设计师提供了更大的自由创作空间。

弗兰克作为阿拉比亚公司最重要的设计师之一，为阿拉比亚陶瓷设计的发展作出了卓越贡献。1952 年，弗兰克发起了"打破成套桌上餐具"的运动，他建议阿拉比亚公司生产他设计的造型简洁、没有任何装饰花纹的桌上餐具用品。一开始，阿拉比亚公司并不同意这样做，但是，在弗兰克坚持不懈的努力下，公司最终同意生成这套简洁的、便于存储的餐具。这套名为"琦尔塔"（Kilta）的系列桌上餐具（图 9-18），造型非常简洁，唯一的装饰就是餐具拥有的不同色彩。使用者可以依照自己的喜好来选择不同颜色、不同数目的餐具自由搭配。弗兰克把餐具设计"模块化"了，混搭潮流系列桌上餐具用品，展现了斯堪的纳维亚设计惊人的前卫性。

阿尔瓦·阿尔托曾经一度主导了芬兰现代家具设计的形式，二战之后，他将设计的重心转移到建筑设计方面。伊玛里·塔佩瓦拉

图 9-18　"琦尔塔"桌上餐具

（Ilmari Tapiovaara，1914～1999年）逐渐代替阿尔托成为芬兰现代家具设计潮流的引领者，他曾经在柯布西耶事务所工作过，这为他成为一代开拓型设计大师奠定了坚实的基础。塔佩瓦拉很早就形成了自己的设计理念，他认为设计是"为他性"的，设计的服务对象是广大的消费者。塔佩瓦拉还认为产品应具有使用功能，不仅要经久耐用，还要美观实用，同时，塔佩瓦拉很注重产品的成型方法，注重材料、结构等方面的有机结合。

塔佩瓦拉在1937年进入芬兰最人的家具企业阿斯科（Asko）公司担任设计监理，这段时间他完成了一批极有创意的家具作品。芬兰介入二战后，塔佩瓦拉离开阿斯科公司走上前线，作为战地军事工程师，除了组织、指导士兵建造营地外，他同时也设计了一批别具特色的家具及日用品。

多姆斯（Domus）椅是二战结束后（图9-19），塔佩瓦拉为刚建成的多姆斯学院的赫尔辛基校舍设计的，这是他的第一件成名作品。这种椅子功能多样，可罗叠、轻便实惠，一经生产销售就获得了很大的商业成功，订单从世界各地纷至沓来。随后的几十年是塔佩瓦拉设计生涯最辉煌的时期，这段时间里他接到大量的建筑、室内及家具设计任务。他又陆续设计出娜娜椅（Nana Chair）、阿斯拉克椅（Aslsk Chair）和威海米娜椅（Wihelmine Chair）等经典的家具作品。

塔佩瓦拉是一位多才多艺的设计师，他的设计领域包括室内设计、家具设计、展览设计、灯具设计、平面设计等。自1950年代初开始，塔佩瓦拉开始从事教学工作，塔佩瓦拉在教学中注重欣赏、启发和参与，这三点对学生来说是非常重要的，他使学生能真正认识到设计的真实内容：优良的基本技能，充分的设计体验和对材料及构造的认识。塔佩瓦拉的设计理念对学生产生了很大的影响，他的学生约里奥·库卡波罗(Yrjö Kukkapuro)和艾洛·阿尼奥（Eero Aarnio）在继承老师衣钵的同时，发展出自己独特的设计方法，并在一定程度上超越了塔佩瓦拉，他们为芬兰设计走向国际作出了卓越贡献。

约里奥·库卡波罗1933年出生于芬兰维堡，他一生获得无数奖项和殊荣，包括：芬兰共和国设计成果奖、芬兰共和国总统奖章、凯·弗兰克设计奖等。库卡波罗早年间接受过艺术和设计的双重教育和训练，并先后在伊

图9-19　多姆斯椅

梅塔拉艺术学校和赫尔辛基工艺与设计学院进行专业学习。

在设计理念方面，库卡波罗是一位坚定的功能主义拥护者，在他的教育和设计生涯中，身体力行地推行功能主义设计原则。库卡波罗设计理念的影响主要来自如下几方面：其一，来自于已故设计师伊玛里·塔佩瓦拉，塔佩瓦拉是一位坚定的功能主义拥护者，他将德国的功能主义理论传授给库卡波罗。其二，来自于他的另外一个老师奥利·伯格（Olli Borg）教授，他在 1958 年将人体工学的理念介绍给库卡波罗，使库卡波罗意识到人体工学在设计中的重要性。其三，在美学理念方面，库卡波罗坚持简约的现代主义设计哲学"少就是多"的原则。

在过去几十年的设计生涯中，库卡波罗始终坚持着自己的设计理念，他从不受流行设计风格的影响，尤其是后现代主义设计盛行时期，他仍按照自己的设计方式来满足消费市场的需求。约里奥·库卡波罗的代表作是卡路赛利（Karuselli）椅（图 9-20），这把椅子使库卡波罗一夕成名。1965 年，卡路赛利椅被世界最重要的设计杂志之一，意大利的《多姆斯》杂志看中，刊登在 1965 年的封面上，也使得设计界对战后的芬兰设计刮目相看。

艾洛·阿尼奥是一位具有国际知名度的芬兰"非主流"设计师，他的非主流设计让他在芬兰国内不断受到非议，他本人也被视为"异端"。由此可见，艾洛·阿尼奥的设计具有与众不同的个性，他的家具作品具有艳丽的色彩、独特的造型，拥有强烈的个人风格。阿尼奥喜欢采用玻璃纤维材料制作家具，这与芬兰主流家具设计用材不同，其他设计师更钟爱木材。在功能主义大师林立的世界现代设计舞台上，阿尼奥的出现是如此与众不同，他的设计具有浓郁浪漫的艺术气息，与传统的芬兰设计大相径庭。

阿尼奥设计的转型开始于 1960 年代中期，在 1960 年代初期，他的设计仍然受到芬兰传统家具制造的影响，"球椅"可以视作阿尼奥设计风格转型的开始（图 9-21），这把椅子于 1963 ~ 1965 年间被制作出来，并在 1966 年的科隆国际家具展中获得轰动效果。球椅具有钢制的旋转底座，玻璃钢的包裹外壳，内部填充了松软的聚酯纤维，

图 9-20（左）
卡路赛利椅

图 9-21（右）
"球椅"

椅子明快的色彩，鲜明的外观造型，让它成为 1960 年代消费文化和流行文化的代表，球椅也开启了塑料家具制造的新时代。

除了上述几位具有国际知名度的芬兰设计师之外，芬兰还拥有众多优秀的设计师群体，他们的设计创作都与芬兰本土知名的大公司有着紧密的联系，这些公司包括玛丽麦高（MariMekko）公司、伊塔拉（Iittala）公司等。玛丽麦高公司成立于 1951 年，公司创始人阿尔米海诺·拉蒂亚（Armi Ratia，1912 ～ 1979 年）是一位杰出的女性，她一手把一个默默无闻的小印染厂变成国际知名的品牌。

玛丽麦高是最能代表芬兰文化的消费品品牌，其旗下产品包括时装、包类以及各种家居用品。在公司刚起步的时候，阿尔米海诺·拉蒂亚请来梅嘉·伊索拉（Maija Isola，1927 ～ 2001 年）为公司设计产品，她和阿尔米海诺·拉蒂亚共同努力创作了一系列颜色艳丽鲜活、花纹抽象生动的作品。梅嘉·伊索拉是世界闻名的纺织品设计师，她的纺织品设计色彩绚丽奔放，跳跃的色彩和灵动的符号，拥有极强烈的视觉冲击力。伊索拉设计的纺织品被做成各种各样的围巾、桌布、衣服和包类等产品，到现在为止已经畅销了几十年，是深受世界各地消费者喜爱的斯堪的纳维亚产品之一。

玛丽麦高公司的设计总是与众不同，公司的产品设计不受潮流的影响，坚持反对时尚是玛丽麦高公司的一贯原则。在 1960 年代，玛丽麦高公司的服装设计带有梦幻般的乌托邦色彩，在服装样式和款型上体现了追求男女平等思想的潮流。玛丽麦高公司也因此成为当时唯一能与法国时装相提并论的品牌。坚持反对时尚，却成为另一种时尚，这就是玛丽麦高设计的与众不同之处，也是玛丽麦高设计的迷人之处。

伊塔拉是具有国际知名度的芬兰本土品牌，创建于 1881 年，伊塔拉旗下网罗了众多优秀的设计师群体，这其中包括艾诺·阿尔托（Aino Aalto，1894 ～ 1949 年）、奥伊瓦·托伊卡（Oiva Toikka）、塔皮欧·维卡拉（Tapio Wirkkala，1915 ～ 1985 年）、第蒙·萨帕耐瓦（Timo Sarpaneva，1926 ～ 2006 年）和海克·奥佛拉（Heikki Orvola）等人。

艾诺·阿尔托是阿尔瓦·阿尔托的第一任妻子，原名叫艾诺·玛赛奥（Aino Marsio），她是芬兰现代设计史上最著名的女性设计师，1894 年生于赫尔辛基，1924 年进入阿尔瓦·阿尔托的建筑事务所工作，此后两人相恋结婚，开始了夫妻合作的设计创作生涯。

艾诺·阿尔托不仅是一名建筑设计师，在产品设计领域她也颇多建树。艾诺的玻璃器皿设计就以简约实用见长。1932 年，伊塔拉公司针对市场上玻璃杯奇缺的局面，举办了玻璃杯设计大赛。艾诺·阿尔

图 9-22　"水波纹"系列
玻璃杯

托设计了这款"水波纹"系列玻璃杯（图 9-22），一举拿下了设计大赛的二等奖。这款水波纹系列玻璃杯以实用性和功能性为出发点，素雅的玻璃杯体只有一道道条状的突起，可以防止烫手和滑落，这些突起的条纹，既增强了产品的功能性，又实现了产品的装饰性能。1934年，水波纹系列玻璃杯正式投入批量化生产，从它面世至今，历经 80多年热销不衰。

　　奥伊瓦·托伊卡最具代表性的作品是一只只鲜活生动的玻璃鸟，几十年来，他一直为伊塔拉公司从事玻璃创作和研究，现在这些玻璃鸟成为世界范围内很难逾越的艺术高峰。托伊卡充分挖掘了玻璃材料的无限潜能，把鸟的形态和玻璃材料完美地糅合在一起。一只只鲜活的玻璃鸟，生动传神、空灵剔透，代表了奥伊瓦·托伊卡的杰出创作水准和理念，体现了独特的斯堪的纳维亚设计美学精髓。

　　玻璃鸟是伊塔拉的特色产品，从 1973 年伊塔拉公司诞生第一只玻璃鸟开始，到现在已经拥有几百个不同的品种。在这些栩栩如生的玻璃鸟群里，有象征着幸福的青鸟、美丽的杓鹬、新西兰的奇异鸟等品种。托伊卡在创作过程中始终保持简洁和自然的法则，他善于抓住鸟类最鲜明的特征，寥寥几笔勾画出典型的动态，绝无一丝累赘。

　　塔皮欧·维卡拉是一位雕塑家出身的设计师，他对芬兰玻璃行业的发展作出了卓越贡献。维卡拉改进了玻璃工艺的制作方法，突破了手工艺与工业之间的界线，为芬兰留下了大量不朽的玻璃艺术珍品。作为有机现代主义最重要的代表人之一，维卡拉的作品中充满了自然灵动的气息，他热爱斯堪的纳维亚的自然美景和风俗文化，每年都要花费大量时间流连在拉普兰地区，体验那里独特的萨米文化。斯堪的纳维亚的自然美景和民俗文化，如实地呈现在维卡拉的作品中。

　　第蒙·萨帕耐瓦是芬兰最著名的玻璃师之一，1950 年代他与塔皮欧·维卡拉一起，让伊塔拉公司的玻璃设计获得国际知名度。萨帕耐瓦还是一位材料方面的专家，他精通各种材质。萨帕耐瓦于 1950 年开始和伊塔拉公司合作，在 1950 年代中期，他为伊塔拉公司设计了那款著名的标识，一个大大的惊叹号形式的字母"I"，这个标识设计得非常成功，伊塔拉公司一直沿用至今。

海克·奥佛拉与第蒙·萨帕耐瓦一样，都对材料有着深刻的掌控和认知，奥佛拉对多种材质都能应用自如。自从 1987 年以来，奥佛拉一直在阿拉比亚公司艺术部门从事工业设计工作，他设计出许多畅销至今的玻璃和陶瓷制品，这些产品成为众多博物馆的永久藏品。1998 年，奥佛拉还获得芬兰设计界最重要的奖项：凯·弗兰克设计大奖。

9.6.2　瑞典的现代设计

1939 年，瑞典第一次在纽约的世界博览会上展出了自己的产品，引起了轰动效果，二战期间瑞典保持中立，没有遭受战火的蹂躏，瑞典的设计在战争期间也继续向前稳步发展。战争结束之后，瑞典的家具设计成为世界杰出家具设计的同义词。

在两次世界大战期间，瑞典与外界完全隔离，瑞典按照自己的模式开始发展现代设计，这一时期瑞典的传统工业以手工艺为主，但是，设计方向有了变化，将设计重点放在为大众市场提供简洁而富有现代感的用品设计上。在此期间，瑞典的现代产业也发展起来，出现了沃尔沃（Volvo）汽车厂和伊莱克斯（Electrolux）电器公司等。这些公司采用美国的生产原则，逐步成长为国际性的大公司。

在瑞典，有许多优秀的家具厂商，他们共同奠定了瑞典家具设计的风格，它们是：风格前卫的拉姆霍尔茨（Lammhults）公司，拥有"家居帝国"美誉的宜家（IKEA）公司等。

拉姆霍尔茨公司诞生于财源紧缺、经济萧条的 1945 年。起初，公司只是为当地一家家具制造厂提供装修服务，直到 1955 年才开始生产家具。公司早期的家具是由创始人之一：埃德温·斯塔尔（Edvin Ståhl，1896 ～ 1971 年）设计的。到 1960 年代中期，委任了两位瑞典的前卫设计师博格·林道（Börge Lindau）和博·林德克兰茨（Bo Lindekrantz）设计家具，他们设计了一种会议厅用椅，这些椅子获得了极大的商业成功。在这之后，林道和林德克兰茨再接再厉继续为拉姆霍尔茨公司设计家具，他们在 1968 年推出了"S70"系列家具，该系列家具受包豪斯的启发，具有简洁理性的风格特征。在 1970 年代，他们又设计了具有瑞典现代主义风格的家具。到 1980 年代，后现代主义风格成为两人的设计方向，这一时期他们设计了具有现代主义风格的典型代表作"布拉肯"（Plakan）椅，表达了他们对里特维德设计的红蓝椅的尊重。

宜家是 20 世纪令人瞩目的少数几个商业奇迹之一，创办于 1940 年代的宜家公司，当时还只是一家小小的杂货零售店，现在宜家成为世界最流行、最通俗、品位上乘的家具和家庭用品公司。如今宜家的总部设在斯德哥尔摩北郊，那里现在是一个室内、家具、家居用品产销的中心。

　　宜家诞生之初，正值第二次世界大战结束伊始，战后，由于城市进程加快，大批移民涌入瑞典，对居住以及家居的需求成为首要问题。瑞典拥有得天独厚的自然条件，森林覆盖率和木材储备都非常丰厚，具有家居业发展的绝好条件，在这种背景下宜家诞生了。

　　宜家家居设立在瑞典最贫穷的地区司马兰省，这里如今成为瑞典家居业的摇篮。创始人英格瓦·坎普拉德（Ingvar Kamprad）当时只有 17 岁，宜家在创办初期并没有自己主打的业务，经营的品种也是五花八门，从日常用品到小百货和文具，还有装饰品等不一而足，此后，又添置了手表和珠宝等时髦的奢侈品。

　　随着瑞典经济的不断发展，公众对家居用品的强烈需求，创始人坎普拉德决定把宜家彻底转变成以经营家具和家居用品为主的企业，经营家具是宜家得以快速发展的一个重大转折点。从 1950 年代开始，宜家从当地家具厂商那儿购进了一批价格低廉的家具，没想到销售情况良好，于是宜家逐渐开始扩展自己的货源和销售品种，此后，宜家开始不断发展壮大，成为世界顶级的家居用品生产商。

　　已故的美国设计理论家维克多·帕帕纳克曾经说过：无论从生态角度、社会角度、文化角度来看，宜家都将继续繁荣下去。今天的宜家足迹遍布 44 个国家和地区，成为全球 50 个最知名的品牌之一，其品牌价值为 560 亿克朗，约合 70 亿美元。

　　与芬兰和丹麦相比，瑞典具有国际知名度的设计师并不多，布鲁诺·马松（Bruno Mathsson，1907 ～ 1988 年）是其中之一，他是一位功能主义设计师，出生于木匠世家，他受到阿尔瓦·阿尔托的影响，喜欢采用弯曲胶合板材料制作家具，但具体的设计手法和造型与阿尔托有着本质区别。布鲁诺·马松还是最早进行人机工程学研究的设计师之一，他的许多椅子造型就是根据人体的曲线设计的，这点来自丹麦设计师凯尔·科林特的影响。二战结束之后，布鲁诺·马松积极进行各种设计尝试，在 1960 年代，他还设计出一批风格独特的钢管家具。布鲁诺·马松是瑞典 20 世纪最著名的家具设计师，在家具设计领域瑞典很少有人能超越他。

　　除了布鲁诺·马松之外，瑞典还有几位设计师具有一定知名度，他们是首饰设计师薇薇安·朵兰·布娄 - 胡伯（Vivianna Torun Bullow-Hube，1927 ～ 2004 年）、著名的陶瓷设计师威廉·盖茨、布鲁诺·马斯森、G·A·博格（G. A. Berg）和约瑟夫·弗兰克（Josef Frank，1885 ～ 1967 年）等人。

9.6.3　丹麦的现代设计

　　丹麦在国际设计界是一个很有影响力的国家，丹麦的城市规划设计、建筑设计、室内设计及家具设计等都拥有国际知名度。尤其是丹麦的家具设计更是世界家具设计界的杰出代表，丹麦的家具在战后非常流行，并畅销欧美。

二战结束后，丹麦的设计师通过不断的设计探索，并参加各种国际设计展览，让世界认识到丹麦家具设计的现代面貌，这一时期产生了许多具有国际知名度的家具设计师，包括：阿诺·雅各布森（Arne Jacobsen，1902～1971年）、汉斯·维格纳（Hans J. Wegner，1914～2007年）、芬·祖尔（Finn Juhl，1912～1989年）、博格·莫根森（Borge Mogensen，1914～1972年）、维纳·潘顿和娜娜·迪塞尔（Nanna Ditzel，1923～2005年）等人。

阿诺·雅各布森1902年出生于哥本哈根，他是20世纪最具影响力的斯堪的纳维亚的建筑师和工业设计师，他还是第一个把现代主义设计介绍到丹麦的人，他也是"新现代主义"的代表人物之一。

早年间，雅各布森在哥本哈根技术学校学习泥瓦匠技术，之后进入哥本哈根的丹麦皇家艺术学院学习，毕业后他开设了自己的建筑事务所，开始承接各种设计业务。雅各布森设计过多种产品，包括他在1950年代设计的三款经典椅子：1952年为诺沃公司设计的"蚂蚁"椅（图9-23）、1958年为斯堪的纳维亚航空公司旅馆设计的"天鹅"椅和"蛋"椅（图9-24、图9-25）。这三款椅子采用热压胶合板整体成型，椅子造型具有雕塑般的美感。雅各布森还在1960年代设计了"筒"系列餐具，简洁有力的形式，使作品富有高雅的现代感，成为1960年代丹麦工业设计的杰出代表。

汉斯·维格纳在设计方式上受到凯尔·科林特的影响，他是一位杰出的家具设计师和木匠，出生于丹麦小城同恩德（Tondern），父亲是当地非常有名的鞋匠。维格纳从小受到父亲影响，非常热爱手工艺，在1920年代末期，曾接受过木工的训练，并且很快成为一名出色的木匠。维格纳与其他丹麦家具设计师一样，对材料和工艺都有着深入的了解和掌控，这是他进行设计创造的基础。

图9-23（左）
"蚂蚁"椅

图9-24（中）
"天鹅"椅

图9-25（右）
"蛋"椅

图 9-26（左）
"中国椅"

图 9-27（右）
"孔雀椅"

　　1946 年维格纳结识了与他年纪相同的另一位丹麦年轻设计师博格·莫根森，他们开始合作设计家具，之后两人的家具作品在"丹麦木工协会"展览会中大放异彩。从那时起，维格纳每年都会获得这个展览会的设计奖项，他成为该展览会历史上获奖最多的设计师。

　　维格纳早年间曾经醉心于中国家具，他的家具作品大都受到中国家具设计的影响。维格纳在 1945 年设计的"中国椅"（The China Chair）就是这一研究成果的体现（图 9-26），他将东方神韵在这把椅子中进行了淋漓尽致的展现。

　　维格纳家具设计的又一影响来自于英国的"温莎椅"，当时许多设计师都受到温莎椅的影响，从而出现了家族庞大的温莎椅系列。温莎椅是 18 世纪流行于英美的一种细骨木质靠椅。维格纳也对温莎椅进行了重新的诠释，他在 1947 年设计的"孔雀椅"就是对温莎椅的再设计（图 9-27），椅背被设计成孔雀尾巴的形状。孔雀椅在展会上一经推出，立即成为公众注目的焦点，这是维格纳最成功的设计作品，这件家具作品也奠定了他在国际设计界的地位。

　　丹麦现代家具设计界以维格纳为代表，他们开创了一种新型的设计师职业，在这之前，家具设计大都是由建筑设计师完成的，家具设计只是建筑设计师的副业。而维格纳这一批设计师却以家具设计为主业，他们开创了丹麦家具设计的新格局。同时，这批设计师又都具有木工的根基，或者与一些知名的、技艺高超的木匠长期合作，这也打造了丹麦家具设计与众不同的独有特色，这种设计生产模式也是丹麦学派的特有现象。

　　博格·莫根森与维格纳一样，早年间也受过木匠的训练，1934 年，他作为一名木匠开始了他的职业生涯。两年之后，莫根森前往哥本哈根艺术和手工艺学院进修，师从凯尔·科林特。1942 年，他又以建

图 9-28 "西班牙椅"

筑师的身份从丹麦皇家艺术学院毕业。毕业几年之后，他作为老师凯尔·科林特的助手参与学院的教学工作，同时，莫根森也开始与汉斯·维格纳的合作。1950 年，莫根森开设了自己的设计事务所，为丹麦的公司设计家具。莫根森的家具作品风格朴实典雅、工艺精湛细腻，很快受到国内外家具市场的关注和欢迎。

莫根森的设计理念可以概括为一个词，那就是功能性，他在家具设计中，追求简洁的造型和舒适合宜的使用功能，致力于为使用者提供简洁大方、舒适耐用的家具产品。莫根森喜欢从民间家具中找寻设计灵感，经过抽象的艺术提炼之后，具有浓郁斯堪的纳维亚风格的家具就诞生了。"西班牙椅"是莫根森的经典作品（图 9-28），设计灵感来源于 1958 年他的一次西班牙旅行，他到达了安达卢西亚地区，被这个地区的古伊斯兰文化深深吸引。在古老的伊斯兰文明的感召下，莫根森设计了这款西班牙椅。此外，莫根森还与其他设计师合作，一起进行模数化家具设计的研究，这种家具制造模式有利于工业化生产，可以降低家具的生产成本，使设计更好地服务于大众。因此，这方面的研究具有一定的意义，莫根森也成为模数化家具探索的先驱之一。

芬·祖尔 1912 年出生于丹麦首都哥本哈根。1930 年进入丹麦皇家艺术学院建筑系学习深造，1934 年从学校毕业后，芬·祖尔作为一名建筑师在劳瑞森（Vihelm Lauritzen）设计事务所工作。在此工作期间，他不仅从事建筑设计，还进行了大量的家具设计制作。芬·祖尔的家具设计具有雕塑的美感，线条生动立体、造型鲜活流畅，这是芬·祖尔家具设计区别于同时代其他家具设计师的重要特点。

芬·祖尔的设计创作受到多方面的影响，有时候希腊的花瓶、衣冠冢或者雕塑都可以成为他创造灵感的源泉。芬·祖尔最主要的影响来自原始艺术和抽象的有机现代雕塑，我们可以从芬·祖尔的家具设计中看到亨利·摩尔（Henry Moore，1898 ～ 1986 年）的影子。芬·祖尔在家具设计中提倡运用具有雕塑感的造型，提倡对材料的精挑细选以及合理搭配，这一切使得他的设计与当时丹麦的主流家具设计潮流有很大不同，芬·祖尔也成为丹麦学派中向有机形式靠拢的前卫设计师，成为二战之后丹麦学派最重要的代表人之一。

维纳·潘顿是一位孜孜不倦、乐于求学的设计师，在潘顿的设计生涯中，曾经多次游历欧洲各国进行学习深造，这样的经历也让潘顿积累了丰富的知识和广博的阅历，对他设计理念的形成起到了极大的影响作用，同时，也促进了他设计实践经验的积累。作为世界知名的工业设计师，潘顿对材料有着独到的见解和认知。他善于尝试和探索各种新材料的性能，并且很快将其运用到产品设计中。从 1950 年代末期开始，潘顿就开始进行玻璃纤维增强塑料和化纤等新材料的试验研究。此外，潘顿还善于利用新材料来制作灯具，比如他在 1970 年设计的潘特拉灯具，打破了斯堪的纳维亚传统工艺的束缚。他喜欢运用鲜艳的色彩和崭新的素材，开发出充满想象力的灯饰产品。同时，潘顿还是一位色彩理论和实践方面的大师，他发展出平行色彩理论，为他创造性地利用新材料中丰富的色彩，搭配组合设计产品打下了良好的基础。

娜娜·迪塞尔是丹麦现代设计史中杰出的女性设计师，她还是斯堪的纳维亚学派中最有成就的女性设计师之一。透过娜娜·迪塞尔的作品，可以看到她对材料和多元生活方式的把握和理解。作为当代设计界最有成就的女性设计师之一，娜娜·迪塞尔的设计作品充满了高雅的格调和高贵的艺术品性，她在建筑、室内、家具、纺织品、首饰和平面设计方面都有不俗的表现。娜娜·迪塞尔将女性对生活的细腻感悟和自身对设计的独到见解融为一体，创造出一系列 20 世纪设计典藏中不可多得的艺术珍品。

娜娜·迪塞尔在 20 岁的时候进入丹麦设计公司，从那时起她逐渐在设计界崭露头角。1944 年，当她还在学校读书的时候，就与未来的丈夫琼根·迪塞尔合作，设计了一套完善的房间，并在哥本哈根的木工行业协会的展览中展出，当时的报刊对其设计作品的评价为：“在每一方面都表现为现代生活”。从 1954 年开始，娜娜·迪塞尔开始了与乔治·杰森公司的长期合作。1960 年代，娜娜·迪塞尔成为丹麦前卫设计的核心人物之一。娜娜·迪塞尔与维纳·潘顿一样，对各种新型材料表现出极大的热情，热衷于各种新材料的研究和试验，并且取得了一定的成果。

娜娜·迪塞尔的设计风格充满现代感，简洁、时尚、风格统一，光线与波浪是她最擅长应用的方式之一。迄今为止，娜娜·迪塞尔最成功的设计作品是家具，精心的选材、独特的几何构图、时尚的色彩搭配都使得她的家具设计看起来好像一种艺术创造，但是，这些家具作品却又受到大多数人的喜爱。

9.7 日本现代设计的发展

二战结束之后，日本作为战败国被美国军队占领，在战后初年是日本经济最困难的时期，美国极力打击日本的军事工业，严格控制日本工业生产，消灭二战时期支持战争的大企业，因此，日本的工业生产受到很大限制。在美军占领时期，日本工业萎缩、经济萧条，当时日本的贫穷状况令人吃惊。不过美国当局也并非完全抑制生产，与日本人民生活休戚相关的工业和传统民间手工艺则不在禁止和控制之列。美国还在日本推行民主制度，甚至为日本制定了宪法，把美国和西方生活方式引进到了日本，潜移默化地影响了日本人民。

日本经济和设计的转折的出现在 1953 年，美国在朝鲜战场上战败，让西方国家意识到要扶植日本，把日本变成国力强盛的国家，变成西方国家在远东地区对抗共产主义阵营的筹码，因此，美国政府开始积极扶植日本经济的发展，全面解除对日本的限制。从 1953 年开始，日本经济高速发展，经济的发展伴随着设计的勃兴，各种和人民生活密切相关的消费品层出不穷，摩托车、照相机、电视机等产品推陈出新，不断更新换代。日本工业、产业界在满足国内市场需求的基础上，把出口作为设计的主要服务目标。所有这一切，都对日本的工业设计起到巨大的促进作用。

日本现代设计的发展还有赖于一系列设计协会、学院和展览的建立和举办，1945 年，日本工艺协会和金漆美术工艺大学成立，这可以看做是工业设计发展的一个契机和过渡。1947 年日本政府还组织了美国生活文化展，向日本人民介绍美国文化和生活，展览还包括一些实物的图片，用来介绍美国工业产品设计的发展水平。这次展览在日本引起极大轰动，也给日本设计师带来很多启迪。1951 年，在美国极有声望的工业设计师雷蒙·罗维，受日本政府邀请赴日讲学。罗维的到来对日本工业设计是一次巨大的促进。日本的设计师从他那里取得了第一手的重要资讯，了解到世界工业设计的发展水平和相关理论。1952 年，日本工业设计协会（JIDA）成立，届时还举办了日本第一次工业设计展览：新日本工业设计展。这一系列的活动给日本工业设计的发展带来了巨大的影响和促进。罗维的赴日讲学和日本工业设计协会的成立，被看做是日本工业设计发展史上的里程碑。与此同时，各种设计院校也相继设立，把设计纳入正规的教育轨道，用教育来促进设计的发展，提高日本民族的欣赏水准和设计水平。1951 年，千叶大学成立了工业设计系，日本艺术大学（艺大）也随后成立了工艺计划系，1951 年创意艺术教育学院（the Creative Art Education Insitute）成立，1954 年桑泽设计学校（Kuwazawa Design School）成立，1955 年视觉艺术教育中心（the Visual Art Educational Center）成立。

1949 年建立的通产省也对日本工业设计的发展起到了巨大的促进作用，他的全称是：日本国际贸易与工业部（Ministry of International Trade and Industry，简称 MITI）。通产省的目的是大力支持日本企业的发展，为企业提供咨询、情报和建议，提供资金和技术援助，利用国家政策和法规来促进设计水平的提高。1957 年，通产省成立工业设计促进会，用来保护日本企业的设计不受抄袭。1958 年，通产省制定公布了出口工业产品的设计标准法规。与此同时，还积极组织日本设计师与外国的工业设计人员交流，聘请国外专家前来讲学，派遣留学生学习国外先进工业设计经验。1959 年又公布了出口产品法，对产品的标准与质量作出明确规定。日本的工业设计在通产省的大力支持和促进下，取得了初步成果，逐渐改善了日本产品设计落后的面貌，树立了良好的国际形象。

通产省还在企业生产过程中提供各种支持，极力促进企业集中力量进行生产，其中以促进电子工业的发展为最典型的例子。比如：对于索尼电器公司的扶植。通产省协助索尼公司购得美国西部电器公司半导体的生产专利，索尼公司于 1955 年生产出第一台半导体收音机。但是，通产省所采取的这一系列保护手段都是单向的，日本政府只保护本国的出口产品设计专利不受侵害，对于外国产品则是肆无忌惮地仿造和学习。这种做法和习惯符合日本民族长期以来的特性，日本的历史和对外国文明的模仿和学习是分不开的。

在这一系列措施的促进下，日本现代设计从 1953 年开始，经过短短 30 年时间树立了非常积极的国际形象，把战前日本产品质量低劣、设计落后的局面一扫而空。日本设计成为优质设计的代名词，日本制造也等同于优秀产品的同义词。日本成为设计强国，如此辉煌的成就，也让世界各国对日本刮目相看。

日本的大企业在战后对日本经济和设计的飞速发展也作出了重要贡献，这些企业包括：索尼、尼康（Nikon）和佳能（Canon）等公司。索尼是当今世界上最大的电子设备制造公司，成立于 1946 年 5 月，当时的名字叫：东京通讯工业株式会社（Tokyo Tsushin Kabushiki Kaisha），1957 年改名为索尼，创始人是井深大（Ibuka Masaru，1908 ～ 1997 年）和盛田昭夫（Akio Moriti，

1921～1999 年）。索尼公司作为世界家电行业的先驱，是日本最重要的企业之一。进入 1980 年代以来，索尼公司已经变成跨国集团，经营内容也不仅仅局限在产品设计领域，还包括娱乐业。虽然索尼公司成立的时间只有短短的六十多年，但是却在世界各地创造了无数产品销售的奇迹。

在索尼公司创办初期，产品设计全部由工程师来完成。从 1951 年开始，索尼公司开始雇佣设计师来设计产品外形，但那些设计师大都是插画设计师，那时日本的工业设计刚刚起步，专职的工业设计师还没有出现。索尼公司在发展过程中意识到产品设计的重要性，于 1954 年设立永久性的设计部门。1980 年代中期索尼的总裁大贺典雄（Norio Ohga）曾经担任过设计部门的主管，一般情况下专职设计师很少担任大公司的总裁，由此，我们也可以看出索尼公司对工业设计的重视程度。现如今，索尼公司的设计人员分布在各个部门，他们的工作性质也由单纯的产品造型设计，转变到新产品的开发领域，并且参与到企业产品研发的整个流程中。

在所有的日本公司中，最重视设计的莫过于索尼公司了。长期以来，索尼公司在产品研发领域一直坚持独创，不跟随大流，致力于开拓新的消费市场和空间。创造与众不同的索尼产品面貌和品质，而这一系列产品开发措施和原则，也构建了索尼企业的正面形象。索尼公司电子产品的定位是全世界的消费群体，因此，在开发每一款新产品之前，公司都会派出专业人士，对目标国家的消费市场进行详细的实地考察，因此，索尼的产品具有比较准确的针对性，在市场销售方面也容易创造佳绩。

索尼公司提出"创造市场"的理念，根据以往的经验，其他企业在开发新产品之前，一般要进行市场前景预测，把握消费者的需求，但是，消费市场是不断变化的，企业很难真正把握住市场和消费者的需求。索尼公司在进行多方面的市场调研之后，确立了一种新型的市场调研和销售理论："创造市场"，从而避免被动地跟着潮流跑的局面，开创一个没有竞争空间的新兴市场空间，引导消费者进行消费。为了创造市场，索尼公司也不得不进行艰巨的教育和引导消费者的工作，索尼公司在 1950 年推出第一款磁带录音机的时候，就曾耗费巨资对全体国民展开录音机的教育活动，让日本国民接受和认识这一新生事物。当电视开始在日本普及的时候，索尼公司也曾发起过类似的关于电视的宣传活动。多年以来，每当索尼公司要推出一款新产品的时候，都伴随着一系列的宣传教育活动，这是索尼公司"创造市场"理念的应用。进入 1970 年代之后，索尼公司的业务逐渐扩展到国际市场，索尼公司又把"创造市场"这一理念灌输到国际市场的销售活动中，通过外国的电视媒体和报纸杂志等途径来宣传自己的产品。索尼公司经过几十年的努力，逐步树立了电子产品行业旗手的形象，建立了完善的设计体系和策略。透过索尼公司的发展史，对日本大企业的设计模式和发展史也可以略知一二。

除了索尼公司之外，日本企业尼康和佳能公司也纷纷引进先进技术，开始了战后的创业发展期。尼康公司创建于 1917 年，在二战时期，尼康公司主要生产军用的光学仪器，大批的军品订单带给尼康公司一次飞跃发展的机会。战后，尼康公司转型生产民用产品。1959 年，尼康生产出第一台单镜头反光相机。在这之后，尼康公司不断推出高品质的专业相机，逐渐成为相机行业的领头羊。

佳能公司也是日本著名的企业，创建于 1937 年，以制造世界一流的相机为目标。二战之后，佳能公司不断研发新技术，与国际著名的同类企业，比如莱卡（Leica）和哈苏布莱德（Hasselblad）展开竞争。随着业务的不断扩展，佳能公司也延伸到除了相机之外的其他产品领域，1970 年代，佳能公司成功研制出日本第一台复印机，1980 年代初期，佳能公司又研发出气泡喷墨打印技术，并将这种技术性产品推向全世界。

日本设计的发展除了受到各种协会、设计院系和大企业的推动和影响之外，日本设计师对日本设计发展也具有显而易见的影响作用。只是日本设计师的工作模式，让他们容易被忽视，日本设计师大都采用集体主义工作模式，几乎日本所有重要的工业设计事务所都在大企业内，很少有个人突出的机会。虽然日本也有许多享誉世界的设计大师，但是更多的日本设计师则是默默无闻地在企业中进行设计工作，这部分设计师占据了日本设计师行业的绝大部分比重，日本设计也正是在这些设计师的共同努力下发展前进的。

大部分的日本设计师都以这种默默无闻的方式，为日本工业设计的发展贡献着力量。但是，二战之后，日本也出现了一些具有国际知名度的设计师，他们是柳宗理（Sori Yamagi）、真野善一（Zenichi Mano）和乔治中岛（George Nakashima，1905～1990 年），他们在战后的设计探索，也让日本设计呈现出多元化的面貌。柳宗理被称为日本工业设计第一人，1938 年毕业于东京美术学院（现在的东京艺术大学）。柳宗理的设计受到包豪斯和柯布西耶的影响，但同时保留了日本乡土文化的特色。柳宗理认为可以从民间工艺中汲取美的创意，让人们反思现代化的真正含义。比如，他设计的蝴蝶凳（图 9-29），就借鉴了日本传统建筑的元素，凳子飘逸的线条来自日本建筑的屋顶轮廓线，这种抽象的造型形式具有雕塑的特征。真野善一也善于从日本传统文化和设计中汲取灵感，他在 1953 年为大阪松下公司设计的收音机，就采用了传统日本建筑的木门和屏风构造作装饰（图 9-30）。乔治中岛是一位出生在美国的日本设计

图 9-29（左）
蝴蝶凳

图 9-30（中）
松下收音机

图 9-31（右）
靠背长椅

师，毕业于麻省理工学院建筑学专业。他在 1960 年代设计的一系列家具具有典型的代表性（图 9-31），这些家具体现了传统与现代之间的平衡，椅子保留了自然形态的不规则造型和美感特征，靠背部分采用了锥状结构的榫钉结构，这些家具是乔治中岛 1960 年代的代表作。

第 10 章　多元化的设计风格和流派

10.1　波普设计运动

第二次世界大战给英国带来致命打击，战后的英国满目焦土，又背负了沉重的债务负担，其在工业革命时期确立的世界领先地位消失殆尽，被美国迎头赶上并超越。两次世界大战对英国影响巨大，不仅动摇了英国上层社会的权威，还影响了社会各阶层之间的关系，英国的上层社会、新兴资产阶级和工人阶级之间的裂痕日益扩大。

由于战争带来的巨大伤亡和经济损失，战后英国经历了严重的经济困难时期。政府对食物和日常生活用品实行配给制度，比如，战后英国木材短缺，由于战争中大量家具用品的损毁，战后对家具的需求量非常大，英国政府不得不采取"战时标准"，"家具的设计与制造必须遵循节约、简单的原则。而这些家具业被要求只能卖给那些新婚夫妇或者家具在爆炸中遭受严重破坏的家庭，其他人只能在有限范围内选购或者购买二手家具。"[1] 这种家具的战时管制持续到 1948 年才结束，而整个社会生活体系的管制则持续到 1953 年。

战时标准所推行的实用主义原则，与包豪斯的功能主义完全不同，这是英国设计师的无奈选择。1953 年之后，英国的经济逐步开始复苏，在这一年间，英国发起了一场名为"G 计划"（G-Plan）的家具设计运动，这一运动最终对英国家具设计产生了决定性影响。G 计划不仅促进了英国家具行业的发展，还改变了英国人选购家具的标准，让保守的英国人开始喜欢现代模式的家具。

英国政府在设计复兴的发展中一直扮演着重要角色，通过设立各种设计协会来促进设计行业的全面发展。战后的英国弥漫着一种乐观主义精神和再度振兴的强烈欲望，1960 年代，英国的一些先锋派艺术家和设计师将美国通俗文化转译为具有英国特色的艺术风格，并逐步延伸到设计领域，影响到平面、服装、家具等诸多设计门类，这就是

---

1 （美）斯蒂芬·贝利，菲利普·加纳著 .20 世纪风格与设计 [M]. 罗筠筠译 . 成都：四川人民出版社，2000：1.

著名的"波普"设计运动。

波普是 1960 年代最盛行的设计风格，它代表了 1960 年代，工业设计在追求形式上的标新立异和娱乐性的表现主义倾向。波普运动不仅仅局限在工业设计领域，它还是一场广泛的艺术运动，反映了战后成长起来的青年一代的社会与文化价值观，以及他们力图表现自我，追求标新立异的心理。因此，波普设计运动主要体现在与年轻人有关的生活用品的设计或活动方面，比如：迷你裙、古怪的家具、流行音乐会等。从设计风格方面而言，波普风格并不是一种单纯的、一致性的风格，而是多种风格的混杂。这场运动所具有的大众化的、通俗的趣味，正是对现代主义自命不凡的清高状的调侃和反动。波普设计运动所采用的艳俗色彩，强调新奇与独特的形式，使这场运动在当时引起轰动效应。

波普这个词语来源于英语"popular"（大众化）的含义，英国是波普运动取得成果最大的国家。英国波普运动最重要的代表人之一是理查德·汉密尔顿（Richard Hamilton），他的代表作《是什么使今日的家庭变得如此不同，如此具有魅力》（Just what is it that makes today's homes so different, so appealing？图 10-1）创作于 1956 年，他利用美国大众文化的一些内容拼合成这张作品，炫耀性地展示了现代西方中等家庭的生活环境。汉密尔顿的这种拼贴手法对英国年轻一代艺术家和设计师的影响很大。

波普设计运动源自对现代主义的反动，现代主义设计风格具有单调、冷漠、缺少人情味的特性，对于战后的年轻一代来讲，这种风格代表了陈旧和过时的观念。英国年轻的消费群体希望有一种全新的消费和文化观念，来迎合他们的品位。此时英国的设计界也在努力寻找一种风格，适合年轻一代消费群体的喜好，形成自己民族的设计风格，突破现代主义设计的条条框框，不再跟随在美国人推崇的国际主义风格后面亦步亦趋地模仿，只有这样才能和国际主义风格分庭抗礼，否则，英国的设计就没有出头之路。战后的英国设计正是在这种状况下开始了新的发展阶段：波普设计阶段。

波普设计运动的思想来源于美国的大众文化，包括好莱坞电影、摇滚乐、消费文化等。战后英国物资贫瘠，美国的物质文化对英国人来说具有很大的吸引力，英国设计界也认为大众文化是对抗美国主流设计界推崇的国

图 10-1　汉密尔顿：《是什么使今日的家庭变得如此不同，如此具有魅力》

际主义风格的最好方式。因此，英国设计界顺应年轻人的这种心理需求而发起了这场运动。

英国波普设计集中反映在时装设计、家具设计、平面设计和室内设计几个方面，其中以时装设计最为著名。比较重要的设计师有玛丽·宽特（Mary Quant）、玛里安·佛利（Marion Foale）、沙里·图芬（Sally Turrin）、奥西·克拉克（Ossie Clack）、安德烈·科列吉斯（Andre Courreges）等人。波普风格的时装设计喜欢模仿宇航员的服装，这是那个时代的普遍特征，由于 1950、1960 年代美苏争霸，导致的军备竞赛和宇航技术的发展，那时的设计师普遍迷恋宇航技术。安德烈·科列吉斯设计的银箔装就具有浓郁的太空味道，很像宇航员的服装。服装设计师除了喜欢模仿宇航员服装之外，还会把女性时装设计成小女孩的服装式样，比如：玛丽·宽特的小女孩装。英国这些波普设计师们本身就是那个丰裕时代的代言人，他们的服装设计是那个时代年轻人的宣言，通过他们的设计，来反映那个时代的特征。

家具设计也是英国波普设计运动的重要组成部分，1960 年代中期，英国开始出现波普风格的家具。1969 年，阿兰·琼斯（Allen Jones）用半裸的女性设计了一张座椅和一张桌子，这种家具风格与正统的英国家具设计大相径庭。除了阿兰·琼斯之外，英国还有许多波普风格的家具作品，包括彼得·穆多什（Peter Murdoch）设计的用后即弃的儿童椅（图 10-2）、马科斯·克林登宁（Max Clendenning）设计的拼接家具（jig-saw furniture）、罗杰·丁（Roger Dean）设计的吹塑椅子（blow-up）等。其中，彼得·穆多什的纸椅子采用纤维材料，使用叠纸技术制作，看起来非常像纸制品。纸椅子造价低廉、具有很强的表现性特征，因此也具有浓郁的波普设计风格。这些波普风格的家具都带有游戏的特色，传达出玩世不恭的青少年心理，功能性不再是家具设计首要考虑的因素，如何更好地满足消费者的心理需求成为设计的重点。1960 年代出现的波普文化和设计迎合了年轻人的喜好，因而具有广泛的影响，连英国正统的设计机构也不得不正视这种设计风格。

此外，英国波普家具的推广，与特伦斯·科兰（Terence Conran）的家具零售店"哈比塔特"（Habitat）有着密切关系，该家具店于 1964 年开业，哈比塔特家具店专门出售价格低廉、色彩鲜艳、造型简练的现代家具，这些价格便宜、设计独特的家具很快赢得了年轻群体的喜爱，哈比塔特家具店也

图 10-2
彼得·穆多什设计的用后即弃的儿童椅

因此生意兴隆。

　　波普设计运动致力于反抗现代主义设计严肃刻板的面貌，反对英国二战后提出的"好设计"（good design）的准则，它试图建立起新的英国设计形象。波普设计师们追求新奇的、廉价的、用后即弃的设计方式，当他们从现代社会中寻找新奇的视觉元素逐渐匮乏的时候，转而从各种历史风格中寻找借鉴，这是一个非常奇怪的转变，开始以反对传统和现代主义为动机的设计运动，最后要从历史风格中找寻借鉴，这也说明单纯从形式上进行探索是不可靠的。波普运动来势汹汹，但是消失得也非常迅速，它追求新奇、古怪的形式特征，缺乏思想理论的高度，缺乏社会文化的依据，使这一运动很难持久。

10.2　意大利的反设计运动

　　意大利在 1970 年代进行了多元化的设计探索，随着一系列展览和设计活动的举办，一种与正统的现代主义和国际主义截然不同的设计样式开始出现。在产品设计领域，意大利设计师将设计与消费结合起来，提出创建新的理想生活空间、新的家具设计和家庭用品设计的主张，希望摆脱这个被认为是丰裕腐败的物质社会，摆脱资本主义商业的纠葛，回归到淳朴自然的本真愿望。当时有许多设计师针对这一社会现状，设计了众多前卫的产品，但是，这些激进的设计思潮脱离了社会实际，也脱离了工业生产和市场规律，因此，这些设计的绝大部分作品只能停留在草图阶段，很少有机会被企业选中成为商品。不过，也有几家公司采纳了部分激进设计，投入了批量化的商业生产，其中比较成功的例子是家具公司扎诺塔采用了由三个激进设计师皮埃罗·加提（Piero Gatti）、切萨雷·包里尼（Cesare Paolini）和弗朗科·提奥多罗（Franco Teodoro）设计的反潮流椅子"袋椅"的设计构想（图 10-3），将其进行量化的生产。另外一个成功的例子是保罗·洛马齐（Paolo Lomazzi）等人设计的吹气沙发（Blow chair）（图 10-4），这个设计构想是把气球和沙发结合在一起，采用透明和半透

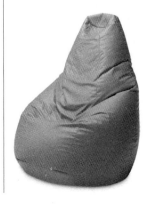

图 10-3（左）
"袋椅"

图 10-4（右）
吹气沙发

明的塑料薄膜为材料，风格非常另类。这两个设计取得了良好的市场
效应，迎合了具有反叛精神的青少年消费市场的需求，因而风行一时，
但是，这只是极其个别的现象。

图 10-5　"情人"手提式
打字机

在意大利反设计运动中，艾托·索扎斯是将后现代主义设计风格
应用在产品设计中的关键人物。1917 年 9 月 14 日，索扎斯出生于奥
地利的因斯布鲁克，1939 年毕业于都灵理工大学建筑系。毕业后索扎
斯在米兰开办了自己的设计事务所，承接各种设计业务。从 1958 年
起他开始和奥利维蒂公司合作，担任该公司的设计顾问，并且为奥利
维蒂公司设计了大量优秀的产品。索扎斯的成名作是 1969 年与佩里·金
（Perry King）合作，为奥利维蒂公司设计的红色"情人"（Valentine）
手提式打字机（图 10-5），该打字机造型轻巧、色调艳丽，一投入市
场之后马上成为整个欧美市场上最流行的手提式打字机，这个设计确
立了他在工业设计界的地位。

在这之后，他再接再厉继续进行他的设计创作。在 1980 年代，
他的突出成就是和一群年轻的建筑师和设计师在米兰组成"孟菲斯"
设计师团体。孟菲斯成立于 1981 年，是由一群不满 30 岁的青年设计
师在索扎斯的带领下成立的前卫设计组织，当年索扎斯已经 64 岁了。
孟菲斯没有固定的宗旨，他们的本意就是反对一切固有观念，树立了
一种新的产品内涵。在风格方面，孟菲斯表现出各种极富个性的情趣
和天真、滑稽、怪诞和离奇等品位，具有典型的后现代设计的味道。

从孟菲斯的名字来讲，就可以看出该组织非主流的前卫性，孟菲
斯是埃及古城，位于埃及尼罗河三角洲南端，从公元前 3100 年前起
就是埃及最古老的首都。孟菲斯还是美国田纳西州最大的城市，该市
拥有世界上最繁忙的货运机场，是美国联邦快递公司总部所在地，也
是主要制造业的中心，这种双重的内涵，使得孟菲斯充满了矛盾意味。
孟菲斯的设计作品也是在这种文化背景的影响下，成为前卫产品设计
的风向标。

图 10-6　塔希提岛灯

孟菲斯设计团体前后一共设计了四十多件产品，包括：陶瓷、家
具、玻璃器皿、灯具、纺织品等，这些产品色彩艳丽、装饰艳俗、造
型古怪。作为孟菲斯的灵魂人物，索扎斯的设计探索具有典型代表性，
比如，他于 1981 年设计的塔希提岛灯（Tahiti lamp）看起来像一只
黄颈红嘴的热带鸟（图 10-6）。同年，索扎斯还设计了最具孟菲斯风
格的书架：卡尔顿（图 10-7）。虽然孟菲斯的设计作品并不多，但是，
这些作品在设计史中具有重要的地位。孟菲斯的设计在设计史中具有
承上启下的转折作用，是产品设计领域中第一次彻底地和现代主义风
格分离，放弃"少即是多"的原则，走向装饰主义，从此开始了设计
多元化发展的后现代主义时期。

索扎斯认为设计是一种生活方式，没有确定性，只有可能性。设

图 10-7　卡尔顿书架

计可以不受时间限制永久地存在，因此，在思考设计的时候，不要局限在当代的有限时空内。他反对一切功能主义理论，反对包豪斯的精神和非个人化的设计教条。功能不是绝对的，而是发展的、有生命的，它是产品与生活之间的一种关系，索扎斯试图通过自己的创作，来创造一种新的生活模式。

10.3 后现代主义设计的兴起

国际主义风格（International Look）在 1950、1960 年代风行一时，影响到建筑设计、产品设计、平面设计等各个领域，成为世界的主导设计风格。国际主义风格是欧洲现代主义设计在战后的延续，在设计风格上，国际主义风格与现代主义设计同宗同源，都受到密斯·凡·德·罗"少即是多"（Less is More）理念的深刻影响，都追求简约理性的功能主义设计原则。1950 年代下半期，国际主义风格逐渐形式化、教条化，发展成减少主义，为达到"少则多"的减少主义原则，不惜牺牲功能需求，这种设计原则背离了现代主义设计准则，仅仅是在某些形式上维持了现代主义设计的某些特征。在思想意识层面，现代主义设计所具有的民主主义和社会主义倾向，在国际主义风格中从未出现，国际主义风格迎合了美国富裕的中产阶级的品位。国际主义设计风格单调的面貌引起了年轻一代人的不满，1980 年代开始出现的各种设计运动的探索，旨在反对现代主义和国际主义风格，从密斯·凡·德·罗垄断一切的"少即是多"到罗伯特·文丘里（Robert Venturi）的"少即是烦"（Less is Bore）的转变只用了几年的时间。

后现代主义设计的兴起是对风格单调的国际主义风格的反动，这场运动影响范围很广，涉及文学、哲学、建筑和设计等领域。在设计领域的后现代主义设计是从建筑设计开始的，后现代主义建筑大量采用历史主义装饰动机，再加上折衷主义的处理手法，达到视觉上的丰富多变，这与现代主义设计截然不同，现代主义设计拒绝采用任何历史题材的装饰手法。后现代主义设计的这种模式，打破了国际主义风格的多年垄断，开创了装饰主义设计的新阶段。

后现代主义设计在产品设计领域中也进行了多方位的探索，尤其在家具设计中，出现了很多前卫的后现代主义设计杰作。罗伯特·文丘里在 1984 年设计的齐彭代尔式座椅就是其中之一（图 10-8），在这款椅子设计中，文丘里刻意模仿了齐彭代尔的家具设计造型，表面则采用了艳丽的装饰图样，具有典型的后现代主义装饰动机，同时，这还是一件非常具有商业价值的产品。

亚历山德罗·门迪尼（Alessandro Mendini）也是后现代主义设

计运动中杰出的设计师。在 1970 年代末期，门迪尼加入意大利反设计团体"阿基米亚"设计集团（Studio Alchimia），并于 1978 年和 1979 年间，为阿基米亚团体设计了三张具有世界影响力的扶手椅：奈特（Thonet）再设计椅、瓦西里（Wassily）再设计椅和普鲁斯特（Proust）扶手椅（图 10-9）。这些椅子采用了复杂的巴洛克风格的雕刻框架，再搭配具有印象派风格的柔软织物面料，门迪尼透过这些椅子传递出关于文化和思想意识层面的思考，这些椅子也成为现代家具史上具有典型符号特征的后现代主义家具设计。

图 10-8（左）齐彭代尔式座椅

图 10-9（中）普鲁斯特扶手椅

图 10-10（右）金属桌

　　法国设计师菲利普·斯塔克（Philippe Patrick Starck）也设计了一些后现代主义风格的家具，他在 1985 年设计的杰克逊桌（Tippy Jackson，图 10-10），将具有简单造型的金属桌表现出优雅的味道。这种家具设计被归类为"极少主义风格"，菲利普·斯塔克是极少主义设计风格的重要代表人物，这一设计风格形成于 1980 年代，是由密斯·凡·德·罗"少则多"的思想发展而来的，在设计上追求极端简洁的美学风格。极少主义风格既具有理性的现代主义设计特色，又迎合了现代都市快节奏的生活追求。

　　此外，日本设计师也进行了前卫的后现代主义设计探索，仓本四郎（Shiro Kuramoto，1934 ～ 1991 年）的家具设计比较具有代表性。1986 年，他为维特拉公司设计的"明月高悬"（How High the Moon）椅，成为其后现代主义家具设计的代表作（图 10-11），椅子采用金属材料制成，密布的金属网格具有足够的承重性和柔韧性，坐在椅子上感觉很舒适。明月高悬椅所具有的透明性和完美弧度，展现了与众不同的视觉美感。

　　除了家具设计之外，后现代主义设计风格还影响到家居产品设计，意大利家居品牌阿莱西生产了一系列具有后现代主义风格的茶具和咖啡具。这些银质茶咖具是由美国建筑师迈克尔·格雷夫斯（Michael Graves）设计的（图 10-12），表面采用了抛光技术，条状的构造搭配了蓝色圆球装饰，足部则采用乌木制成。这套茶咖具具有高贵典雅的

图 10-11（左）
"明月高悬"椅

图 10-12（右）
阿莱西的银质茶咖具

特性，同时，它在造型和用材上具有其他茶咖具所没有的特性，正是这些特点让它与主流的现代主义设计有着很大区别。此外，这套茶咖具还具有"微建筑"（Micro-Architecture）风格，这种风格是将建筑风格沿用到小产品设计中，茶咖具在形式上有微缩建筑之感。

后现代主义设计来势迅猛，对设计领域产生了很大影响，但是，从后现代主义设计的思想根源来分析，它只是基于形式方式的设计探索，并没有触及现代主义设计民主性和大工业化特征等时代进步性的思想核心，因此，后现代主义设计虽然声势浩大，但是它缺乏坚实的思想理论根基，只注重形式的风格特征，使它不可能取代现代主义设计。

10.4 现代主义之后的设计风格

1980 年代后期的后现代主义设计风格比较庞杂，基本上都是对现代主义和国际主义设计的调整、补充、改良和发展。这些设计都与装饰主义分不开，除了装饰主义之外，还有一些设计家企图从其他方面来发展现代主义和国际主义，解构主义和新现代主义是其中比较典型的两个例子，除此之外，还有高科技风格、过渡高科技风格、极少主义风格、微电子风格等。

10.4.1 解构主义

解构主义就是对结构的破坏和分解，是从"结构主义"（Constructionism）中演化出来的。解构主义是在现代主义面临危机，而后现代主义又被某些设计家们厌恶，或者被商业主义滥用时出现的。作为一种哲学思潮，解构主义最早是由哲学家贾奎斯·德里达（Jaoques Derrida）在 1967 年前后提出来的。但是作为一种设计风格确定是在 1980 年代以后，由彼得·埃森曼（Peter Eisenmen）和伯纳德·屈米（Bernard Tschumi）确立的。解构主义作为设计形式最早出现是在建筑领域，重要的代表人物有弗兰克·盖里（Frank Gehry）和彼得·埃森曼。著名的解构主义风格的设计师还有 1944 年出生于瑞士洛桑的伯纳德·屈米，1944 年出生于荷兰鹿特丹的雷姆·库哈斯（Rem Koolhaas），1950 年出生于伊拉克巴格达的扎哈·哈迪德（Zaha Hadit），1946 年出生于波兰的丹尼尔·里勃斯金（Daniel Libeskind）等人。其中，影响最大的是弗兰克·盖里。

盖里堪称世界上第一个解构主义建筑的设计家。盖里设计了一系列具有解构主义特征的建筑，比如：他设计的在巴黎的"美国中心"（American Center Paris）、洛杉矶的迪斯尼音乐中心（Wakt Dusbet Cibcert Hall，Los Areies）、明尼苏达大学艺术博物馆等都具有鲜明的解构主义特征。与此同时，他还设计了许多解构主义风格的产品，包括"气泡"椅和鱼形灯等产品。

另外一位重要的解构主义设计家是彼得·埃森曼。他不仅是一位建筑家，还是一位学者。埃森曼是目前世界上最有争议的设计师，他还是前卫建筑设计团体"纽约五人"（New York Five）的成员之一，对解构主义哲学有着很深的研究，埃森曼的大部分时间都用在从事建筑教学和写作、研究上。

10.4.2　新现代主义

新现代主义（New-Modernism）是对于现代主义进行重新研究和探索发展而形成的设计风格。与后现代主义设计对现代主义设计的冷嘲热讽不同，新现代主义是在遵循现代主义设计的基础上，根据新的需求给现代主义加入简单的形式和象征含义，可以说是现代主义后续发展的延续。进行新现代主义设计探索的建筑家不多，但影响却很大。

新现代主义在 1960 年代出现，大量表现在建筑设计中。其中有代表性的设计师包括：美籍华人建筑家贝聿铭、查尔斯·加斯米（Charles Gwathmey，1938 ～ 2009 年）、斯蒂文·霍尔（Steven Holl）、理查德·迈耶（Richard Meier）等人。贝聿铭设计的华盛顿的香港中国银行大楼（1982 ～ 1989 年）、国家艺术博物馆东厅（1968 ～ 1978 年）、得克萨斯的达拉斯的莫顿·迈耶逊交响乐中心（1981 ～ 1989 年）和法国罗浮宫前的"水晶金字塔"（Le Grand Louvre，Parls，1989 年）都是新现代主义设计的代表作品。这些建筑设计在结构和细节上遵循了现代主义设计的基本原则，没有繁琐的装饰，但是却赋予建筑象征主义的含义，比如，卢浮宫前的金字塔造型就具有历史和文明的象征含义。

新现代主义是在混乱的后现代主义风格之后的一次回归过程，它清新的设计味道在充满装饰味道的后现代主义设计中显得尤为突出，它是对现代主义设计的发展和延续，现代主义设计的某些理性、秩序和功能性在新现代主义中得以维系。

10.4.3　高科技风格

高科技风格（High Tech）是机器美学的代言人，起源于 1920、1930 年代，反映了当时以机器为代表的技术特点。高科技这个术语是在 1978 年由祖安·克郎（Joan Kron）和苏珊·斯莱辛（Susan Slesin）两人合著的《高科技》中率先使用的。高科技风格首先在建筑设计中出现，法国巴黎的蓬皮杜文化中心就是典型的高科技风格的建筑。在产品设计领域，高科技风格的设计师喜欢采用金属材质，以夸张、暴露的手法塑造产品形象，常常将产品内部结构暴露出来，有时又将复杂的部件涂上鲜艳的色彩，来体现高科技风格的机械美感。比如：意大利设计师马里奥·博塔（Mario Botta）在 1984 年设计的金属椅子，闪亮的金属条构成有序的直线纹路，又突显了金属材质本身的美感。还有英国设计师诺曼·福斯特设计的茶几，玻璃面板和金属支架相互呼应，金属部件的结构一览无余，体现了典型的高科技风格特征。

高科技风格的本质是提炼了现代主义设计中的技术性因素，加以夸张处理，形成一种独特的效果，从而赋予建筑或产品以新的美学价值和意义。

10.4.4　过渡高科技风格

过渡高科技风格，又叫做"改良高科技风格"，是对具有工业特征的高科技风格的冷嘲热讽，具有高度的个人表现特点。这种风格的产品设计代表作有 1983 年由杰拉尔德·库别斯（Gerald Kuipers）设计的桌子。这张桌子采用金属框架加上厚重的玻璃台面构成，具有典型的高科技风格的特征。但是，在桌子台面下面加了一块有瑕疵的大理石，对于风格严谨的桌子来讲，有着极端不协调的象征意味和漫不经心的调侃色彩。还有在 1985 年，由罗恩·阿拉德设计的"混凝土"音响组合（图 10-13），在这套音响系统中，混凝土成为音响设备的基本材料。音响和唱盘底座都用混凝土构成，异常粗糙，与精致的音响设备形成古怪的对比，在看似荒诞不经中表达了设计师对于高科技和工业化风格的嘲讽。还有 1987 年加塔诺·皮斯（Gaetano Pesce）设计的小茶几，完全采用钢铁结构制作，但钢铁的桌面破烂不堪，参差不齐地露出下面的钢丝，好像破烂的废品，这也是对高科技风格的调侃。此外，加塔诺·皮斯还设计了许多后现代风格的家具作品，包括著名的"纽约的日落"沙发、"Up5"系列的沙发等（图 10-14、图 10-15）。过渡高科技风格如此另类的表现手法，自然很难得到消费者

的青睐，它更多的是体现设计师个人的表现主义色彩，非常具有个性化特征，它所具有的嘲讽特性主要来源于朋克文化和霓虹灯文化。

图 10-13（左）
"混凝土"音响组合

图 10-14（中）
"纽约的日落"沙发

图 10-15（右）
"Up5"系列的沙发

10.4.5　软高科技风格

软高科技风格所体现的是设计的高情感化，是人性化设计理论的一种具体表现，追求高科技与高情感的完美结合。正因为该设计风格所具有的情感性，所以还有人将其称作"高情感"设计风格。软高科技风格出现在 1980 年代中期，是对高科技风格的修正，试图通过热烈的色彩和曲线的形态，来改变高科技风格的生硬面孔，以塑料等轻便的、更具有亲和力的材质来替代冷冰冰的金属材质。

10.4.6　微电子风格

微电子风格是技术发展的产物，随着电子时代的到来，在设计中大量采用集成电路的电子产品形成了微电子风格。它集材料科学、人机工程学、显示技术、微型化技术和设计的功能化于一体，以达到良好的功能和形式效果为目的。微电子风格的产品具有"轻、薄、短、小"等特点，在 1980 年代之后形成一种时尚。世界上的电子产品企业基本都顺应了这一潮流从事微电子风格的设计。德国的西门子公司、布劳恩公司、克鲁伯公司，日本的松下公司、索尼公司，美国的国际商务机器公司、苹果公司、通用电器公司等一直引领了微电子风格的设计潮流。

随着科技的不断发展，产品设计也越来越小型化，移动电话也由过去的"砖头"大小，变成现在的"掌中宝"了。微电子风格是高科技产品的发展趋势，它代表了未来人类的生活方式。

10.5　绿色设计

人类发展到 20 世纪，进入 1980 年代后，城市化和工业化的空前发展，导致人口、能源、交通以及整个生态环境都遭受了空前的压力，并呈现恶性循环的趋势，自然生态、动植物资源均遭受触目惊心的破坏。寻求一种可持续发展的设计之路，成为目前所要迫切解决的问题。

绿色设计（Green Design）出现于 1980 年代末期，是针对现代社会科技的发展、社会的进步所引发的一系列环境问题的反思。

10.5.1　绿色设计的概念

绿色设计也称为生态设计（Ecological Design）和环境设计（Design for Environment）等。虽然名称各不相同，但是基本思想是一致的，就是要求设计师在进行设计的时候，把环境因素纳入考虑的范畴，在设计阶段就将环境因素和预防污染的措施纳入产品设计之中，将环境因素作为产品的设计目标和出发点，力求使产品对环境的影响为最小。对工业设计而言，绿色设计的核心是"3R"，即减少、循环、再利用（Reduce，Recycle，Reuse），不仅要减少物质和能源的消耗，减少有害物质的排放，而且要使产品及零部件能够方便地分类、回收、再生循环或重新利用。

10.5.2　绿色设计的内容

绿色设计的主要内容包括三方面：其一是材料的选择；其二是产品的可拆卸性；其三是产品的可回收性。

1. 材料的选择

在进行产品设计的时候要慎重选材，在材料选择方面不能把有害成分材料和无害成分材料混放在一起。

2. 产品的可拆卸性

设计师设计的结构要易于拆卸，方便维护。

3. 产品的可回收性

综合考虑材料的回收性能、回收价值、回收的处理方法等，在产品报废后还要能够很方便地回收再利用。

10.5.3　绿色设计的原则

1. 循环原则

循环设计原则是绿色设计的伴随产物，也是绿色设计实现的保障之一，可持续发展的设计之路要求产品的物质材料具有循环性（即产品的物质材料可作为生态循环圈的一部分，易于拆卸、回收和再利用）。对于设计师来说，要避免使材料变成毫无用处的成分，形成资源的封闭循环，就要积极合理地利用易降解、可再生的材料，如：竹子、藤等。此外，还要使产品易于回收处理，废品再回收后可参与向下循环。使用的材料要无毒、无害，避免产品在废弃或重新回收利用后，具有有害成分，对环境和消费者造成不良影响。

2. 可持续原则

可持续设计要求在产品的生产过程中关注产品与环境、人之间的关系，即在产品的全部生命周期内，包括材料的选择、资源占有的最小化、能源消耗的种类、工艺处理、包装、运输以及产品后期处理等相关环节中，将产品的环境指数、性能、质量、成本等，一同考虑到设计指标内，设计可持续的工业产品。在产品的全部生命周期中，将产品与环境的关系纳入整个设计、生产的流程中加以考虑，在产品生产的每个环节中，考虑与之相关的自然环境因素，以减少或杜绝对环境产生不良的影响。

可持续发展（Sustainable development）这一概念，是于 1980 年由自然保护国际联盟（IUCN）首次提出的。《北京宪章》指出：我们现在所面临的环境问题的严重性，是社会、政治、经济相互交织的结果，要解决存在的问题必须有一个综合而辩证的方法，可持续发展正逐渐成为人类社会的共识。

3. 易拆卸、组合、回收原则

在进行产品设计的时候，设计师要使所设计的结构易于拆卸，维护方便，并在产品报废后能够重新回收利用。在产品易于拆卸组装和回收方面，美国的通用电器公司和德国汽车制造商宝马走在了前列。"通用电器公司"把可拆卸设计作为设计的一个重要部分，在产品设计过程中，避免对产品进行粘结或拧螺栓固定，而是采用嵌入式构件，以便于产品回收处理。德国的宝马汽车公司生产的宝马"Z1"型汽车，也是这种镶嵌结构的组合，它的每个部件都可以灵活拆卸，同时又易于回收处理，重新使用。

绿色设计源于人们对现代技术文化所引起的环境及生态破坏的反思，体现了设计师的道德和社会责任心的回归。是基于设计伦理基础上的设计实践和思考，这种设计模式的出现，体现了企业的社会道德和设计师的职业道德，也是社会进步以及环境进一步恶化的体现与警示，通过绿色设计达到人与自然的和谐共处。

第六篇　1990～2013年的工业设计

　　世界当代工业设计的发展呈现多元化的格局,德国、意大利、斯堪的纳维亚国家、美国、英国、法国、荷兰和日本等发达国家在设计的发展上取得了显著成果。尤其是德国的工业设计打破了功能主义的设计格局,出现注重情感性的设计潮流。意大利在家具设计领域继续向前发展,成为世界家具设计潮流的引领者。斯堪的纳维亚国家在家具、家居、陶瓷和玻璃等产品设计领域,形成了明确的潮流风格和设计语言。美国的工业设计失去了二战时期的辉煌,从1980年代开始逐渐恢复,一批新兴设计公司的成立,被看作是美国工业设计的新生力量。英国和法国也开始注重工业设计的发展,并通过一系列的政府鼓励措施促进工业设计的发展。荷兰的工业设计在1990年代开始再度崛起,成为继风格派之后的再次辉煌。日本大企业的消费类数码产品、汽车的设计制造引领了世界设计的潮流。

　　在设计风格方面,体验设计、交互设计、通用设计、女性主义设计、低碳设计、服务设计成为新的潮流,这是技术、经济、文化和社会发展在设计方面的体现。

第 11 章 发达国家工业设计的发展

11.1 德国当代的工业设计

11.1.1 德国设计现状

德国作为现代设计的发源地，包豪斯和乌尔姆设计学院的大本营，德国设计对世界现代设计的发展产生了重要影响。二战之后，德国设计开始逐步复苏，乌尔姆设计学院对战后德国设计的发展起到了重要的推动作用。众所周知，德国具有悠久的理性主义设计传统，这来源于德国的理性主义哲学体系和教育体系的影响。德国设计始终以高度理性化的面貌示人，也往往被冠以缺乏人情味的特征，这是德国设计的典型特征。直到 1980 年代，德国设计仍然遵循理性主义信条，以"形式追随功能"为设计主旨。"设计任务是在社会需求分析的基础上，设计出具有最大功能的解决方案。这一方法建立在狭隘的、只涉及产品实用或技术功能的概念基础上，却否定了产品的传达维度。"[1]

进入 1980 年代，德国的企业面临来自国际市场的激烈竞争，在面对以消费主义为核心的商品经济时，德国设计曾一度遭遇危急。传统德国设计千篇一律的理想主义面貌，遭遇到来自消费主义的严峻挑战。面对国际市场竞争中出现的新问题，德国设计界也在不断反思以应对这一情况。一些具有创新精神的小型设计公司不断创建，这些公司的产品设计，具有新潮、前卫的特点，与传统德国设计理性刻板的面貌大相径庭。这其中最具代表性的公司是青蛙设计（Frog Design）公司，其前卫的设计风格，新奇怪诞的设计表现形式，颠覆了传统德国工业设计的样貌。

青蛙设计公司

青蛙设计公司成立于 1982 年，其创始人哈特穆特·艾斯林格（Hartmut Esslinger）于 1969 年在德国黑森州创立了自己的设计事

---

1 （德）伯恩哈德·E·布尔德克.产品设计——历史理论与务实[M].胡飞译.北京：中国建筑工业出版社，2007：74.

务所，这就是青蛙设计公司的前身。艾斯林格在斯图加特大学学习过电子工程专业，后来他又进入另外一所大学学习工业设计。这样的经历和背景，也让他能将技术和设计完美地融合在一起。1982 年，艾斯林格为维佳（Wega）公司设计了一款亮绿色的电视机，命名为青蛙，这一设计获得了极大成功。从此以后，艾斯林格就用"青蛙"这一名字来命名自己的设计公司。此外，青蛙的英文单词"Frog"恰好是德意志联邦共和国（Federal Republic of Germany）的英文首字母缩写，这种完美的结合，也预示着青蛙设计公司日后成为德国前卫工业设计的杰出代表。

青蛙设计公司的设计哲学是"形式追随激情"，这是对"形式追随功能"设计理念的颠覆。青蛙设计公司所具有的新奇、怪诞、艳丽、嬉皮的特点，与传统德国设计泾渭分明。在这些喧嚣的现象背后，青蛙设计公司又呈现出严谨和简练的美感，这来自于德国传统设计的影响。这种双重的特色，使得青蛙设计公司在 20 世纪末的世界设计界独树一帜。青蛙设计公司具有一种幽默的味道，可以让观者忍俊不禁，比如，青蛙设计公司曾经设计过一款"老鼠"鼠标器，老鼠的造型诙谐幽默，给小孩带来亲切的感受和愉悦的使用体验（图 11-1）。

艾斯林格对德国过去几十年的经济发展历程作了一个概括，他说1950 年代是生产的年代，德国刚刚经历二战的阴影，需要治疗战争的创伤。1960 年代是研发的年代，在经历 1950 年代的大生产之后，德国的经济开始走上正轨，投入资金技术进行研发是保障德国不断前进的必由之路。1970 年代是市场营销的年代，世界进入物质相对繁荣的消费黄金期，懂得市场营销之道，才能在激烈的市场竞争中处于优势。1980 年代则是金融的年代，经济发展的需要，对设计提出了新的要求。1990 年代是综合的时代，经历了几十年的发展之后经济步入稳定期，这一时期人的需求也呈现出多元化的趋势。过去以消费主义为核心的设计理念，也受到了新的挑战。进入 21 世纪之后，世界的设计呈现多元化的发展局势，新兴的设计理念不断出现，用以应对不同群体的个性化消费需求。设计对人内心的关注，也提到了前所未有的高度。青蛙设计公司在面对这一不断变化发展的状况时，也顺应潮流不断调整自己的策略，以适应时代发展的需要。

对于青蛙设计公司来说，设计成败的关键来自两方面，一方面是设计师，另一方面，则来自客户。对于他们来讲，一个合适的合作伙伴，是他们成功的关键。相互尊重、高度信任和责任心是青蛙设计公司不断贯彻执行的准则，这也正是青

图 11-1 "老鼠"鼠标器

蛙设计公司与众多国际大公司合作的基础。青蛙设计公司的设计业务非常广泛，包括交通工具、家具、玩具、家用电器、展览、广告等。进入 1990 年代之后，公司最重要的业务转移到计算机及相关的电子产品领域，并且取得了很大的成就。

艾斯林格认为，设计的目的是创造人性化的环境，他的目标是将主流产品作为艺术来设计。青蛙设计公司跨越了技术与美学的局限，以艺术的、实用主义的、人文的激情来演绎新的设计作品。这一切使得青蛙设计公司的设计师面临前所未有的挑战。艾斯林格于 1990 年登上美国《商业周刊》杂志的封面，这是自从雷蒙·罗维时代之后，又一位设计师获此殊荣。

11.1.2　灯具设计

1. 托巴斯·格如公司的灯具设计

托巴斯·格如（Tobias Grau）公司位于德国汉堡市西北部阿尔托纳（Altona）地区，只有三十几年的历史。公司的名称是以创始人托巴斯·格如（Tobias Grau）的名字命名的，这是一家以设计生产灯具为主的公司。公司创始人托巴斯·格如曾经在德国慕尼黑学习商业管理专业，毕业之后，又前往美国进修设计。拥有商业管理和设计双重背景的托巴斯·格如，不仅精通公司管理之道，还精通多种门类的设计创造，除了灯具设计之外，室内设计、家具设计也是他的涉猎范畴。

托巴斯·格如公司自从 1990 年之后，灯具部门不断发展壮大，这得益于"泰"（TAI）系列吊灯的成功研发，给公司的发展带来了强劲的力量。再加上 1992 年弗兰兹斯卡·格如（Franziska Grau）的加盟，作为公司的经理，他与托巴斯·格如一样，都是修习商业管理专业的。弗兰兹斯卡·格如进入公司之后，对公司起到了很大的影响和改变。

托巴斯·格如公司在经历了 1990 年代的不断扩张，如今进入新千年之后，已经成为全球知名的灯饰品牌。除了生产家用灯具之外，办公用灯、旅馆用灯和医院的照明设备也是托巴斯·格如公司的设计范畴。此外，公司还进行大大小小的照明项目的设计规划，在照明规划师、建筑师和顾客的共同参与下，完成各种照明项目的设计安装。

托巴斯·格如公司的灯具设计注重光照的不同效果，比如"奥克斯"（Oxx）壁灯就有许多种不同的照明效果（图 11-2），一盏灯可以直接照射两个不同的方向，能够同时照亮墙壁、顶棚和地面。再如：外形简单的"X 计划"（Project X）系列灯具也可以提供双重的照明效果（图 11-3）。当灯光穿过乳白色的灯罩投射在地面上的时候，半透明的彩色灯罩也被照亮，映衬出朦胧的光晕。托巴斯·格如公司的灯具设计还

图 11-2（左）
"奥克斯"壁灯

图 11-3（中）
"X 计划"

图 11-4（右）
"快速"灯具

注重实用性和多变性。"快速"（Soon）系列桌灯由多个半透明的塑料关节组成，这些塑料关节被钢带连接固定在一起（图 11-4）。使用者可以依据自己的喜好，调节灯柱的形状，让每盏灯展现出不同的面貌。

2. 设计工坊

设计工坊（Design Studio）成立于 1998 年，这是一家专门从事工业设计、灯具设计、室内设计和其他配件设计的公司。设计工坊的创始人是本杰明·胡夫（Benjamin Hopf）和康斯坦丁·瓦特曼（Constantin Wortmann）。他们都毕业于慕尼黑大学工业设计专业，获得硕士学位之后，一起开办了这间设计工作室。现在，设计工坊成为德国一流的设计公司，形成了自己鲜明的设计风格和公司特色。

瓦特曼曾经在德国灯光设计师英格·摩尔的公司工作过，这位被誉为"光之诗人"的伟大灯具设计师，他的设计作品总是充满了激情，他的设计理念对瓦特曼产生了很大影响。设计工坊成立之后，在产品设计中非常注重诗意化的表达，让物品充满生命，让生活充满诗意，这是他们的设计原则之一。"液滴"（Liquid Drop）落地灯的设计就充满了诗意（图 11-5），落地灯的造型模仿一场急雨在水面上激起的水花的形状。胡夫和瓦特曼抓住了这一迷人的瞬间，将光与水进行了完美的组合，这件精美的落地灯就诞生了。

胡夫和瓦特曼还尝试在产品中加入情感因素，或者是幽默感，让产品能引人联想，可以和顾客交流。瓦特曼认为，设计必须能完美结合生物体的造型和几何元素，再适当加上些许的幽默感，便能创造出独特的设计风格。"鼓翼而飞"（Flap Flap）灯具设计反映了胡夫和瓦特曼关于"幽默"这一设计理念的运用（图 11-6），灯线部分变成

图 11-5（左）
"液滴"落地灯

图 11-6（右）
"Flap Flap"灯

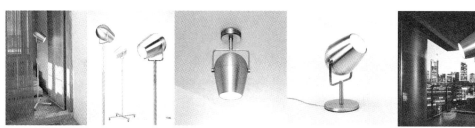

图 11-7　"Pan Am" 台灯

了灯的支架，这一盏盏灯看起来就像飘浮在空中一般，具有空灵魔幻的意味，同时，灯具还具有某种幽默的味道。

在谈到光的特性的时候，瓦特曼说过，光没有特定的性质，每时每刻都在变化，你能发现无穷多适合它的形式。"光"也是灯具创造的重要灵感源泉之一，每一位灯具设计师都对光有着深刻的了解和认知。"Pan Am" 灯具的灯罩部分能作 360°旋转（图 11-7），可以改变光的投射方向，满足不同的照明需求。这是通过改变光的照射方式而进行的设计创作。

3. 光之诗人：英格·摩尔

1932 年出生的英格·摩尔（Ingo Maurer）有"光之诗人"的美誉，几十年来他对光的迷恋，使他一次次颠覆了人们对灯的传统定义。对光的诗意诠释，给平凡的灯插上了梦的翅膀，舞动在光与影的魔幻氛围中。

英格·摩尔始终自谦为"造灯者"，他设计的灯具超过百件，其中 75% 仍在生产中，摩尔的灯具设计具有浓郁的艺术气息，他尝试用各种新的表现方法诠释灯的概念。他营造了一个又一个动人的光影氛围。他用自己的设计实践向世人证明灯也可以独出心裁、与众不同。

英格·摩尔的灯具设计作品，有一部分成为博物馆的永久藏品。摩尔的灯具设计作品与潮流的发展大相径庭，他的设计既不属于现代主义风格，也不属于后现代主义风格。摩尔的设计作品来自于自己对设计的独立思考，是极具视觉感知和功能性的产品。由于创造的不确定性，设计永远没有固定的形式可遵循，所以，他的灯具设计往往出人意表，以你意想不到的方式呈现出来。

英格·摩尔的第一件设计作品是"灯泡"（Bulb），一个放大版的灯泡，这个灯具设计展现了英格·摩尔与众不同的美学思维，在设计师醉心于为灯具裁剪美丽外衣的时候，他却反其道而行之，将灯具的外衣悉数去掉，留下最本真的东西。这种夸大版的灯泡有一种超现实的荒谬之感，虽然造型普普通通，却又趣味十足。1997 年，英格·摩尔继续以"灯泡"灯具为题深入创作了"小鸟"（Birdie）灯（图 11-8），这些灯泡像长了翅膀的小鸟一样，摩尔捕捉到鸟儿飞出巢穴时的瞬间景象，灯具设计

图 11-8　"小鸟"灯

图 11-9　"前程似锦"

图 11-10　"月光"系列茶咖具

洋溢着欢快的动感。摩尔又一次展现和诠释了他对于爱迪生先生的敬仰，展现了白炽灯的极致美丽。对摩尔而言，爱迪生是他永远的偶像，他发明了白炽灯，征服了夜的黑暗，从而改变了人类的生活和社交模式，是对人类发展历程中，起到巨大影响作用的事件。

11.1.3　陶瓷产品设计

麦森是欧洲最早的窑厂，1710 年创立品牌至今已有三百多年的历史。麦森瓷器与罗森塔尔（Rosenthal）以及唯宝（Villeroy&Boch）的瓷器相比，更注重手工艺制作，麦森的瓷器全部由手工制成，因此，每件产品都是独一无二的。麦森还保存了所有产品的原稿和规格文件，至今还提供历史上曾经生产过的 15 万件产品的订制。麦森也不断推出新的设计，2010 年，麦森成立 300 周年，推出了"前程似锦"限量款的花瓶和碗（图 11-9），与麦森传统类别产品相比，造型更加简约，装饰画面和色彩搭配更加抽象凝练。这系列产品使用了独一无二的限量金色标志，大块面的描金工艺搭配色彩艳丽的鲤鱼，寓意吉祥富贵、美满和谐。这款产品凸显了麦森三百年华丽辉煌的历史。

罗森塔尔的陶瓷产品与麦森瓷器相比，注重的是创新与传统的结合。罗森塔尔要创作出每个时期最优秀的原创设计。进入 1990 年代，罗森塔尔的陶瓷产品在延续理性设计传统的同时，通过不断创新，采用艺术化的表现手法，来表达高品位的餐桌文化和室内装饰艺术。罗森塔尔代表了奢华的生活方式和独特的审美情调。

英国设计师贾斯帕·莫里森（Jasper Morrison）1997 年的设计作品"月光"系列茶咖具（Moon Porcelain Tableware）（图 11-10），则延续了罗森塔尔一贯的设计风格，简约理性的功能主义设计原则。莫里森的设计一直被认为是"零度设计"，他的设计作品简约质朴，没有浮华的装饰，深得现代主义设计的精髓。月光系列茶咖具就是一款功能性的陶瓷产品设计，尺寸合宜的器物造型，简约传神的紧致线条，让这款产品成为罗森塔尔的精品系列。"月光"系列茶咖具 2002 年荣获了"红点设计大奖"，2003 年又获得"If 设计大奖"。

"表面"（Surface）花瓶则是罗森塔尔新简约设计风格的代表（图 11-11），这是件系列产品，包括许多不

图 11-11 （左）
"表面"花瓶

图 11-12 （右）
"花瓶的三个阶段"

同种类的陶瓷产品，花瓶是其中的一种。这件花瓶外观采用切割的块面作装饰，充分体现了新简约设计的理念。这种装饰手法让观者在不同角度看到的花瓶形状也不尽相同。

罗森塔尔在充分挖掘传统，延续传统的基础上不断创造新的设计潮流。"花瓶的三个阶段"（Vase of Phases）就是一件潮流化的前卫设计作品（图 11-12），由设计师德罗尔·多费斯（Dror Benshetrit）于 2005 年设计。这套花瓶具有令人惊艳的外观，三个花瓶以三种不同的方式打碎后又重新组合在一起，反映了花瓶的三个阶段："纯洁、损坏和转变"。这件产品 2006 年荣获了"If 设计大奖"。德罗尔·多费斯善于将事物复杂的内涵以最简单的形式表达出来，通过改变花瓶的形状，将产品的意义以直白及隐喻的方式呈现。可以说，他是把诗意融入了产品的功能之中，他设计的不仅仅是物品，在某种意义上更是生活的痕迹。

罗森塔尔还注重多元文化在设计中的融会贯通，公司通过与不同国家设计师的合作来强化罗森塔尔产品的特色。出生于西班牙的帕特丽夏·乌古拉（Patricia Urquiola）就是其合作设计师之一，乌古拉擅长在复古和流行间找寻平衡点，然后以自然的装饰题材以及手工的表现手法，再融合女性特有的纤细柔软的表现方式对设计进行诠释和表达。"景色"（Landscape）系列茶具历时两年时间完成（图 11-13），这系列茶具将东西方对陶瓷的理解和认知融合在一起，光滑简约的器物形态搭配富含装饰性的肌理效果，这些肌理效果是由很多复杂而精细的图案组成的。

唯宝的陶瓷产品设计既注重延续传统，又注重体现都市和乡村的不同生活品位。在延续传统方面，以体现高雅的艺术品位为基准。唯宝的经典系列产品则将传统概念与当代设计和流行元素相融合，以缔造出与众不同的形式美感为目标。在体现不同生活品位方面，唯宝的陶瓷产品以简洁时尚、高雅大方或清新质朴、意蕴清远的艺术特征为格调。

"新浪潮"（New Wave）餐具是唯宝都市风格系列产品（图 11-14），体现了简约设计的理念，展现了简洁优雅的都市生活情调和艺术品位。

"都市自然"（Urban Nature）系列餐具则把清新素雅的乡村风格融入产品设计中（图 11-15），餐具极简的造型，素雅的色调，再搭配木质托盘，表达了现代德国人对于摒弃繁华与浮躁，营建安宁静谧的乡村生活方式的热爱。"阿尔西尔新星"（Althea Nova）系列产品则直接使用了植物作为装饰题材，表达了亲近自然的愿望（图 11-16）。

11.1.4　家具设计

　　二战之后，德国家具设计一直延续着功能主义的设计传统，纯功能主义的设计让德国家具以刻板的面貌示人，缺乏温情和人情味。1980 年之后，德国家具开始走向"新德国设计"风格，这一时期的家具设计在要求好看实用之外，还要有设计感。在这股风潮下制作的家具，设计独特、品质精良，但是产量很低，不能符合社会大众的要求。因此，进入 1990 年代之后，这股风潮又悄然结束。1990 年之后的德国家具设计朝向所谓的"多元论主义"方向发展，这一时期的家具设计多元设计风格并存，有从生态有机主义衍生出来的自由造型的家具，有关注环保，使用回收塑料制作的家具，还有对原有功能主义家具的改造等。

　　进入新千年，德国家具设计继续保持简约设计的传统。在保持简

约风格的同时，与传统德国功能主义设计不同之处在于，更关注材料、品质以及设计的原创性，关注对历史文脉的挖掘和继承，关注产品艺术性的表现形式和最新科技的运用。在新技术的作用下，产生了许多前所未有的家具造型。

1. 维特拉公司

维特拉（Vitra）家具设计展现了当代德国家具设计的风貌，维特拉公司 1934 年从瑞士巴塞尔的一家设计公司开始，1950 年在德国成立维特拉公司总部。现在以家具设计为主，还兼顾礼品和日用品的设计。维特拉公司不仅注重设计，还关注构建全方位的家具文化，创建了世界上第一个现代家具设计博物馆。还大量收藏现代经典家具，其中比较著名的家具包括丹麦设计师维纳·潘顿 1959 年设计的"潘顿"椅，美国著名设计师查尔斯·伊姆斯夫妇设计的"伊姆斯"扶手椅。

维特拉公司 2000 年之后的家具设计朝着更加潮流化、艺术化的方向发展。海拉·杨格瑞斯（Hella Jongerius）2007 年设计的限量产品"办公室宠物"（Office Pets）是其中特色比较鲜明的代表作之一（图 11-17）。这组办公椅更像是艺术品，是杨格瑞斯自由发挥她的设计创作力的产物，这件作品风格很独特，是维特拉公司艺术化家具的探索方向之一。

"植物"（Vegetal）椅则是对历史文脉的再现（图 11-18），这组椅子的灵感来自 19 世纪北美的园艺技艺，那一时期的园丁们会耐心种植和培育植物，通常经过几年时间的修剪和整理，让树木生长成一把椅子的造型。布鲁利克·罗南和埃尔万（Ronan & Erwan Bouroullec）兄弟非常醉心于这种技艺，于是创作了这把具有树木生长状态的椅子。

2. 克拉森公司

德国著名家饰品牌克拉森（Classicon）公司，是以推广全世界高质量、高水准的设计为宗旨而创立的公司。克拉森追求设计的原创性，公司重视设计，注重收纳与生产知名设计师的作品。这些知名的设计师包括：建筑师艾琳·格雷、艾卡特·莫塞苏（Eckart Muthesius）、工业设计师诺曼·柴内（Norman Cherner）等人。此外，

图 11-17（左）
"办公室宠物"椅

图 11-18（右）
"植物"椅

克拉森公司还注重挖掘年轻设计师。这些年轻设计师有：德国工业设计师康斯坦丁·格瑞克（Konstantin Grcic）、英国的双人设计组合巴波·奥斯哥柏（Barber Osgerby），还有来自挪威的设计组合"挪威之声"（Norway Says）等。

艾琳·格雷这位爱尔兰的艺术家，被誉为 20 世纪最伟大的女性设计师，是 1920、1930 年代发起的现代主义设计的先锋之一。她的名字常常与几位重量级的现代主义大师相提并论，他们是勒·柯布西耶、密斯·凡·德·罗和马谢·布鲁尔等人。艾琳·格雷设计的钢管家具，在当时非常具有震撼性和创新性，现在已经成为经典之作。

康斯坦丁·格瑞克是德国慕尼黑人，1965 年出生，1988 ～ 1990 年间格瑞克在英国皇家艺术学院学习工业设计，毕业后留在英国著名设计师贾斯伯·莫里森的设计事务所工作。这期间他积累了丰富的经验，莫里森的设计理念也对他产生了很大的影响。1991 年，他离开莫里森的设计事务所，回到德国慕尼黑开设了自己的设计事务所，从事工业设计业务。2007 年，康斯坦丁·格瑞克被评为年度最佳设计师，现在他是国际设计界知名的年轻设计师之一。

康斯坦丁·格瑞克的产品设计风格具有典型的德国理性主义特色，他的产品设计极其精简单纯。格瑞克的设计作品实实在在，没有很深奥晦涩的成分在里面，这也体现出格瑞克务实的个性。"黛安娜 A"（Diana A）多功能边桌就是这一设计风格的体现（图 11-19），"黛安娜"系列作品从 A 到 F 一共有六款不同的造型，艳丽的色彩、独特的视觉效果、完全开放式的结构让它的实用性不受限制，可以让使用者发挥创造力，随意搭配使用，创造出具有个性风格的个人空间。

"挪威说"设计组合也是克拉森公司的重要合作者，这件"朱诺"（Juno）扶手椅创作于 2003 年（图 11-20）。"挪威说"设计公司自从 2000 年创建以来获奖不断，逐渐得到业界的肯定和认可，从公司的客户名单中就能发现，他们的众多设计作品，已经被知名品牌的制造商选中并投入批量生产，克拉森就是其中之一。

图 11-19（左）
"黛安娜 A"多功能边桌

图 11-20（右）
"朱诺"扶手椅

图 11-21 （左）
瑞森德的购物篮

图 11-22 （右）
长鼻子书签

11.1.5　日用品设计

1. 瑞森德的环保的理念

瑞森德（Reisenthel）公司生产各种用途的日常购物袋和旅行包。其设计理念是以简约的风格，搭配醒目的色彩和清新的装饰，为使用者的生活提供最大便利。瑞森德最具代表性的产品是一个个色彩艳丽的购物篮（图 11-21），这是环保设计理念的体现，德国的环保政策执行得很彻底，也养成了德国人逛超市需要携带购物篮的习惯。由瑞森德公司设计的购物袋美观适用，受到消费者的广泛喜爱。

2. 欧格的人性化设计潮流

与主流德国设计的严肃面孔不同，欧格（Hogri）的设计呈现出来的是轻松幽默的表情，最广为人知的产品是那些有着可爱面孔和表情的日用品。这系列产品是 1998 年诞生的，现在是欧格最畅销的产品系列。这些日常使用的产品造型简单，设计者寥寥几笔勾勒出的幽默形象，会让使用者会心一笑（图 11-22）。

这类设计区别于德国传统设计，他展现了当代德国多样化的设计面貌，从单一的理性主义到人性化设计趋势的转变。这是德国企业进入 1990 年代之后，面对不断变化的国际消费市场，以消费者为核心进行的策略调整，以缓解德国设计理性有余、审美不足的危机。

3. 澳森蒂克贴近生活的设计

"澳森蒂克"（Authentics）公司是汉斯杰格•马艾 - 阿琛（Hansjerg Maier-Aichen）博士在 2001 年组建的家居用品生产公司，澳森蒂克公司生产简洁的、具有实用功能性的厨房和家庭用品，以满足使用者日常生活的需要。

澳森蒂克公司成立的时间虽然不长，但是，现今它已成为国际瞩目的家居生活用品品牌。公司生产的产品范畴包括：厨房用品、浴室用品、运动和旅游等产品。这些日用品的风格简洁、功能性强，适于人们日常生活中使用。澳森蒂克的成功取决于其慧眼独具的产品研发策略，以及善于运用最新材料和生产技术，创造风格独特的生活用品，

图 11-23 "雪人"系列桌
上器皿

图 11-24 城市花园种植袋

做贴近生活的设计，使设计符合人们的多重需求。

"雪人"（Snowman）系列产品就是贴近生活的设计（图 11-23），
这系列产品是由日本知名设计师安积申（Shin Azumi）和安积朋子
（Tomoko Azumi）设计的，产品的造型来自雪人的形象，洁白的陶瓷
产品表面没有任何装饰，就像雪后初晴时人们在雪地上堆砌的雪雕。

"城市花园种植袋"（Urban Garden Plant Bags）又是一件贴
近生活的创意设计（图 11-24）。这个花盆用来种植绿色植物、花卉。
与传统花盆不同，城市花园种植袋外部使用了织物材料，内部添加
了防水材料。这个花盆不需要盆垫，可以随意自然地站立在窗台或
地板上。

11.1.6　汽车设计

"德国汽车工业是德国国民经济的主要支柱产业，德国七分之一
的就业岗位、四分之一的税收依赖于汽车工业和相关产业。"[1] 奔驰、宝
马、大众这三大德国汽车集团，现在成为世界上诸多车厂的股份持有
者和收购者。奔驰公司现在成为德国第一大汽车公司。宝马汽车公司
在 1998 年接手了被誉为"全世界最顶级的汽车"劳斯莱斯。大众公
司在 1991 年收购了西亚特的斯柯达，1998 年收购了布加迪、兰博基尼、
本特利和劳斯莱斯，后来劳斯莱斯转嫁宝马汽车公司。德国汽车工业
近 20 年间继续保持迅猛的发展趋势，在遭遇新千年的金融危机之后，
德国的车厂也不断调整策略，以应对来势汹汹的冲击。

1　张发明著 . 汽车品牌与文化 [M]. 北京：机械工业出版社，2010：19.

图 11-25　"奥迪罗斯迈尔"跑车

德国汽车设计保持了一贯沉稳低调的作风，严谨的德国人将汽车设计作为一件精雕细琢的艺术品在经营。德国汽车虽然没有日本汽车的小巧，没有法国汽车的时尚，没有美国汽车的豪华，却自成一派。

当代德国著名的汽车设计师有哈特穆特·瓦库斯（Hartmut Warkuss）和彼得·史莱尔（Peter Schreyer）。哈特姆特·瓦库斯在1994 年成为奥迪公司的首席设计师。1990 年代初期的大众公司面临设计下滑的局面（奥迪属于大众汽车集团），瓦库斯带领大众设计团队推出多款概念车型，挽救了大众设计的颓势。彼得·史莱尔是哈特姆特·瓦库斯的继任者，他接替了哈特姆特的设计工作，从 1994 年开始负责奥迪 AG 的广告和设计策略。"他的设计重点是在公司所有的产品上使用可明显辨别的设计语言和通过为其车辆创造相似的家用特点建立一个强大的奥迪品牌。"[1]

史莱尔为奥迪汽车样式设计确定了三大特点：其一，使用大块面板制作简洁整体的车身形象。其二，减少汽车的线条，从 A 柱延伸到车尾灯的线条只有一条。其三，金属到玻璃表面的过渡具有连续性。使用这种减法设计方式设计出的汽车具有简约的外观造型，这一设计原则几乎贯穿到奥迪汽车其后的所有款型中。2001 年，奥迪推出的"罗斯迈尔"（Rosemeyer）跑车（图 11-25），代表了德国前卫的汽车样式设计，这款车采用全铝质车身，圆润的造型，与奥迪其他车型有着很大差别。

小结

德国当代工业设计一方面延续了传统德国理性主义的设计风格，另一方面体现了当代德国多元化的设计面貌。德国的纯理性主义设计风格进入 1980 年代之后遭遇了危机，德国设计界开始反思和调整设

---

1 （英）彭妮·帕斯克 . 设计百年——20 世纪汽车设计的先驱 [M]. 郭志锋译 . 北京：中国建筑工业出版社，2005：228.

计策略，以面对出现的这一问题。当代德国工业设计注重历史文脉的传承，关注产品艺术性的表达，在先进科技的推动下，让设计渗透到生活的方方面面。

11.2　意大利当代的工业设计

11.2.1　意大利设计现状

意大利当代著名的艺术批评家、大学美学教授吉洛·德瑞弗斯（Gillo Dorfles）在谈起意大利设计的时候曾经说过这样的话：我认为意大利设计具有十分独特的历史，这与两种文化现象有关，一方面，意大利具有几千年悠久的艺术和手工艺传统；另一方面，与欧洲其他国家，例如：德国、英国、法国相比，意大利的工业化进程晚了许多。意大利的设计诞生于1940、1950年代，从发展时间上来看，比斯堪的纳维亚国家和德国落后。但是，意大利的设计具有非常独特的手工艺传统，这使得意大利的设计从一开始，就有着与其他欧洲国家不同的特性。从吉洛·德瑞弗斯的谈话中可以看出意大利设计的特点，在工业设计方面具有某些与众不同的特点，那就是传统手工艺对工业设计的影响。与北欧以及西欧国家工业设计发展的历程不同，意大利工业设计的出现缺少一个循序渐进的过程，它没有经历一个手工业化的发展进化过程，直接就跨入大工业生产的时代，也就使得意大利的工业设计保留了传统手工艺的特性。

进入1980年代，意大利的工业设计格局出现多元化的发展趋势，首先，孟菲斯的设计实践使得意大利设计界受到很大影响，出现了许多新兴的设计潮流，比如："新巴洛克"、"回归历史"等潮流，主张对材料和家具原型进行具有建筑学价值的重新阐释和分析。走过喧嚣的1980年代，意大利的设计进入1990年代，设计界又面临着不断出现的新问题。在一个压力不断增长的社会，各种不友好的产品使用体验给用户带来许多烦恼。产品的含义也在不断发生着变化，比如：家具意味着情绪失落时的避难所，它不再是为人们提供使用功能的一种产品。因此，设计也面临着不断地调整，需要设计出的产品不仅具有使用功能，还要使产品具有某种魔力，能安抚人们的内心世界。

如今，设计进入了百年的转折期，就像所有的艺术门类那样，设计失去了绝对的信念。设计师们热衷于创造奇妙的、神秘的、感性的或者是富有想象力的美。在这样的思维指导下设计出的产品，往往具有挑衅的视觉效果。设计师的这种态度，经常引来媒体的强烈抗议。唯一不变的是设计师仍然关注人们的内心需求，努力通过设计去安抚人们的心灵，并通过设计作品将这种关怀传达出来。

意大利的设计继续向前发展，各种设计展览和活动也层出不穷，米兰设计周不断吸引来自世界各地的设计师、厂商和观众前来参观。米兰设计周包括：米兰国际家具展、米兰国际灯具展、米兰国际家具半成品及配件展、卫星沙龙展等系列展览的集合。这是世界顶级的展览活动之一，这一展览的不断成功举办，不仅提升了意大利设计的国际知名度，还为这个国家的设计发展提供了更广阔的前景和空间。

在设计不断向前发展的同时，各种环境问题也陆续暴露出来，意大利设计界对这一问题采取积极的应对态度。他们希望把设计做得更具文化内涵的同时，对环境的危害降到最低。如今，环境议题成为设计发展过程中面临的最主要问题之一，在发展设计的同时保护环境，也成为每个设计师所要思考的议题和面临的挑战。

11.2.2　家具设计

说起意大利的设计，小到一把勺子，大到一座建筑，当然还有饮誉世界的时装和家具设计，都是意大利人引以为傲的资本。我们在为意大利设计倾倒的时候，很少有人关注这些设计背后的制造文化。事实上，如果不能从技术层面将设计转化为产品，再优秀的设计也只能是镜花水月，可望而不可即。

设计为什么能够在意大利独领风骚，这归功于意大利独特的制造业文化。意大利注重制造业的发展，注重制造工艺的研发。不断为产品生产的需要研制新机器，不让技术层面的原因限制设计的研发。意大利的工业、企业界将设计与制造这两者有机结合起来，奠定了独一无二的意大利"制造文化"产业。

在意大利杰出的制造文化的影响下，二战之后，意大利的工业、企业开始崛起，尤其是意大利的家具制造业发展迅速。意大利具有悠久的家具生产历史和传统，二战之后，意大利经过几年的战后重建工作，逐步走入正轨。经历几十年的发展，意大利的家具制造业完全复苏，并且成为当今世界家具行业的佼佼者。一些老牌企业继续引领家具制造业的潮流，新兴的家具生产企业和设计公司也如雨后春笋般层出不穷，形成了完善的意大利家具设计和制造体系。

意大利的家具行业涌现出无数优秀的设计师，其中以卡洛·莫里诺、扎努索等人为代表，他们对意大利家具设计国际品牌形象的树立，起到了极大的促进作用。在这些杰出设计师、家具制造商以及政府的推动下，意大利的家具设计形成与斯堪的纳维亚家具设计分庭抗礼的世界家具设计格局。

进入 1990 年代之后，意大利的一些老牌家具企业不断调整企业的发展方向，力图在新世纪继续创造家具行业的辉煌。这些企业包括：阿尔弗莱克斯、B&B 意大利公司、摩若索公司、扎诺塔公司和卡特尔

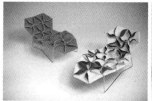

图 11-26（左）
"拉瓦尔"沙发

图 11-27（右）
"Antibodi"躺椅

公司等。这些公司在注重制造文化的基础上，通过与知名设计师合作，不断在米兰设计周中展示他们的新品，引导了世界家具设计的潮流。

在 2009 年米兰设计周中，西班牙设计师帕特丽夏·乌古拉为 B&B 意大利公司设计的"拉瓦尔"（Raval）系列家具成为关注的焦点（图 11-26）。这系列家具将传统与个性化充分融合于一体，藤编织的沙发让人感受到怀旧风格中自然优雅的气息。

帕特丽夏·乌古拉现在成为国际化的设计师，意大利的摩若索公司也是她的业务合作伙伴。帕特丽夏·乌古拉为摩若索公司设计的"Antibodi"躺椅犹如盛开的鲜花（图 11-27），多层毛织品形成的丰富的视觉效果，让人仿佛置身于绚烂多姿的春天花园中。更让人意想不到的是，当把表层的块面反向缝制之后，三角形的连续几何块面，带来截然不同的视觉效果。一种是花团锦簇、活泼妩媚的女性风格，另一种则是沉稳内敛的理性风格。

相比帕特丽夏·乌古拉的设计，罗恩·阿拉德的设计则更加简约含蓄，有着"三层皮肤"（Three Skin）之称的椅子（图 11-28），采用白、红、黑三种色彩彰显理性简约的特色。椅子的造型具有雕塑的美感，线条流畅、造型生动，堪称经典。

与意大利其他家具品牌不同，卡特尔一直坚持使用塑料来制作家具。卡特尔的家具颠覆了传统塑料产品给我们的印象，在这之前，塑料制品给人廉价低档之感，卡特尔的家具设计呈现了塑料制品的独特美感。塑料具有可塑性强、坚固耐用、色彩丰富的优点。卡特尔公司的塑料制品色调轻盈、通透，完美体现了塑料的质感，破除了长期以来塑料制品造价低廉的传统印象，将塑料的美丽演绎到极致。

图 11-28　"三层皮肤"椅

卡特尔公司自从创建至今，不断与国际知名的设计师合作研发新产品，这些设计师包括：罗恩·阿拉德、安东尼奥·奇特里奥（Antonio Citterio）、阿尔贝托·梅达（Alberto Meda）、菲利普·斯塔克、菲瑞克·拉维安纳（Ferruccio Laviani）、布鲁利克兄弟：罗南与埃尔万、帕特丽夏·乌古拉等。这些设计师的加盟，让卡特尔公司的产品设计更具独创性和吸引力。公司的家具设计也多次赢得国际设计大奖，卡特尔公司逐步走向世界设计舞台，成为意大利设计史上最具创新精神的公司之一。

其中，由知名设计大师菲利普·斯塔克设计的"波西米亚"（La Boheme）透明的彩色小凳子（图 11-29），在室内设计和时尚杂志中频频曝光。斯塔克天马行空的创意总是出人意表，他经常会颠覆传统材料给我们的刻板印象。这个晶莹剔透、五彩缤纷，看起来像易碎的玻璃花瓶般的美丽物什，其实你可以放心地坐在上面休息。

卡特尔公司在材质方面的使用独树一帜，以清新素雅的设计别具一格。珀秋纳·弗洛（Poltrona Frau）公司则以生产高品质的家具著称。作为全球顶级的皮革家具品牌，在 2010 年的家具设计中，珀秋纳·弗洛使用了新型材料，如亚克力、金属和板材，这与珀秋纳·弗洛以往的奢华风格截然不同。珀秋纳·弗洛品牌制造商希望通过这种模式唤起家具业对于金融危机的思考，让家具设计回归到理性和务实的道路上。

在 2010 年的米兰家具设计周中，珀秋纳·弗洛推出了新品："天使爱美丽"（Amelie）蓝色餐椅（图 11-30），这把椅子设计得简约直白，圆弧形的椅背很适合人体的背部轮廓，整张椅子没有任何造作的人工痕迹。设计师克劳迪奥·贝利尼（Claudio Bellini）想通过这种设计表达现代都市人的一种生活模式。

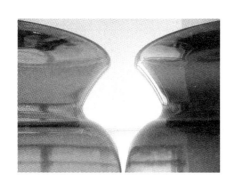

图 11-29 波西米亚彩色透明凳子

图 11-30 "天使爱美丽"餐椅

扎诺塔公司在 2010 年的米兰家具设计周中也推出了新品"翠菊"（Aster）挂衣架（图 11-31），翠菊衣架采用钢制框架结构，造型简约、色彩艳丽，体现了当下的时尚潮流。扎诺塔有"家具界的时尚模特"之称，这一赞誉形象地说明了扎诺塔公司的产品形象，扎诺塔的家具已经成为家具行业的时尚风向标。

蒙太尼（Molteni & C）的家具产品与扎诺塔不同，扎诺塔公司善于抓住时代最前沿的潮流和风尚，家具产品具有令人惊艳的视觉冲击力。蒙太尼的家具产品则模糊了时间的界限，其简约精致的设计令蒙太尼的家具设计不易过时。譬如：让·努维尔（Jean Nouvel）设计的"紧身衣"（Skin）座椅（图 11-32），椅子的视觉形象浑厚整体，简约的造型设计，精致的椅面细节，让这样的家具设计虽不具备潮流性，但也不容易过时。紧身衣座椅管状的铝材支撑构件将皮革材料固定其上，这对工艺与技术提出了挑战，在这一座椅设计中使用了创新技术。

与意大利知名的家具品牌不同，创建于 1976 年的麦哲思（Magis）公司没有悠久的历史，算是家具行业的后起之秀。麦哲思公司非常注重设计，公司创始人一直坚持与知名设计师合作，这也造就了麦哲思杰出的设计品质。麦哲思公司的家具设计精良、风格时尚，其中，最吸引人目光的是充满幽默感的"狗狗之家"（Dog House）（图 11-33）和一系列儿童家具。这间红色的狗窝是 2001 年的产品，由麦克·杨（Michael Young）设计。窝体采用聚乙烯旋转模压制成，支架是不锈钢材料。最让人意想不到的是，麦克·杨还为小狗们设计了台阶，方便它们进出狗窝。

贾维尔·马里斯卡尔（Javier Mariscal）为麦哲思设计的儿童玩具"巢"（Nido nest）（图 11-34），是一个造型可爱的小洞穴，耐磨的聚乙烯材料，可以让孩子们带上它在室内和室外随意玩耍。巢内

图 11-31（左）
"翠菊"挂衣架

图 11-32（右）
"紧身衣"座椅

图 11-33（左）
狗狗之家

图 11-34（右）
"巢"儿童玩具

还有绿草，顶棚上可以涂写，这款产品深受小朋友的喜爱。

相比较这些具有几十年历史的家具公司，建于 1987 年的艾德拉（Edra）公司后来居上。该公司以生产造型时尚的前卫家具为主。艾德拉公司的大部分家具产品都是由年轻设计师设计的。他们在家具设计中注入个性化元素，于家具用材和创作技法上作新的尝试。有的家具设计集传统和现代风格于一体，有的家具设计如玩具般哗众取宠。艾德拉的家具设计勇于创新，其前卫的设计风格赢得了不少年轻消费群体的喜爱。艾德拉公司现在成为一个极具个性的前卫家具品牌。

汉伯特·卡姆帕纳和费尔南多兄弟（Fernando and Humberto Campana）是艾德拉公司重要的兄弟设计组合，他们出生于巴西的圣保罗，是南美著名的设计师。兄弟俩与艾德拉进行长期的设计合作，艾德拉公司为他们的发展提供了广阔的平台。兄弟俩将巴西低技术含量的工艺与可循环使用的材料进行组合，然后将这种看起来很不起眼的组合，转化为适合意大利制造业规则的设计行动，卡姆帕纳兄弟的家具作品就这样一件件诞生了。

"贫民区"（Favela）椅是卡姆帕纳兄弟最具个人风格的一件作品（图 11-35），他们将从巴西贫民区取得的废木，用手工钉制和黏结制成，体现了设计师对环境和社会的一种思考。卡姆帕纳兄弟所有的家具设计都呈现出手工艺和工业相组合的特征。他们喜欢剑麻、稻草、木材和藤条等天然材料与合成材料结合起来使用。他们还善于使用稀有材质、现成品与工业垃圾，将其创新改造成前卫的家具产品。他们的主要目的在于寻找巴西式设计的特点，尽量摆脱理性的现代主义设计对欧洲设计的统治。

图 11-35　"贫民区"椅

11.2.3　日用品和灯具设计

除了家具之外，意大利的日用品和灯具设计也非常出色。诞生于1921 年的阿莱西公司是日用品行业的佼佼者，弗罗斯（Flos）、卢斯普兰（Luceplan）等灯具公司则是后起之秀，现在成长为国际知名的灯具品牌。正是这些杰出的品牌，奠定了高品质的意大利设计的国际形象，对意大利设计的发展作出了不可磨灭的贡献。

阿莱西公司经过近 70 年的发展，奠定了它在家居用品领域的主导地位。随着阿莱西公司业务的不断发展壮大，1998 年，阿莱西在美丽的西西里岛的小城恩纳建立了阿莱西博物馆，用来珍藏和陈设阿莱西历年的设计作品。博物馆落成之后，吸引了世界各地的设计师前去参观，这座小城也因为有了阿莱西而名扬海外，成为设计师学习和参观的圣地。

2005 年，阿莱西仍然保持着世界十大最知名的家居品牌的美誉。作为家居品牌的常青树，阿莱西不断寻求多方面的发展，与众多优秀设计师合作研发新产品。阿莱西的许多合作设计师都具有国际知名度，这些人包括：阿希里·卡斯特里尼（Achille Castiglioni）、菲利普·斯塔克、理查德·萨伯（Richard Sapper）、米歇尔·格兰乌斯（Michael Graves）、艾托·索扎斯、史蒂芬诺·乔凡诺尼（Stefano Giovannoni）等人。这些设计师的加盟极大地提高了阿莱西品牌的知名度和含金量。

2007 年，史蒂芬诺·乔凡诺尼设计了"满清家族"（The Chin Family）系列厨房用品（图 11-36）。这是台北故宫博物院与阿莱西公司的合作项目。史蒂芬诺·乔凡诺尼的设计灵感来自《乾隆皇帝的文化大业》一书中的乾隆画像，乾隆的画像在史蒂芬诺·乔凡诺尼的手中变成了眼睛细长、身穿清朝服饰、头戴官帽的形象。"满清家族"系列产品有着阿莱西设计一贯的幽默风格。

在灯具设计领域，弗罗斯公司的产品最具前瞻性。进入 1990年代之后，弗罗斯的灯具产品朝着更加多元化的格局发展。在2001 年，弗罗斯公司聘请了荷兰设计师马塞尔·万德斯（Marcel Wanders）加盟为其设计灯具产品（图 11-37）。马塞尔·万德斯的到来为弗罗斯带来了很大转机，公司在这一年中，经济效益得到大幅提升。

今天，弗罗斯公司成为灯具设计领域知名的品牌之一，公司的产品获得了无数赞誉，并且成为世界各大博物馆的永久藏品。纵观弗罗斯公司近 50 年的发展史，可以看到弗罗斯公司在灯具设计中追求设计的潮流化趋势，为迎合消费群体的喜好，设计生产具有生活趣味的灯具产品的历程。弗罗斯公司的成功经验告诉我们：设计对于企业发

图 11-36（左）
满清家族

图 11-37（右）
飞艇（Zeppelin）吊灯

展的重要作用，企业想要把握住时代发展的脉络，在业界处于领先地位，就要不断提高自己的设计水准，这是企业发展的必由之路。

　　卢斯普兰公司建立于 1978 年，比弗罗斯公司的历史还要短暂，是由三位建筑师：里卡多·萨法提（Riccardo Sarfatti）、保罗·瑞扎托（Paolo Rizzatto）和桑德拉·瑟微瑞（Sandra Severi）创建的。1984 年，卢斯普兰开始与著名设计师阿尔贝托·梅达合作，这成为卢斯普兰发展史上最重要的转折点。

　　从 1980 年代开始，卢斯普兰公司就确定了拒绝盲目追求时尚，以创新作为设计的一贯准则和目标。进入 1990 年代，卢斯普兰公司率先采用了更易分解的工艺流程，设计出用易分解的原材料制成的产品，这种生产工艺和材料制作出来的产品易回收，对环境危害小。2000 年之后，卢斯普兰公司不断与国际知名设计师合作研发新的灯具产品。这款 2004 年生产的台灯"布瑞"（Birzì）由佛斯纳·吉安卡洛（Fassina Giancarlo）设计（图 11-38），这款台灯具有幽默讽刺的味道。佛斯纳·吉安卡洛设计了一款可以被"虐待"的台灯，使用硅树脂材料制成的柔软灯体，可以根据使用者的心情随意改变大小和形状。

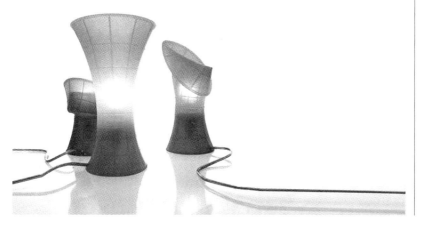

图 11-38 "布瑞"台灯

11.2.4 知名设计师

意大利具有众多优秀的设计师群体，这些设计师既包括国际著名的设计师，也包括新生的设计力量。其中，安东尼奥·奇特里奥、史蒂芬诺·乔凡诺尼、罗德尔夫·多多尼（Rodolfo Dordoni）、阿尔贝托·梅达等人现在是享誉世界的知名设计师，他们为意大利设计的发展作出了不可磨灭的贡献。

进入 2000 年之后，新生的设计力量开始成长起来。1974 年出生的拉斐尔·蓝奈楼（Raffaele Lannello）凭借他的"巫术"（Voodoo）刀架设计引起国际设计界的关注（图 11-39）。"跳跃！设计"（Hop！Design）的创始人保罗·托西（Paolo Tosi）则进行多元的跨界设计，从室内设计行业跨界到产品和建筑设计领域。成立于 2004 年的乔戎（Joe Velluto）（JVLT）现在已经是米兰最著名的设计事务所之一。创始人安德里亚（Andrea Maragno）总是以一张经过拼贴处理的照片示人（图 11-40），让人很难见到庐山真面，他宣称乔戎是一个并不存在的设计机构，只存在"JVLT"的设计哲学。这些新生设计力量为意大利当代工业设计的发展注入了新鲜的血液，他们个性鲜明的风格形象和设计作品，树立了意大利当代工业设计多元化的面貌和形象。正是在这些新锐设计师和老一辈设计师的共同努力下，奠定了意大利工业设计的卓越地位。

1. 安东尼奥·奇特里奥

身为家具工匠之子的安东尼奥·奇特里奥，1950 年出生于米兰北部传统意大利家具重镇梅达。奇特里奥生性随和，为人谦逊低调。奇特里奥的设计范围从建筑设计、室内设计跨越到家具设计等诸多领域，三十多年的设计生涯，为他积累了无数的设计经验。

奇特里奥是一位勤奋的设计师，在每年的"米兰国际家居沙龙展"上，都可以看见奇特里奥的家具新品问世。他的设计仅家具一项就有上百款，这与他的生长环境有着一定的关联，从小在家具设计和制造环境的熏陶下长大的奇特里奥，对家具设计情有独钟。正是这种成长背景，让毕业于米兰理工学院建筑系的奇特里奥，对家具设计的相关

图 11-39（左）
"巫术"刀架

图 11-40（右）
乔戎创始人安德里亚的拼贴照片

环节能够驾轻就熟、运用自如。

奇特里奥的设计种类繁多，但风格统一，他喜欢作简单的设计，这是他始终如一的风格。他一直保持着自己的信仰，既不激进也不保守，虽没有风格前卫的另类之作，却也是各大厂商乐于合作的对象。奇特里奥的设计作品看似平淡无奇，却隐藏着耐人寻味的细节。他所关注的永远是材料和技术的创新、市场的销售反馈。各种多变的设计风格，从不在他的考虑范围之内。

2. 斯蒂凡诺·乔凡诺尼

斯蒂凡诺·乔凡诺尼的设计范畴非常广泛，包括建筑设计、室内设计和工业设计领域。他于 1954 年出生于意大利的北部港口拉思帕斯亚，1978 年毕业于佛罗伦萨的建筑学院，毕业后留在米兰生活和工作。从 1979 年至今，乔凡诺尼一直在佛罗伦萨学院、米兰多莫斯学院等大学进行教学和研究工作，这种学院的背景对他的设计创作也提供了很大帮助。

作为一名设计师的乔凡诺尼，他的作品是巴黎蓬皮杜中心和纽约现代艺术博物馆不可或缺的藏品。除此之外，他还是一名建筑师，他的建筑设计作品多次在国际大赛中获奖。同时，乔凡诺尼还是一位色彩方面的大师，色彩在他手里运用自如，仿佛具有了魔力。他为阿莱西设计的各种产品，充满了绚丽的色彩，具有让人着魔的魅力。这些产品经常登上时尚杂志和报纸，曝光率非常高。除了设计，乔凡诺尼还对卡通、科幻小说、赛璐珞神话和富有想象力的小说具有浓厚的兴趣。这种多元化的兴趣爱好，也为他的设计注入了源源不竭的活力。

1985 年，乔凡诺尼以小人的剪纸为题材为阿莱西公司设计的"king-kong"系列厨具用品畅销至今。他的作品往往具有幽默的戏谑味道，不太受正统设计的影响。其经典设计包括"魔术兔牙签架"、"兔子纸巾架"以及"小木偶面具漏斗"等。他总是强调产品是生活的情感与记忆，他善于以图像式的概念想法入手进行设计，并带有一种诗意的讽喻来展现他产品设计的复杂情感性。

3. 罗德尔夫·多多尼

意大利著名设计师罗德尔夫·多多尼 1954 年出生于米兰，1979 年毕业于意大利米兰综合技术学院建筑专业，他既是一位建筑师也是一位设计师。毕业之后，他就开始了与意大利著名的家具厂商卡佩里尼（Cappellini）合作。此后，多多尼不断与意大利知名公司合作，设计了众多畅销的产品，从家具、灯具、餐具到艺术品。他起到引导这些合作公司的艺术潮流与产品走向的作用，可以说他是这些公司的灵魂人物。

"皮隆达"（Pilotta）椅是多多尼为卡西纳公司设计的第一件作

品（图 11-41），他创造了一个轻盈灵巧、结构合理、做工精良、面料舒适的坐具。多多尼成功地完成了与卡西纳公司的首次合作，也漂亮地展示了他对于结构、材料的掌握。多多尼的设计在于精益求精，在设计皮隆达椅的过程中，他始终围绕着最基本的几何线条来开展工作，不做浮夸的表面设计。他更多地去尝试轮廓线对造型的改造，研究连接处结构的合理性。通过结构技术上的规则创造一个在形式上真正合理的座椅，这把造型简洁，具有几何形力度感的座椅就是多多尼苦心孤诣研究的结果。

多多尼的设计给人一种清新宁静之感，让人联想到中产阶级的宁静生活。他的设计作品没有浮华的装饰，只有去掉装饰后事物最本质的东西。这种舒适和宁静之感，体现在质量的可靠性和结构的合理性等方面，多多尼设计的"波波利"（Boboli）桌子更是完美地体现了他的这一设计哲学（图 11-42）。波波利的桌面可以是木料、大理石或者是玻璃材料，让人惊奇的是桌子的支撑部位，它既可以是支架，也可以是中央式的底座，支架部分被铝质的花结环绕，折叠的时候通过垂直轴线上的轻微旋转就可以完成。

4. 阿尔贝托·梅达

阿尔贝托·梅达 1969 年作为一名机械工程师从大学毕业。自从 1973 年开始，梅达就进入以生产塑料制品而闻名的卡特尔公司工作，在卡特尔公司他主要负责家具和塑料实验室的研究项目。1979 年之后，他开始以自由工业设计师的身份与多家厂商合作，这些厂商都具有国际知名度，是业界的佼佼者。随着业务的不断扩展，梅达的知名度也不断提高。他不断参加各种国际比赛和展览，并且屡获殊荣。

阿尔贝托·梅达的设计风格受到日本文化的影响，比如他在 2005 年设计了日本风格的椅子（图 11-43）。这把椅子完美地体现了日本美学风格，椅子拥有简单的结构和精准的细节，在椅子腿部和后背处的连接部件，好似骨骼一样链接着这两个部分。

图 11-43　阿尔贝托·梅达设计的具有日本美学风范的座椅

小结

自从 1980 年代开始，意大利的后现代主义设计运动，使意大利的设计师一直走在世界设计界的前沿，他们所展现出的无穷创造力让世人眼花缭乱。这些风潮过后，意大利的设计走向 21 世纪，在新千年中，意大利的设计呈现多元化的发展格局。意大利的设计不同于美国的商业主义设计，也不同于传统味道浓郁的斯堪的纳维亚设计。意大利的设计在根植于传统的基础上，应用现代的思维模式、现代的工艺材料，将设计进行重新地演绎，这也使得意大利的设计具有与众不同的特色。

意大利的设计具有非常鲜明的民族化、本土化风格，就如意大利民族给世人留下的浪漫、多情，喜欢追求新奇、刺激的品性一样，意大利的设计也是新奇、时尚与高品位设计的代言。意大利的设计是艺术和文化结合的载体，是传统工艺和现代技术完美融合的体现。

11.3　斯堪的纳维亚国家当代的工业设计

斯堪的纳维亚的工业设计进入 1990 年代之后，随着日益频繁的国际交流合作以及各种展览和竞赛活动的举办，越来越多地被关注和重视，在西方和亚洲国家也兴起了研究斯堪的纳维亚设计的热潮。其中，斯堪的纳维亚工业设计的发展具有鲜明特色，芬兰、丹麦两国继续领跑斯堪的纳维亚的设计潮流，瑞典紧随其后，挪威在 1970 年代之后设计逐步开始发展，但与上述三国相比，发展步伐相对缓慢，冰岛在斯堪的纳维亚国家中工业设计的发展仍处于最末的状态。

斯堪的纳维亚地处欧洲最高纬度的北部，冬季漫长寒冷、夏季短暂温暖。由于气候严寒，斯堪的纳维亚自然资源相对匮乏，除了木材之外，只有少量的矿物是其出口物资。因此，斯堪的纳维亚在工业革命时代处于不利的地位。直到 20 世纪之后，才找到途径改善自己的经济环境。如今，芬兰的林业、高科技产业，瑞典的制造业、矿业和林业，丹麦的农业，挪威的航运业和冰岛的能源都成为他们各自的优势产业。工业设计也正是在斯堪的纳维亚国家强大的经济实力和制造业的推动下，在近20年取得了显著的成绩。

11.3.1　斯堪的纳维亚国家工业设计的特色

1. 芬兰

芬兰有三分之　的领土位于北极圈内，境内独特的自然景观和人文环境，造就了芬兰设计与众不同的个性。首先，芬兰设计关注本土文化的运用，注重传统手工艺在现代设计中的延续和应用。其次，设计渗透到生活的各个层面，设计是一种提高生活质量的手段，一种抵御严酷自然环境的工具。再者，设计民主思想深入人心，这与芬兰的社会政体和文化体制有着深刻的关联，芬兰乃至整个斯堪的纳维亚都建立了全面的社会保障体系，这种政治制度下的工业设计自然反映的是普通民众的需求。

在斯堪的纳维亚国家中芬兰的工业设计发展得最有特色，从享誉世界的品牌：诺基亚、伊塔拉、再到玛丽麦高，芬兰设计给世人呈现出的是无尽的遐想和无穷的创造力。诺基亚这个芬兰通信产业的旗手，以高品质的手机产品征服了广大的消费者，其生产的手机终端产品曾经在全球市场上占到了30%以上的份额。伊塔拉是芬兰著名的以玻璃制作为主的品牌，汇集了斯堪的纳维亚玻璃生产的最高工艺，也是世界玻璃行业的佼佼者。在芬兰人眼中，成立于1951年的玛丽麦高公司是最能代表该国消费品的品牌。公司创始人阿尔米海诺·拉蒂亚是一位杰出的女性，她为20世纪的设计史谱写了浓墨重彩的一章，一手把默默无闻的小印染厂变成国际知名的品牌。

除了这些知名的品牌，芬兰新生代的设计师和设计团体不断涌现，以哈里·科斯肯宁（Harri Koskinen）、伊里卡·苏帕宁（Ilkka Suppanen）、瓦尔弗魔（Valvomo）设计团体等为代表。芬兰新生代设计师以芬兰传统文化为根基，在设计中不断运用本土文化和本地资源进行创作。比如：米高·巴佳能（Mikko Paakkanen）2002年设计的既可以悬挂钥匙，又可以用来开啤酒瓶盖的雷米（Remmi）皮带（图11-44），反映的就是当下芬兰年轻人的生活状态。再如：塔皮欧·安塔拉（Tapio Anttila）设计的托盘，就采用了芬兰的国树"白桦树"为创作材料（图11-45）。这些新生代设计师承前启后，在继承老一辈芬兰设计师优秀传统的基础上，开创了芬兰当代设计的时尚潮流，体现了芬兰工业设计的优良品质，展现了时尚高雅的芬兰当代设计的味道。

2. 瑞典

瑞典设计与芬兰和丹麦相比，少有设计大师的出现。瑞典设计注重随意化的风格，这种没有包袱的设计，让瑞典设计在二战之后得到

图 11-44（左）
米高·巴佳能设计的雷米皮带

图 11-45（右）
塔皮欧·安塔拉以白桦树为材料设计的托盘

快速发展。瑞典设计师关注地理环境与设计的关系，由于斯堪的纳维亚地处北欧，瑞典设计师更多地考虑如何通过设计让瑞典人生活得更好，这也是造就优秀瑞典设计的一个原因所在。

　　瑞典的工业设计风格简洁、纯粹，瑞典设计师并不十分强调设计的个性化，他们更关注产品的实用性。工业设计的核心理念是追求产品的精美、质朴和灵动，做贴近生活的设计。瑞典人曾提出一个响亮的口号：把日用品做得更美！这一口号充分反映了当代瑞典工业设计的状况和目标。

　　不仅如此，瑞典还保持着良好的手工艺传统，在瑞典的北部拉普兰地区，保留着传统的萨米手工艺，而在瑞典的南部斯康纳则以艳丽、粗犷的纺织品闻名。除了这两大地区之外，瑞典的不同地区还保留着各自的手工艺传统，包括：木质工艺品、制陶、皮具、编制篮子等不同的手工艺类别。尽管现代化的生产方式日益侵蚀着传统手工艺的阵营，但是，瑞典的工业设计很好地保留了手工艺传统于其中，这是瑞典设计的特色。

　　瑞典自从进入 1990 年代，工业设计在政府的支持下，在设计教育的推动下不断向前发展。期间涌现出许多知名的产品品牌和设计公司，比如：创始于 1984 年的普雷萨姆（Playsam）公司就是其中之一，这是一间以玩具生产为主的企业。普雷萨姆的产品设计注重色彩、造型和功能。其核心的理念在于创造一种从视觉和触觉方面都给使用者不一样感受的玩具产品（图 11-46）。普雷萨姆麾下网罗了布约翁·达斯特罗姆（Björn Dahlström）和沃夫·汉斯（Ulf Hanses）这些知名设计师为其度身定制产品。其中，达斯特罗姆设计的兔子木马（图 11-47）已经成为经典产品。普雷萨姆公司经常荣获瑞典设计界著名的"瑞典

优秀设计奖"（Excellent Swedish Design），作为玩具生产领域的前沿性企业，普雷萨姆公司成为新一代斯堪的纳维亚设计的重要品牌。

　　除了普雷萨姆公司之外，斯德哥尔摩设计工房（Design House Stockholm）、简（Simplicitas）设计公司、卡勒莫（Kallemo）公司等，都是斯堪的纳维亚时尚产品设计的标志性企业和设计公司。

　　优秀的设计师也如雨后春笋般不断涌现，他们是克拉森·考维斯托·若内（Claesson Koivisto Rune）组合、托马斯·博恩斯特朗德（Thomas Bernstrand）等人。此外，在瑞典女性工业设计师占设计师职业的一半比例，这是世界上女性从事工业设计职业最多的国家。她们包括：伊丽卡·拉格比卡（Erika Lagerbielke）、莫尼卡·福斯特（Monica Förster）等人。

　　3. 丹麦

　　丹麦位于欧洲的西北角上，是一个位于北欧大陆边缘的袖珍小国，但是，小国的设计却有大国的风范。在丹麦，有具有两百多年历史的陶瓷厂：皇家哥本哈根（Royal Copenhagen），现在成为丹麦最具代表性的品牌。还有创建于 1904 年的经典品牌乔治·杰生（Georg Jensen），这是以生产银器为主的企业。创始人乔治·杰生对银这种材质有着与生俱来的喜好，他所创立的精雕细刻的银制品设计典范，开创了银雕艺术的先河。将银的材质本色和特色发挥得淋漓尽致，使银制品具有永恒的艺术魅力。乔治·杰生把对雕塑的敏感、对材料的熟悉、对艺术的悟性完美地结合在一起，创造出了令人耳目一新的银制品。乔治·杰生的目标是将艺术和工艺完美地融合在一起，他的这种设计理念，让他的作品保持了持久的魅力。乔治·杰生公司的产品类别包括：珠宝系列、腕表系列、银雕器皿系列、家居生活系列、刀叉系列。现今，皇家哥本哈根和乔治·杰生这两大品牌在延续经典设计的同时，不断推出创新的产品设计，继续引领丹麦设计的潮流。此外，诺曼·哥本哈根（Normann Copenhagen）、伊娃·颂露（Eva Solo）等以创新设计为主的后起之秀，也加入到丹麦工业设计的阵营中，不断丰富和加强丹麦工业设计的潮流和力量。

　　丹麦是一个盛产设计大师的国度，在第一代丹麦设计大师的带领下，丹麦设计新秀层出不穷，他们是新锐设计师路易斯·坎贝尔（Louise Campbell）、汉斯·萨德格伦·雅各布森（Hans Sandgren Jakobsen）

等人。这些设计师通过不断与各大品牌合作提升自身的知名度，还创建设计公司从事各种类别的跨界设计。

丹麦设计的概念是从 1940 年代开始，渐渐被国际设计界接受和认可的，丹麦逐渐树立起设计的国际形象。现在，设计已经变成这个国家的形象认知体系的一部分。丹麦的产品设计从人们日常生活的相关环节入手，追求高品质的原创设计。丹麦的家具设计、灯具设计也成为卓越设计的代名词。

4. 挪威

与斯堪的纳维亚其他国家相比，挪威工业设计起步较晚，1970 年代后，挪威设计才逐渐跳出封闭狭隘的民族情结，引入先进的技术思想来发展工业设计。挪威更注重将工艺与传统的大众艺术相融合。虽然，挪威的工业设计较其他几国而言并不广为人知，但挪威的珐琅设计却是斯堪的纳维亚珐琅设计的翘楚。挪威的家具制作行业历史悠久、工艺精湛，尤其在人机工程学的领域有不俗的表现。比如：挪威设计师杨·伦德·克努森（Jan Lunde Knudsen）最早将模数和标准化的概念引入到办公家具设计中。

进入 1990 年代，挪威工业设计的新生力量开始成长起来，"挪威之声"（Norway Says）是其中比较有代表性的设计组合，由三位年轻的设计师共同组建，他们是安德鲁·英格斯维克（Andreas Engesvik）、艾斯本·沃尔（Espen Voll）、拖比约恩·安德森（Torbjorn Anderssen）。挪威之声从事产品、家具和室内空间设计，他们的设计注重文化和个性。现今，挪威之声在国际设计界具有一定的知名度，各大品牌也不断邀请他们加盟从事各类设计。此外，K8 组合、约翰·维尔德（Johan Verde）等也成为挪威当代设计力量的重要组成部分。

11.3.2　斯堪的纳维亚国家工业设计的类别

1. 玻璃

斯堪的纳维亚国家的玻璃艺术与欧洲国家的同类艺术相比，在设计上具有纯朴、简洁的特色，在造型及色彩方面同样追求朴实无华。斯堪的纳维亚具有悠久的手工艺传统，在工业化生产模式日渐普及的今天，其玻璃器皿制作仍然延续着传统手工业的制作模式。

斯堪的纳维亚诞生了许多知名的玻璃品牌，芬兰的伊塔拉、瑞典的珂丝塔·博达（Kosta Boda）和欧瑞诗（Orrefors）共同成为斯堪的纳维亚玻璃行业的主导者。这些企业在引进现代化生产模式的同时，仍然保留了优秀的手工艺传统，尤其是芬兰的玻璃器皿设计很具有代表性，在伊塔拉的工厂里，工人们仍然部分保留手工工艺制作玻璃器皿的传统。

伊塔拉是芬兰著名的玻璃品牌，它在世界玻璃产业界拥有重要的地位，其高超的制作工艺和杰出的设计水平，代表了斯堪的纳维亚玻璃设计制作的最高成就。伊塔拉一直强调产品的质量，在产品制作过程中坚持采用无铅玻璃，其原材料的各项性能均达到水晶的标准，光源反射性和水晶一样完美。伊塔拉构建了玻璃发展史上的里程碑，为世界玻璃行业的发展作出了卓越贡献。

伊塔拉公司成立于 1881 年，如今已经走过上百年的历程。它原本是芬兰的玻璃工艺品牌，现如今成为一个旗舰产业，其麾下品牌包括阿拉比亚（Arabia）、哈克曼（Hackman）、波德诺瓦（Bodanova）、赫格纳斯陶瓷（Höganäs Keramik）、罗斯兰（Rörstrand）、赫杨·鲍莱斯（Høyang-Polaris）等。2007 年，伊塔拉公司被费斯卡（Fiska）公司收购，让伊塔拉这个有着上百年历史的老厂，又重新走入了发展的新纪元。

伊塔拉拥有众多优秀的设计师群体，这些设计师都拥有国际知名度，最出名的莫过于阿尔瓦·阿尔托，他在 1936 年设计的"阿尔托"花瓶至今仍在热卖中。这款花瓶深受芬兰人的喜欢，几乎走近了芬兰的千家万户。还有阿尔托的妻子艾诺·阿尔托设计的玻璃杯，也堪称精品。"还有一位为伊塔拉作出重要贡献的设计师是奥伊瓦·托伊卡（Oiva Toikka），他的设计风格清新自然，静谧中透出柔和，古典中包含现代，冷峻简约的现代主义美学被演绎得出神入化。"[1]

玻璃鸟是伊塔拉公司最具特色的产品。奥伊瓦·托伊卡三十多年来一直从事玻璃创作，他创作的玻璃鸟成为世界范围内很难逾越的艺术高峰（图 11-48）。1997 年，伊塔拉公司在奥伊瓦·托伊卡的建议下，引入了乔治奥·维格纳（Giorgio Vigna）设计的几款造型简洁的玻璃鸟，这些鸟的形态更加抽象，采用了多层玻璃复合，展现强烈厚重的视觉效果。"维格纳用当代的艺术语言、生动的刻画展现了有如线性雕塑般的玻璃鸟系列作品。这些小巧的玻璃鸟在轻盈光滑的表面下，却蕴藏着厚重的张力。"[2]维格纳设计的玻璃鸟有三个系列：单色鸟（Circoli Birds）（图 11-49）、多彩鸟（Colori Birds）（图 11-50）和高对比颜色的鸟（Contrasti Birds）（图 11-51）。2008 年之后，伊塔拉公司继续起用新人阿努·潘蒂宁（Anu Penttinen）和马蒂·提兰纳（Matti Klenell）为其设计玻璃鸟（图 11-52、图 11-53）。

图 11-48（左）
奥伊瓦·托伊卡 2010 年创作的玻璃鸟

图 11-49（右）
单色鸟

 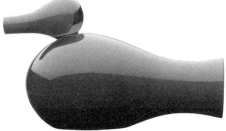

1　于清华等著 . 品味芬兰·设计物语 [M]. 宁波：宁波出版社，2008：52.
2　于清华等著 . 品味芬兰·设计物语 [M]. 宁波：宁波出版社，2008：89.

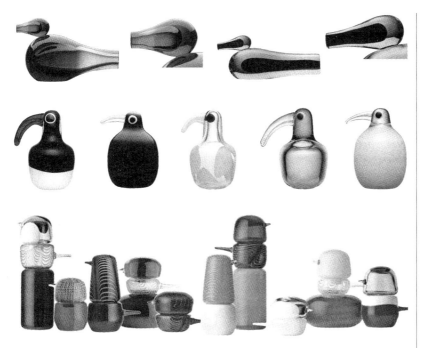

图 11-50（左）
多彩鸟

图 11-51（右）
高对比颜色的鸟

图 11-52　阿努·潘蒂宁
2008 年创作的玻璃鸟

图 11-53　马蒂·提兰纳
2010 年创作的玻璃鸟

　　芬兰设计融入生活的每一个层面，创造了高品质的斯堪的纳维亚生活典范。伊塔拉作为芬兰设计的代表，具有浓郁高雅的北欧生活品质。其简洁实用的设计风格，功能至上的设计理念，也代表了斯堪的纳维亚的设计哲学。

　　芬兰的玻璃品牌以伊塔拉为代表，展现了芬兰民族对传统工艺的延续，对玻璃艺术语言的不断锤炼和升华。瑞典的玻璃设计则以装饰性、功能性和雕塑性的融合为特征，追求造型的优雅。其中，珂丝塔·博达、欧瑞诗是其代表性的品牌。

　　珂丝塔·博达创建于 1742 年，专门为瑞典皇室服务。珂丝塔·博达的转折点出现在 1898 年，雇用了第一位设计师贡纳尔·万纳巴格（Gunnar Wennerberg）为其设计玻璃制品。现如今，珂丝塔·博达以家居饰品和首饰设计为主。每件产品都是艺术与工艺相结合的产物，充分体现了装饰性、功能性与雕塑性的完美融合。

　　珂丝塔·博达的玻璃制品采用延续百年的古老技艺手工制作而成，比如：出自瑞典设计师乌丽卡·希德曼－瓦霖（Ularica Hydman-Vallien）之手的郁金香（Tulipa）烛台（图 11-54），就是采用这一古老工艺制作的。抽象简约的花朵造型，采用了红、黄、蓝、绿、黑五种色彩对比，让娇艳的郁金香和摇曳的烛光一同绽放。

　　在延续传统的基础上，珂丝塔·博达不断创新，由路德维希·洛夫格伦（Ludvig Löfgren）设计的"文身"（Tattoo）花瓶（图 11-55），则采用了全新的绘画技术，花瓶上绘制的花朵使用了无毒的涂料。

图 11-54（左）
"郁金香"烛台

图 11-55（中）
文身花瓶

图 11-56（右）
"真爱无敌"酒杯，刻
有拉丁文"真爱至上"
的纯银戒指，环绕在酒
杯的底端

这些美丽的花朵搭配高品质的无铅玻璃让文身花瓶具有丰富的细节、浪漫的装饰效果。

欧瑞诗则是瑞典的另一个玻璃品牌，成立于 1898 年。欧瑞诗的玻璃制品都是采用手工工艺制成的。珂丝塔·博达和欧瑞诗现在都隶属于欧瑞诗·珂丝塔·博达（Orrefors Kosta Boda）集团。长期以来，欧瑞诗一直深受瑞典皇室青睐，欧瑞诗以设计制作独特的玻璃器皿、玻璃艺术品为主，这些美丽的器物为我们的日常生活增添了一抹艳丽的色彩。

欧瑞诗现在拥有七名专职设计师：伊娃·亚特琳（Efva Attling）、利纳·伯格斯特龙（Lena Bergström）、杨·约翰森（Jan Johansson）、艾瑞卡·拉格比卡（Erika Lagerbielke）、马林·林达尔（Malin Lindahl）、马蒂·瑞彻纳（Martti Rytkönen）和英格扎德·拉曼（Ingegerd Råman），他们在充分挖掘和利用传统工艺的基础上，不断将新颖独特的创意融入欧瑞诗的玻璃制品设计中。

伊娃·亚特琳是欧瑞诗最重要的合作设计师之一，她为欧瑞诗设计的第一款产品"真爱无敌"（Amor Vincit Omnia）（图 11-56），传统和创新在其中兼而有之。伊娃·亚特琳曾经做过 12 年的职业模特，凭借着对时尚的敏锐感悟，她成功地把现代银器的元素应用到欧瑞诗的传统玻璃工艺中，这也归功于她对银器工艺的了解，16 岁的时候她曾师从瑞典最著名的一名银匠。这些独特的经历，都让伊娃·亚特琳的设计作品散发着华贵、高雅的艺术气息，体现出传统工艺与现代设计理念和时尚观念的碰撞融合。

除了上述七位设计师之外，欧瑞诗还拥有强大的设计师阵营。对设计的重视，对传统工艺的保护，让欧瑞诗的产品拥有了与众不同的独特艺术魅力。正是这样的品质，成为欧瑞诗的灵魂，也是这个百年品牌至今仍具有时尚魅力的原因所在。

2. 家具

斯堪的纳维亚的家具设计特色鲜明。早期的家具设计受到包豪斯的影响，但斯堪的纳维亚的家具设计在简约理性的设计基础上，开辟出自己的道路，"这就是现代家具与传统风格相结合、与地方材料相结合、与工艺相结合的道路。"[1] 这种家具设计充满人情味，是斯堪的纳维亚家具设计区别于包豪斯设计的主要特征。

一个世纪以来，斯堪的纳维亚家具设计师延续了三代，第一代家具设计师具有很高的知名度，他们是芬兰现代设计的奠基人阿尔瓦·阿尔托、丹麦现代家具的开山鼻祖凯尔·科林特、瑞典优秀的家具设计师布鲁诺·马松。

在第二代设计师中，在芬兰又以伊玛里·塔佩瓦拉最为突出。此后，他的学生约里奥·库卡波罗和艾洛·阿尼奥继续引领家具设计的潮流。丹麦家具设计界也是人才辈出，他们是：汉斯·维格纳、博格·莫根森、娜娜·迪塞尔、维纳·潘顿等人，这些设计师逐渐成长为世界知名的家具设计大师。

在斯堪的纳维亚第三代家具设计师中，以瑞典的克拉森·考维斯托·若内设计组合、"正面设计"（Front）设计组合，丹麦的路易斯·坎贝尔和汉斯·萨德格伦·雅各布森，芬兰的斯蒂芬·林德弗斯（Stefan Lindfors）、伊里卡·苏帕宁（Ilkka Suppanen）、萨丽·安特宁（Sari Anttonen）为代表，他们成为斯堪的纳维亚新生代家具设计师中的佼佼者。与老一辈设计师的最大不同，就是这些新生代的设计师往往从事多元化的跨界设计。他们并不局限在家具设计领域，雕塑、室内、建筑、产品等设计领域都是其涉猎范畴。

1990 年代之后，斯堪的纳维亚的家具设计取得了很大的成就，在日益先进的工业化生产模式的冲击下，斯堪的纳维亚国家仍然很好地保留了手工业传统，这也成为其家具设计的特色。随着日益频繁的国际交流，斯堪的纳维亚的家具设计在各大展会和比赛中频频亮相。同时，斯德哥尔摩举办的国际家具展，也成为家具行业的盛会。

1）瑞典的家具设计师

克拉森·考维斯托·若内三人设计组合通称"CKR"，是瑞典当代家具设计界的黄金组合。CKR 设计组合不仅在欧洲设计界享有盛名，在亚洲，他们的设计也受到广泛关注，尤其在日本，CKR 设计组合更是具有很高的知名度。CKR 设计组合成立之初主要从事室内设计，他们设计的空间雅致、简单、通透，去除了一切不必要的浮躁装饰之物，把实实在在的东西沉淀下来。工作几年之后，他们开始转向家具设计领域，他们的家具设计沿袭了经典的斯堪的纳维亚风格，简单雅致却

1　胡景初等编著. 世界现代家具发展史 [M]. 北京：中央编译出版社，2008：261.

又不落俗套。

克拉森、考维斯托和若内三人经常去日本出差或者工作，因此，日本文化对他们的设计产生了很深的影响。受日本"榻榻米"座椅的启发，他们设计了"嘟嘟"转椅，将椅背延伸出一个小小的平台用来放笔记本电脑，你可以倒过来坐在椅子上使用电脑，同时，还可以坐在椅子上转圈圈（图11-57）。

正面设计组合是由来自瑞典的年轻女性设计师在2003年组成的前卫设计团体。"正面设计"的家具设计风格鲜明，干净、清爽的原创设计作品，不带丝毫雕琢繁复的累赘之物。"正面设计"设计组合最令人惊叹的家具设计作品，莫过于"速写"系列家具了（图11-58），看似信手拈来的闲暇之作，却有着惊人的震撼力。这系列作品也给她们带来了荣誉，在2007年荣获了"未来设计师"（Designer of the Future）大奖。速写家具的原型来自手绘的草图，之后利用电脑动态影像压缩技术，将动作直接传导到立体影像存档，再经由电脑输出立体影像激光光束，制作时，塑料会随着激光光束的建构路径成型。这系列作品非常具有特色，看似设计师随意的勾勒之作，却需要对结构和尺寸的精准把握。

2）丹麦的家具设计师

路易斯·坎贝尔是丹麦设计界杰出的女性设计师，以家具设计为主，也从事其他产品以及室内设计。坎贝尔分别在丹麦和英国接受不同的设计教育，从小受到两国文化的熏陶。1996年，坎贝尔开设了自己的设计事务所，现如今，她的合作伙伴都是国际知名的厂商。

坎贝尔与其他丹麦设计师的设计方法不大相同，她善于从一个点子出发设计产品，而其他设计师更习惯于从材料入手，然后朝着某个目标进行设计。坎贝尔的家具设计富有诗意和浪漫的想象力，同时，她的作品又渗透了斯堪的纳维亚的冷静色调，但又具有独特的女性亲和力与幽默感。譬如："接待室"系列家具则带有某种调侃的味道，家具可以与使用者进行交流互动。这套为接待室设计的家具，

图11-57（左）
"嘟嘟"转椅

图11-58（右）
"速写"系列家具

目的是为无聊等待的人们带来乐趣，纯木制的桌子上绑着四把刀（图11-59），你可以把你的心里话一刀刀刻出来，满足你想随意涂画的愿望。而蓝颜色的椅子内则装备了声控系统（图11-60），当你坐下去的时候，椅子就可以"说话"，有的椅子会说西班牙语，有的椅子会给你唱歌，还有的椅子会对你大发脾气，因为你坐下去的时候没有征得它的同意。

"两张椅子之间"（图11-61）则是坎贝尔为"献给丹麦王子的椅子"的比赛而设计的。黑色的铁椅是用激光雕刻技术制成的，白色的橡皮椅是用水流切割技术制成的。坎贝尔用这两种不同材质和色彩的椅子，来暗喻丹麦王子是一位双重身份的人物，一方面，他是被国家和身份束缚的公众人物，另一方面，他又是拥有自己私生活的无拘无束的自由人。

汉斯·萨德格伦·雅科布森是丹麦著名的家具和灯具设计师。他曾经学习过橱柜制作工艺，这种手工技艺是上一代丹麦家具设计师所具有的特长。这种技能往往可以帮助设计师更好地设计家具，因为对家具结构和材料的了解，使设计师可以更容易地把握家具的结构和形体。

雅各布森先后在丹麦和美国接受设计教育，他毕业于丹麦设计学院，1988 年获得一次去美国学习设计的机会。毕业后，雅各布森曾经在丹麦著名的家具设计大师娜娜·迪塞尔的公司工作过一段时间，迪塞尔的设计理念对他产生了很大影响。1997 年，雅各布森开设了自己

图 11-59（左）
接待室系列家具（一）

图 11-60（右）
接待室系列家具（二）

图 11-61　"两张椅子之间"

图 11-62（左）
雅各布森设计的凳子

图 11-63（右）
"软件"多功能椅

的设计事务所，用来设计家具和灯具。

雅各布森的家具设计具有强烈的个人色彩，他在构思新产品的时候，会使用"减法做加法"的设计，即使用最少的材料和元素设计出最具丰富视觉感受的产品。他把一些不必要的细枝末节删减掉，再加上自己的独创元素，从而创出与众不同的家具产品。比如：这款由三十多根带圆柄的木棍组成的凳子（图 11-62），就是这一设计理念的体现。它是雅各布森最著名的家具设计作品之一，造型像花朵的花蕊，完全打破了传统凳子的形象，既简约又繁复，具有很强的视觉冲击力。

3）芬兰的家具设计师

芬兰当代家具设计师中斯蒂芬·林德弗斯、伊里卡·苏帕宁、萨丽·安特宁等人的家具设计比较具有特色。斯蒂芬·林德弗斯不仅是一位家具设计师，他还从事其他产品、雕塑和平面设计。林德弗斯的家具设计在继承斯堪的纳维亚家具设计简约理性的特点的基础上，善于结合多种材料进行家具设计创作。他设计的"软件"（Abaqus）多功能椅（图 11-63），椅面采用层压胶合板，椅腿是用不锈钢或是精选的木材，椅腿和椅面的支撑部件和扶手则使用了高强度的塑料制造。这种家具设计的方法有别于传统的芬兰家具设计选材模式，老一辈的芬兰家具设计师更青睐于使用木材。

与斯蒂芬·林德弗斯相同，伊里卡·苏帕宁的家具设计也喜欢在材料方面进行创新，苏帕宁喜欢采用新材料、新技术来设计家具。他突破了斯堪的纳维亚传统家具设计用材的窠臼，创新使用各种材料进行家具设计。比如：为意大利的扎努塔公司设计的"颜料"（Colors）系列休闲椅（图 11-64），是伊里卡对美国经典家具品牌"拉兹男孩"的重新诠释。颜料系列休闲椅采用了表面经过石墨处理的金属支架作椅腿和支撑结构，椅面则使用了柔软舒适的织物

图 11-64　"颜料"系列休闲椅

和皮革。这款椅子结构轻便，又坚固耐用，同时加工成型极其方便。

苏帕宁学生时代曾经在美国和荷兰学习生活过，留学生活培养了他独立的个性。后来他先后就读于赫尔辛基工业大学建筑专业和赫尔辛基艺术设计大学室内和家具设计专业。苏帕宁于 1995 年在赫尔辛基创办了自己的设计工作室，开始进行室内设计、产品设计和建筑设计策略等项目设计。1998 年，苏帕宁和同事一起开办了"雪崩"（Snowcrash）设计公司，该公司目前是芬兰最重要的设计事务所之一。"雪崩"公司早期由芬兰著名的设计小组"瓦尔弗摩"发展而来。现在"雪崩"这个品牌已经被瑞典的布汝温图斯（Proventus）公司收购，在 2000 年，苏帕宁成为雪崩设计事务所的艺术总监。

萨丽·安特宁是芬兰年轻一代设计师中的代表性人物，这位木匠出身的女设计师广泛涉足家具、日用器皿、平面设计和建筑展览等设计领域。"在设计中她把不同的材质，如硬木、织物、金属和塑料以出人意料的方式结合在一起。"[1] 安特宁以这种对材料的创新使用，作为设计的切入点。安特宁的家具具有丰富的想象力，同时又糅合了优美的造型，具有丰富的视觉审美体验。

4）瑞典的家具公司

除了众多优秀的家具设计师，斯堪的纳维亚还具有先进的家具制造工艺和众多优秀的家具品牌。其中创建于 1982 年的卡勒莫公司，是瑞典新生代家具品牌的代表。卡勒莫公司是最不符合常规的家具制造企业之一，公司的家具产品前卫新潮，融合前卫艺术于家具设计中。公司的这种设计理念来源于创始人斯文·隆德（Sven Lundh），隆德是一名艺术鉴赏家，后来成为一位企业家与美术馆馆主。他受到马塞·杜尚的"现成的"艺术思想的影响，隆德试图把当代美术上的一些特色应用到家具设计中。在隆德看来，家具不是实用品和使用品，而是一件艺术品，这个观点在当时是很难被企业界接受的，尤其是在功能主义盛行的国家看来是对设计的亵渎。但是，在家具市场极不景气的情况下，隆德的这种非传统的设计另辟蹊径，为卡勒莫公司的发展寻找到一个突破口。

1982 年，隆德找到了乔纳斯·柏林（Jonas Bohlin）设计的有争议的混凝土椅。卡勒莫公司立即就生产了一批这种风格的椅子，这是具有划时代意义的作品，把家具设计带进了一个全新的领域。在混凝土椅成功的鼓舞下，卡勒莫公司随后又开始与其他年轻设计师和艺术家合作进行家具设计，其中包括：马特斯·塞西利乌斯（Theselius）、罗尔夫·汉松（Rolf Hansson）和恩斯特·比尔格伦（Ernst Billgren）。在隆德的赞助下，他们设计的作品不少变成产品

1　胡景初等编著 . 世界现代家具发展史 [M]. 北京：中央编译出版社，2008：465.

图11-65 "复制和拼贴"椅

小批量生产。进入2000年，卡勒莫公司不断调整设计策略，以适应变幻莫测、竞争激烈的国际家具市场，其中，古斯塔夫松（Sigurdur Gustafsson）于2007年设计的"复制和拼贴"椅（Copy and Paste）（图11-65）是这一时期的经典作品之一。这把椅子采用多种材料经过拼贴组合而成。这把椅子一经展示，立即引起广泛的关注。隆德是一位成功的商人，具有敏锐的洞察力，在他的带领下，卡勒莫公司成为前卫家具的标志性企业，引领了家具设计的流行风尚。

3. 日用品

斯堪的纳维亚的日用品设计具有很高的艺术审美水平和实用价值。这一点与其严酷的自然环境有一定关联。斯堪的纳维亚人注重"家"的感觉，漫长严寒的冬季来临的时候，他们要在室内躲避漫漫严冬，"家"对他们来说意义重大。因此，斯堪的纳维亚国家很重视与日常生活息息相关的日用品设计。斯堪的纳维亚人对家的热爱，可以从他们家庭的布置和日常选用的物品中窥见一斑，与家有关的物品永远是他们生活中不可或缺的必备品。

在这众多的日用品品牌中，简公司以简约实用的日用品设计见长。斯德哥尔摩设计工房从不作无意义的设计，他们的设计以实用、适用为基础，兼顾使用者的多元化情感需求。丹麦的欧森奈尔（Rosendahl）公司、诺曼·哥本哈根公司、工具设计（Tools Design）和伊娃·颂露公司则从生活中找寻设计的灵感，日用品是为生活服务的，只有通过对生活的深刻体会和观察，才能设计出美观适用的产品。瑞典的索格弗恩（Sagaform）公司的设计产品则以体现潮流化的设计语言见长，索格弗恩的日用品设计以瑞典文化为根基，以情感体验为旋律，他们更关注使用者的情感需求。

1）简约实用

"Simplicitas"是拉丁语"简单"的意思，欧洲许多语种表示简单的词语，就是由此派生而来的。创建于1995年的简公司的设计体现了简约至上、实用美观的特点，简致力于表达一种简单的设计理念，诠释一种追求简单实用的生活态度。

从简公司的"开瓶关瓶器"中（图11-66），可以看出这种简约实用的设计原则。不锈钢的开瓶关瓶器简洁素雅，唯一的装饰就是上面雕刻的相关字母。简公司对产品的要求就是简化、再简化，同时，还要保持产品的功能性不变。开瓶关瓶器就是这类极简主义作品，同时，这件产品融合了开瓶和关瓶的功能于一体，产品表面的"+、-"符号

图11-66 "开瓶关瓶器"

分别代表了关瓶与开瓶的功能。

2）不作无意义的设计

设计要具有一定意义，这也是设计存在的必要条件。但是，进入信息化时代之后，随着社会生产的丰富，人们的需求也日渐多元化。因此，设计不再以满足实用功能为基准，这成为很多设计师的认知。但是这并不意味着，设计朝向虚无主义方向发展，设计依然是以实用为基础，同时兼顾使用者其他方面的需求。不作无意义的设计也成为斯堪的纳维亚设计的一种风格，这种设计风格的代表是瑞典的斯德哥尔摩设计工房。

斯德哥尔摩设计工房的设计格言是：不要作任何无意义的设计，除非它很有意义或者必须去做。如果它既有意义又必须去做，那么你要毫不犹豫地去完成它。如果用这句格言来衡量"方圆系列"的托盘和茶几设计（图 11-67），它就充分地展示了一个"好设计"应该具有的标准。这件家具产品，拥有简单的轻木架子，圆形的托盘，形成一方一圆的造型对比，再加上亮丽、明快的色调，合宜的功能性，非常适合居家生活中使用。

不作无意义的设计，也让斯德哥尔摩设计工房的设计师们不断思考，如何设计出结构单纯、造型时尚、功能适用的产品。瑞典设计师斯蒂格·艾哈斯卓姆（Stig Ahlstrom）设计的这双筷子（图 11-68），就充分展现了这种设计特点。筷子本是中国人发明的，形态沿用至今有几千年的历史，几千年来筷子的形态没有太大的改变。我们从小就使用筷子进食，因此，对于这种工具使用起来得心应手，但是，对于大部分的欧美人来讲，使用筷子还是非常困难的。斯蒂格·艾哈斯卓

图 11-67　"方圆系列"托盘、茶几

图 11-68　斯蒂格·艾哈斯卓姆设计的筷子

姆针对西方人的特点，设计了这双造型奇特的筷子，筷子上端增加了弹簧，筷子下端增加了纹路以增大摩擦力，使那些不常使用筷子的人也能够方便地使用它来夹取食物。

斯德哥尔摩设计工房是一间年轻的瑞典设计公司，创办至今不过二十多年的时间。但是，这里却集合了斯堪的纳维亚设计的精英。因此，斯德哥尔摩设计工房有"欧洲新设计中心"之称。被众多人所熟知的由芬兰设计师哈里·科斯肯宁设计的冰块灯就是由该公司出品的。

斯德哥尔摩设计工房会不断将好的设计商品化，这是公司的工作重点之一。因此，这也成为众多知名设计师乐于与其合作的原因之一，设计师可以通过这个平台将自己的设计作品推出。斯德哥尔摩设计工房还经常与其他设计中心或者设计品牌合作，以提升自身品牌的知名度。公司致力于提倡和推广一种优质的斯堪的纳维亚家居生活品位，将高品质的斯堪的纳维亚产品设计和生活水准介绍到世界各地。

3）设计源自生活

斯堪的纳维亚设计注重提高生活品质，注重使用者的感受和体验。设计师们往往从日常生活入手，寻找设计创作的灵感和源泉。设计师们关注生活，通过感悟和体验生活找到设计创新的途径，设计出更美观、更适用的日用品。其中工具设计、伊娃·颂露、欧森奈尔公司的产品均体现了这一设计特色。

工具设计成立于 1989 年，是丹麦前卫设计的风向标。创始人克劳斯·杰森（Claus Jensen）和汉瑞克·霍尔班克（Henrik Holbaek）是两位杰出的设计师。工具设计一直是站在使用者的角度进行设计的，他们从使用者的生活体验和感受出发，不断调整自己的设计策略。比如：他们在设计切蒜器的时候（图 11-69），为了研究切蒜的各种技巧和使用者的习惯，前后切掉了几千斤的蒜头。

工具设计的产品设计源自生活，目标是设计出各种方便适用的日用品，让使用者的生活变得更加便利。同时，工具设计的产品风格简洁，又具有创造性。克劳斯·杰森和汉瑞克·霍尔班克不断用这种手法创造出家喻户晓的杰出产品。工具设计的设计哲学是为产品注入与众不同的特性，这是工具设计成功的关键。

从 1997 年开始，工具设计开始与伊娃·颂露合作，继续以简洁、创新的设计理念，突破传统设计的窠臼进行产品设计创新。伊娃·颂露这一品牌也来自丹麦，是一家具有 90 年历史的厨房用品

图 11-69 切蒜器

公司伊娃·丹麦（Eva Denmark）在
1997 年成立的一个新品牌。伊娃·颂
露以设计生产具有创意的厨房用品
为主，消费群体是单身女性，所以
取名为"Solo"，有单独、独奏的含义。

图 11-70　"咖啡独奏"

　　伊娃·颂露的设计作品也体现
了设计源自生活这一理念，我们从
"咖啡独奏"中可以看到欧洲人对喝
咖啡的热爱（图 11-70），他们每日
的生活离不开咖啡。咖啡独奏则是对喝咖啡方式的重新定义，冲泡咖
啡的玻璃器皿被穿上了厚厚的"隔热衣"，将咖啡粉放入瓶中，加上
滚烫的开水冲泡，搅拌后盖上盖子三到四分钟，一壶味道醇香的黑咖
啡就冲泡完成。

　　欧森奈尔公司则以生产高品质的生活用品和礼品为主。欧森奈
尔成立于 1980 年，现在是丹麦著名的企业。这是一个家族式的公司，
从最初的手工作坊模式，发展到现在成为家喻户晓的斯堪的纳维亚家
居生活用品品牌。

　　欧森奈尔高度关注设计，注重设计的品质，注重设计的生活本质
和属性，从生活出发，做贴近生活的日用品和礼品设计，这是欧森奈
尔公司取得成功的原因之一。公司诚邀多位国际知名的设计师为其量
身制作产品。其合作设计师包括艾瑞克·巴格（Erik Bagger）、琳·伍
重（Lin Utzon）、欧尔·佩斯彼（Ole Palsby）、克劳斯·杰森、汉瑞克·霍
尔班克等人。如此强人的设计师阵容是欧森奈尔的产品具备核心竞争
力的原因所在。

　　其中艾瑞克·巴格是欧森奈尔公司的重要合作者，这位金匠出身
的设计师，曾经在丹麦著名的品牌乔治·杰森（Georg Jensen）公司
工作过，并且长达 15 年之久。离开乔治·杰森公司后，艾瑞克·巴
格成为一名自由设计师。自从 1993 年开始，他与欧森奈尔成为合作
伙伴，这是他事业的重要转折点。在随后的几年间，他陆续为欧森奈
尔推出了红酒开瓶器、割锡箔器、酒瓶塞、盛酒漏斗、钥匙圈、不锈
钢水果盘等产品。艾瑞克·巴格的设计与酒结缘，他热衷于使用不锈钢、
橡胶和塑料三种材料设计产品，在他眼中这三种材料具有完美的可塑
性，是其他任何材料不能取代的，这件开瓶器就使用了他常用的这些
材料制作（图 11-71）。与一般开瓶器不同之处在于，这款开瓶器两边
多出的部分可以夹住瓶身产生支撑力，这样就可以轻松地拔出酒瓶塞，
而不会在瓶嘴上留下任何碎屑，让你开酒的动作优雅从容。

　　艾瑞克·巴格最具戏剧性的产品莫过于这款苍蝇拍了（图 11-72），
这个苍蝇拍独具巧思，类似马尾巴造型的拍子对苍蝇不会一击毙命，

图 11-71（左）
开瓶器

图 11-72（右）
苍蝇拍

遭受攻击的苍蝇只是昏厥过去而已，好让人好整以暇地把它扔出门去。

琳·伍重出身于设计世家，从小对设计的耳濡目染，让其对设计情有独钟。琳·伍重的设计作品简洁、不矫饰，具有典型的斯堪的纳维亚美学精髓。与欧森奈尔的合作也让琳·伍重的设计才华得到极大发挥。其中，琳·伍重设计的这款白色花瓶尤其具有特色（图 11-73），这款花瓶极富表现力，即使不插花也可单独作室内的装点。花瓶本身清雅的气质，气韵生动的造型，赢得无数赞赏。

与欧森奈尔公司相比，诺曼·哥本哈根的产品设计更前卫，更具有时尚性。该公司于 1999 年由杨·安德森（Jan Andersen）和波尔·马德森（Poul Madsen）创建。诺曼·哥本哈根的产品设计以简洁取胜，注重品质、注重时尚。"少即是多"的原则是诺曼·哥本哈根公司的品牌精神。透过这些高品质的产品，诺曼·哥本哈根力图打造高品质的北欧生活格调。

诺曼·哥本哈根的设计反映了当下的潮流，体现了设计师对于日常生活中的偶发事件的关注和思考，比如"迁移"（Move）系列产品针对的目标群体是繁忙的都市人，为那些每日辛劳奔波的人，提供便利的随身用品。迁移系列产品是由两位产品设计师瑞卡·哈根（Rikke Hagen）和玛丽安·布里特·约根森（Marianne Britt Jørgensen）设计的，它就像日常生活中的好管家，把你的钞票、钥匙、卡片等个人物品妥善地保管好。设计师认为现代人的生活品位可以从

图 11-73　琳·伍重设计的白色花瓶

图 11-74　"迁移"系列产品之药盒

各种日常的生活细节中看出来，你的着装仪表，日常的保养护理，都是一个人生活品位的体现。而这系列产品的设计，就是为了凸显现代人的生活品质，从细微处入手，帮你打造与众不同的个性品位。

　　药盒的设计往往被人忽视，这也造成了人们日常生活中的多种障碍。这款色调雅致、造型简洁的药盒为你解决了日常生活中的这一难题（图 11-74），当你出门的时候，可以把你要吃的药物收纳在这个小盒子里。盒子的内壁采用橘色的橡皮衬垫，防滑又防磨。

　　这款钱包的设计与传统钱包大相径庭，它简洁得只剩下一根细小的钢管，外加一根橡皮筋。你可以把钞票夹在橘红色的皮筋内，使用的时候抽取一张就可以了（图 11-75）。为你省去携带厚重鼓胀钱包的不适感。

　　4）潮流化的设计语言

　　索格弗恩公司创建于 1988 年，以设计充满创意的厨房、餐桌、居家和户外用品为主。公司聘请了许多著名的瑞典设计师，以时代潮流为主线，设计高品质的流行日用品和户外用品。索格弗恩的产品概括起来具有如下的特点：其一：色彩鲜明、注重装饰；其二：造型简约、适用美观；其三：重视文化内涵，注重生活体验。

　　"纸船"（Paper Boat）系列产品就以其简约的造型（图 11-76），时尚艳丽的色彩引人关注，同时，纸船系列产品的设计灵感来自设计师童年在英国湖区放纸船的情景，这种游戏不分国籍和背景，是儿时

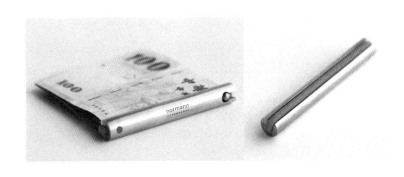

图 11-75　"迁移"系列产品之钱包

图 11-76（左）
"纸船"系列产品

图 11-77（右）
"保持"系列产品

的我们曾经钟爱的游戏，容易引起观者的情感共鸣。

洛塔·奥德罗斯（Lotta Odelius）设计的"保持"（Keep）系列产品（图 11-77），则体现了简约、美观的原则，清新雅致的图案整齐有序地排布在罐体上，再搭配上简约的器形，两者相得益彰。

"道格拉斯木马盘"则是对瑞典文化的体现（图 11-78），道格拉斯木马是瑞典家喻户晓的玩具，设计师则以这一题材为切入点，设计了这款艳丽时尚的木马盘。

"香草培育盆"是一款时尚而便利的厨房用具（图 11-79）。制作西式料理的时候，总少不了搭配香料，若能随时都有香料的供应，对于爱做菜的人是最便利的选择，香草培育盆可以随时提供香草。除了种植香草，这个培育盆还可以用来种植小型的观赏型盆栽植物。

索格弗恩的产品体现了当代家居生活和户外休闲的潮流，以时尚化的视觉艺术语言，搭配简约理性的器物形态，索格弗恩创造了瑞典设计的潮流化语言，引领了家居生活的装饰化新浪潮。

5）优秀的设计师群体

在日用品设计领域，斯堪的纳维亚有很多优秀的设计师和设计团体，比如：芬兰设计师哈里·科斯肯宁、芬兰设计团体"瓦尔弗摩"（Valvomo）设计组合、瑞典设计师布约翁·达斯特罗姆和托马斯·博恩斯特朗德（Thomas Bernstrand）。每位设计师都是以日用品设计为主，同时还跨界其他设计领域。其中，哈里·科斯肯宁以设计家居产品为主，包括日常生活用品、家具、灯具等。哈里·科斯肯宁是当代世界设计舞台上最活跃的斯堪的纳维亚年轻设计师之一，芬兰设计界的新生力量。他是继芬兰设计大师阿尔瓦·阿尔托、凯·弗兰卡之后，又一位具有国际影响力的芬兰当代设计师，芬兰新生代设计师的领军人物。

科斯肯宁是一位大器晚成的设计师，他的设计才华在读研究生期间才逐渐显露出来，后来享誉世界的"冰块灯"就是在读研究生期间设计的（图 11-80）。这款灯是由瑞典的斯德哥尔摩设计工房制作的，也是这款灯奠定了他在设计界的地位。硕士毕业后，科斯肯宁于 1998 年成立了"工业之友"（Friends of Industry）工作室，他的设计才

华逐渐得到国际设计界的认可和肯定。

科斯肯宁的设计作品渗透了力透纸背的张力和深邃的斯堪的纳维亚设计哲学。在他的作品中有多种文化碰撞之后兼收并蓄的和谐，他的设计包含了深层次的文化渊源。假如要对科斯肯宁的设计风格作一个界定的话，那就是简洁、理性，看似简单的设计作品，却蕴涵了深刻的斯堪的纳维亚文化和哲学。

"瓦尔弗摩"设计组合是由八位男性设计师组成，他们分别是：伊尔卡·特霍（Ilkka Terho）、卡里·席凡内（Kari Sivonen）、马克斯·雷凡莱宁（Markus Nevalainen）、瑞内·沃斯基弗里（Rane Vaskivuori）、提波·亚西凯那（Teppo Asikainen）、提摩·维洛斯（Timo Vierros）、杨·特隆波（Jan Tromp）和维萨·辛可拉（Vesa Hinkola）。八个人是在赫尔辛基理工大学读书的时候认识的，从 1993 年起，他们在一起亲密无间地合作了二十九年。

瓦尔弗摩设计组合在 1997 年参加了米兰组织的展览"雪崩"，从那时起得到国际设计界的认可。从此以后，瓦尔弗摩便经常参加各种各样的展览，也不断获得各种国际的设计奖项和殊荣。

瓦尔弗摩设计组合的涉猎范畴非常广泛，从产品设计到建筑设计和室内设计，都是他们的设计范畴。他们会有计划地经营自己的品牌，树立自己品牌的特征。他们喜欢尝试各种类别的设计，开拓一个新的设计领域对他们来说不仅是一项挑战，他们还会在挑战的过程中获得创作的快乐。

瓦尔弗摩最富戏剧性的作品，要数那款"吹气灯"了（图 11-81），吹气灯是维萨·辛可拉、马克斯·雷凡莱宁和瑞内·沃斯基弗里三人合作的作品，由瑞典的大卫公司出品。他们最开始的设想是设计一款能和用户一同入睡，一同醒来的灯具。为了实现这一设计构想，他们使用了防裂尼龙灯罩，并在灯罩内安置了 12W 的风扇。打开灯的时候，风扇开始吹风充气，灯罩慢慢膨胀起来。当把灯关闭的时候，风扇停止工作，灯罩就像跑了气的气球一样瘪下去。这款吹气灯一经推出，立即引起关注。1997 年，在米兰的展览上，吸引了众多设计杂志的关注。1998 年在芝加哥建筑和设计博物馆赢得"好设计"奖，

图 11-78（左）
"道格拉斯木马盘"

图 11-79（中）
"香草培育盆"

图 11-80（右）
"冰块灯"

图 11-81　"吹气灯"

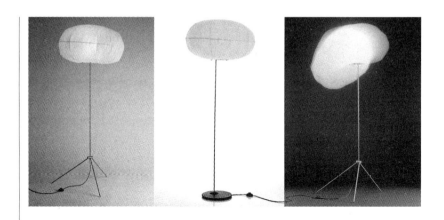

2001 年入选《国际设计年鉴》，并被 MOMA 博物馆收藏。

　　相比哈里·科斯肯宁和瓦尔弗摩的设计师，布约翁·达斯特罗姆是一位自学成才的设计师。1957 年出生于瑞典首都斯德哥尔摩，现在是瑞典最著名的设计师之一。布约翁·达斯特罗姆没有接受过一天正规的设计教育，完全是因为兴趣爱好而自学成才。他学习设计开始于 1970 年代中期，学有所成后进入一家广告设计公司工作，工作一段时间之后，于 1982 年成立自己的设计公司，开始承接平面设计业务。随着设计业务和设计领域的不断拓展，他的设计范围也逐渐从平面设计跨越到产品设计领域。他设计的产品包括自行车、木质玩具、工具、杯子、袖扣、家具等多个品种和类别。除了设计之外，达斯特罗姆也和其他斯堪的纳维亚设计师一样，开始在大学里任教，自从 1999 年开始他在斯德哥尔摩的艺术学校担任教授职务，负担起瑞典设计教育的重任。

　　布约翁·达斯特罗姆为伊塔拉公司设计的"火热冰霜杯"（图 11-82），可以一杯两用，既能装冷饮又可以装热饮。杯子底部使用了耐热塑化材质，能承受住 450℃的瞬间高温，也能够经受 140℃的急速降温。杯子外包裹了塑料材质，让使用者在喝热饮时不烫手，又造就了杯子在色彩和材质方面的醒目对比效果。

　　托马斯·博恩斯特朗德是另一位日用品设计领域的知名瑞典设计师，他毕业于瑞典国立艺术与设计学院。博恩斯特朗德的设计往往充满了奇思妙想，很多看起来互不相关的事物往往被他组合在一件作品中。"甜蜜的光线"就是这样的例子（图 11-83），它是一盏壁灯，绰号叫"拳击灯"，当你情绪低落的时候，可以对着它猛打一通，发泄你心中的不满。灯体采用特殊的硅胶材料制成，所以不会破碎。当你心情平静下来，它依旧发着柔和的光，为你照亮一片天地。

　　"多变"是博恩斯特朗德设计的特点，他不会固守成规地设计产品，他的产品设计往往出人意表，以你最意想不到的方式呈现出来。"秋千灯"就是个很好的例证（图 11-84），他把荡秋千的娱乐功能和灯具

图 11-82（左）
"火热冰霜杯"

图 11-83（右）
"甜蜜的光线"

设计结合在一起，看似普通的吊灯，可以承受成年人的重量。装在家中和办公室里可以调节气氛，在你无聊时可以抓住它荡来荡去地玩耍。秋千灯是博恩斯特朗德的成名之作，被荷兰的设计团体楚格（Droog）采用。

"调侃性"也是博恩斯特朗德的设计作品的特点，他设计的"海滩游侠救生衣"会让第一次看见这件物品的人摸不着头脑（图 11-85），很多人甚至猜测它是挂女性内衣的架子。这件产品虽然没有实用性，但却充满了调侃味和娱乐味。

从上述日用品设计中可以看出，斯堪的纳维亚设计始终关注日常生活用品的设计，从生活中切入设计的主题，在简洁实用的基础上，对设计进行艺术化的表达。这些源自生活、充满艺术情调的日用品，代表了斯堪的纳维亚当代设计的先进水平。也正是在众多优秀设计师的努力工作下，在斯堪的纳维亚先进的制作技术的推动下，当代日用品的设计才能呈现出如此丰富多彩的样貌。

4. 陶瓷

斯堪的纳维亚的陶瓷产品设计具有清新自然、质朴无华、简约实用的艺术特色。这些陶瓷产品是以实用功能为本的、兼具艺术审美功

图 11-84（左、中）
"秋千灯"

图 11-85（右）
"海滩游侠救生衣"

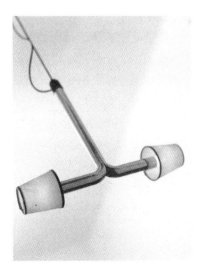

能的实用品，它们反映的是斯堪的纳维亚的文化特色。这其中既有延续百年历史的陶瓷品牌：皇家哥本哈根陶瓷厂、罗斯兰陶瓷厂、阿拉比亚陶瓷厂，还有后起之秀，创建于1999年的金枪鱼（Tonfisk）陶瓷公司。这些品牌的陶瓷产品是斯堪的纳维亚文化的再现和演绎，是对斯堪的纳维亚传统设计的延续和创新。如今，这些品牌已经成为斯堪的纳维亚文化的一部分，传达着斯堪的纳维亚独特的设计精神、时代韵律和自然情怀。

斯堪的纳维亚先进的陶瓷制作工艺和悠久的手工制瓷历史，再加上完备的陶瓷设计教育机制，自然而然出现了众多优秀的设计师从事陶瓷产品设计，这些设计师有欧尔·杰森（Ole Jensen）、梅特·沙夫尼（Mette Scherning）、马伦·黑柏克（Malene Helbak）、安妮·布莱克（Anne Black）、卡伦·基尔戈-拉森（Karen Kjældgård-Larsen）等人。他们中既有各大陶瓷品牌的合作设计师，也有自创品牌的独立设计师。每位设计师都已形成自己的风格，正是这种多元化的设计风格，不断完善和丰富着斯堪的纳维亚的陶瓷产品设计样貌，影响了了斯堪的纳维亚国家乃至整个欧洲的陶瓷产品设计的风格。

1）皇家哥本哈根陶瓷厂

皇家哥本哈根陶瓷厂最初是为丹麦皇室生产御用瓷而设立的，现如今已经有两百多年的历史了。建厂两百多年来，皇家哥本哈根创造了无数优秀的陶瓷产品，是欧洲上流社会喜爱的陶瓷品牌之一。传统的斯堪的纳维亚工艺，典雅的器物造型，再加上灵动的东方神韵，将皇家哥本哈根的陶瓷产品打造得精致典雅，逐渐成为丹麦人引以为傲的陶瓷品牌。

皇家哥本哈根的陶瓷产品兼具丹麦的传统手工技艺，又融汇了中国的瓷绘风格于其中，彰显着陶瓷器皿别样的奢华风采。皇家哥本哈根最具代表性的陶瓷产品是"丹麦之花"和"唐草"系列。唐草系列早在1775年建厂之初就开始采用。"唐草是皇家哥本哈根陶瓷厂最早和最具代表性的系列产品，唐草传达出独特的北欧哲学、设计和美学精髓。唐草所执着的手工艺精神；唐草所折射的人文精神；唐草所追寻的艺术精神；唐草所提倡的创新精神，都是唐草精神的凝练。"[1]透过唐草本身，看到的是浓厚的斯堪的纳维亚文化和审美追求。

传统唐草图样已有两百多年历史，设计师在传统唐草的基础上，进行了大胆的创新，大唐草系列装饰产生了（图11-86）。大唐草的创作者卡伦·基尔戈-拉森（Karen Kjældgård-Larsen）是土生土长的丹麦人，从小就对唐草图案情有独钟，她创作大唐草之时年仅26岁。她将传统的唐草图案进行变化，截取唐草图案的局部特征，创造了大

1　于清华．唐草的精神[J]．文艺争鸣，2010（4）：95.

图 11-86　大唐草（Blue Fluted Mega）

唐草的装饰风格。大唐草更加简洁，装饰元素更加质朴凝练，时尚的大朵的蓝色花瓣与纤细的枝枝蔓蔓对比，和谐柔美、清新雅丽而又特色独具。大唐草体现了斯堪的纳维亚设计的创新精神，在延续传统的同时，又抓住了时代的潮流，设计出符合当下人审美需求的产品。

（1）新生产体系的确立

2004 年 9 月 17 日皇家哥本哈根陶瓷厂的新工厂建成并投入使用（图 11-87），这是皇家哥本哈根陶瓷厂一次重大的战略调整，将传统手工制瓷工艺与工业化生产模式相结合。新厂建成后，第一年的产量增加了 40%，过去用传统工艺制作一只杯子要 40 天，现在只需要 3 天。

皇家哥本哈根陶瓷厂一直以注重手工艺精神著称，"如今，工厂大量引入新技术，但是还有一部分陶瓷生产工艺必须经过手工制作成型。这种手工品性是皇家哥本哈根陶瓷产品的灵魂所在，手工艺与工业化

图 11-87　皇家哥本哈根陶瓷厂的新工厂

生产的完美融合也将为产品的生产和销售提供更广阔的发展前景。"[1]

（2）皇家哥本哈根的陶瓷产品

皇家哥本哈根的陶瓷产品主要分为三大类，第一类是日用餐茶具，第二类是装饰品，第三类是礼品。餐茶具主要包括丹麦之花、唐草、波纹蓝花等系列，装饰品和礼品则包括唐草系列饰品、复活节彩蛋、雪人雕塑等。

皇家哥本哈根陶瓷厂在延续传统的同时勇于创新，工厂不断聘请知名设计师设计陶瓷产品，欧尔·杰森就是其中的一位，欧尔·杰森以陶瓷产品设计见长。其中，他最广为人知的设计，就是为皇家哥本哈根陶瓷厂设计的"欧尔"（Ole）系列产品（图11-88）。欧尔·杰森用自己的名字命名了这系列餐具。这套餐具造型另类时尚，不规则的几何形体如北欧星罗棋布的湖泊般随意洒脱，充满想象和乐趣。他的作品去除了尘世中的浮躁和雕饰，还原物品的本真面貌，把观者带到一个纯净的感官世界。"音乐"（Musica）系列产品则流淌着音乐的韵律（图11-89），这套产品装饰图案总共有六个主题，灵感来自音乐的旋律。这六个形态各异的装饰图案也让这款产品充满了灵动的韵律，摆在餐桌上的餐具仿佛在音乐中摇摆舞动。

皇家哥本哈根的陶瓷产品拥有典雅高贵的气质，精致美丽又不夸张豪奢。能够紧跟时代潮流，创造出时尚的陶瓷产品，不被潮流发展的浪潮淹没。皇家哥本哈根品牌能够成功的原因，在于公司始终保持着精雕细琢的手工艺传统。当整个社会步入批量生产的后工业时代，皇家哥本哈根仍然愿意保留自皇室贵胄时期遗留下来的手工艺传统，细工打造的精神变得弥足珍贵起来，这是物质时代难以找寻的手工艺精神。皇家哥本哈根的陶瓷工匠们继续百年如一日地创作着他们的精品手工陶瓷制品，这应该是皇家哥本哈根品牌至今屹立不摇的原因所在。

图11-88（左）
"欧尔"系列产品

图11-89（右）
"音乐"餐具

---

1 彭赞宾. 成器之技：手工艺与工业化生产的融合——皇家哥本哈根新生产体系的确立 [J]. 美术与设计，2010（6）：86.

2）阿拉比亚陶瓷厂

阿拉比亚陶瓷厂创建于 1873 年，是芬兰现代设计的开拓者，主要以陶瓷餐具和礼品设计为主。阿拉比亚的陶瓷产品质朴、简约，装饰清新自然，色彩淡雅时尚。在造型上，没有硬线条，转角都采用圆弧形处理。

阿拉比亚的陶瓷产品融入了普通人的日常生活，阿拉比亚最畅销的产品"故事鸟"（Story Birds）壶，就是将生活用品抽象化、艺术化的杰作，其生动的形态，仿生式的表现手法，使产品充满了想象力和表现力。

阿拉比亚的陶瓷产品装饰动机往往来自充满生机和变幻的芬兰大自然，这些清新的装饰图案，是芬兰多姿多彩的植物形态的抽象变化，给人扑面而来的亲切感。比如：黑尼·瑞库达（Heini Riitahuhta）设计的"新里诺"（New Reno）四个系列的陶瓷装饰图案（图 11-90），描述的就是芬兰四季中植物形态和色彩的变化，春华秋实的自然景象。这四个系列分别被命名为：夏日之光（Summer Ray），金色之秋（Autumn Glow），冬日之星（Winter Star）和春之雨滴（Spring Drop）。

阿拉比亚的陶瓷产品还是芬兰文化的传达者，"姆明"（Moomin）系列产品就来自芬兰家喻户晓的童话故事（图 11-91），这些卡通形象早已深入芬兰人心中。

透过阿拉比亚的陶瓷产品我们看到的是缤纷多彩的芬兰自然景色和人文景观。阿拉比亚的陶瓷产品延续了芬兰的设计传统，简约的造型，适用美观的器物，是功能主义设计理念的体现。同时，素雅清新的装饰又是芬兰自然和文化的再现。正是这种贴近生活，具有文化底蕴的陶瓷产品设计才能历久常新，畅销不衰。

3）罗斯兰陶瓷厂

瑞典的罗斯兰是欧洲第二古老的陶瓷制造商，创建于 1726 年，是欧洲著名的陶瓷品牌之一。近两百多年来，罗斯兰生产的古典装饰系列的陶瓷餐具备受欧洲人的喜爱，在许多正式的宴会场合，罗斯兰的瓷器往往成为招待贵宾的首选。比如：在瑞典举办的诺贝尔颁奖晚宴中，就订制使用罗斯兰的餐具。

图 11-90（左）
"新里诺"系列陶瓷

图 11-91（右）
"姆明"杯

　　罗斯兰不仅在传统陶瓷器具生产方面具有悠久的历史，在当代的陶瓷产品设计领域中，更是融创新精神于一体，在陶瓷产品中注入流行元素，比如：艳丽时尚的装饰图样、新颖的产品造型等，从工业设计的观念和角度出发来进行陶瓷产品的创新。

　　罗斯兰的创建对瑞典乃至斯堪的纳维亚陶瓷产业的发展都起到了很大的影响。芬兰著名的陶瓷品牌阿拉比亚，也是罗斯兰为了发展对俄罗斯的贸易而于 1873 年创建的。这些有着百年历史的知名品牌，对斯堪的纳维亚设计产业化的发展作出了卓越贡献，也是在二战之后，让世界了解斯堪的纳维亚设计的桥梁和中介，它们对斯堪的纳维亚整体设计水平的提升和国际知名度的确立作出了卓越贡献。

　　斯堪的纳维亚的设计除了具有冷静自持、简约干练的品性，还具有浓艳的色调、绚烂的装饰花纹。比如：芬兰著名纺织品设计师梅佳•伊索拉设计的花布，明艳的装饰花纹深受北欧人的喜爱。斯堪的纳维亚人热衷于充满热情洋溢装饰色彩的物品，这与斯堪的纳维亚严酷的自然环境有着直接的关系，斯堪的纳维亚人就这样在北极的苦寒之地，热烈地生活着。因而，也形成了斯堪的纳维亚设计独特的装饰特色，这是地中海沿岸的和风细雨所滋养不出的冷静和热情并持的风格。"汉纳"（Hanna）系列陶瓷器皿设计（图 11-92），就验证了斯堪的纳维亚设计的独特装饰特色。设计师汉纳•维宁（Hanna Werning）也是位图案设计专家，她擅长于家饰布品和壁纸的设计。善于从大自然或生活中汲取装饰的灵感源泉，山山水水中的花花草草，日常生活的点滴细节都可以成为她创作的蓝本。

　　汉纳系列作品的装饰灵感来自于她童年的一些物品。1970 年代末，她的妈妈去苏联旅行，回来时带给她一些小的纪念品，这些物品伴随她渡过了整个童年时期。现在这些物品成为她创作汉纳的灵感来源。汉纳系列产品花纹的初稿全部是手工绘制的，花纹颜色深浅不同，让平面的装饰纹样产生了立体的视觉错觉效果。这些漂亮的装饰纹样，会为我们的生活注入生机盎然的活力。

　　汉纳•维宁的设计总是具有清新质朴、充满自然气息的装饰动机。"库尔彼特斯"（Kurbits）系列花卉餐具的设计灵感来自于两百多年前瑞典的民间艺术（图 11-93）。汉纳•维宁以现代的手法，将这些传统的装饰纹样进行艺术化的处理，这些纹样中既有手工彩绘的花朵，

图 11-92 "汉纳"陶瓷杯

图 11-93 "库尔彼特斯"系列产品

又有真实花朵的照片，汉纳·维宁将手工艺和工业技术完美地结合在一起。

"佩尔戈拉"（Pergola）系列餐具是设计师凯瑟琳·布瑞德提丝（Katarina Brieditis）的作品（图 11-94），这些钴蓝色的藤蔓状花纹充满了勃勃生机，好似要冲破瓷器本体的束缚，向外伸枝展蔓地延伸出无限活力。佩尔戈拉系列作品将斯堪的纳维亚与地中海的海岸线结合为一。这些古典的蓝白色系、深浅不同的蓝调变化、质朴的装饰花纹，如图腾般的枝枝蔓蔓不断向上攀爬，试图将斯堪的纳维亚的冷冽之风与地中海的和风细雨化为美丽的枝蔓永远纠缠在一起，在跨越时空的浪漫情怀中独自寻找那份久违的质朴温馨的家的气息。

透过这些朝气蓬勃的陶瓷产品，可以看到斯堪的纳维亚设计师对自然的热爱，对生活的投入，对家的眷恋。正是这种基于斯堪的纳维亚文化基础之上的陶瓷产品设计，才能引起广泛的共鸣，才是斯堪的纳维亚人钟爱的日用品。

4）金枪鱼陶瓷公司

金枪鱼是一间创立于 1999 年的芬兰陶瓷产品设计公司，从创立至今只有短暂的十几年历程，但是，金枪鱼逐渐形成了自己的品牌风格和运作模式，并得到国际设计界的认可和关注，成为新一代芬兰设计的代表。

斯堪的纳维亚设计的重点在于为普通人群设计，为大众日常生活服务。金枪鱼陶瓷产品设计立足于大众消费群体，将民主化的设计思想融会贯通到陶瓷产品风格中。同时，公司创始人也在日常工作和经历中体会到消费者对于千篇一律日常生活用品的厌恶，他们认为大多

图 11-94 "佩尔戈拉"系列餐具

数消费者喜欢具有创新性、能够给人灵感和启发的陶瓷产品。因此，在不牺牲陶瓷产品功能的前提下，设计制作出满足普通大众使用需求又兼具美感和创意的产品势在必行。

金枪鱼公司致力于生产高品质的陶瓷日用品，在材料选择方面，使用贴近自然的材料来体现设计的人情味特征。芬兰的设计师善于从清新的自然源泉汲取灵感，"设计的原型就来自于他们身边永恒而质朴的自然。他们将对大自然的感情倾注到设计作品中，于是，从其选用的材质上，我们能够嗅到芬兰森林的芬芳气息。"[1] 作为金枪鱼的招牌式材料组合模式："瓷＋木"已成为其标签，金枪鱼设计的大部分陶瓷产品都使用了芬兰盛产的木材作为陶瓷材料的补充。其中，使金枪鱼一举成名的设计："暖"（Warm）系列茶具套装（图 11-95），就是采用陶瓷和木材的组合。

金枪鱼公司的创始人是两位年轻人：托尼·阿尔弗斯朵姆（Tony Alfstrom）和布莱恩·基内（Brian Keaney），他们创建金枪鱼的初衷是源自法兰克福的一次展览，他们发现缺少具有创意的日用品，因此，创建金枪鱼这一品牌，用来生产具有创意的高品质陶瓷产品。金枪鱼很注重设计创意，两位创始人也是设计专业出身。同时，他们还聘请其他设计师为金枪鱼设计产品。塔尼亚·斯碧拉就是其中之一，她毕业于赫尔辛基艺术设计大学，主修陶瓷和玻璃专业。塔尼亚·斯碧拉为金枪鱼公司设计了"牛奶套装"（Newton）（图 11-96），利用重力学原理，通过巧妙的组合将奶罐和糖罐结合在一起，糖罐在奶罐的上方，当倾倒牛奶的时候，糖罐里的方糖因为重力的原因，会自动调整角度，而不会滑落出来。这款产品可以改变消费者的日常使用习惯，可以说是一项发明。

娜娜·霍卡拉和詹尼·奥娅拉也是金枪鱼公司的合作设计师，他们设计的"OMA"柠檬榨汁碗走简约实用风格路线，只要把切好的半个柠檬在碗里一转，柠檬汁就榨好了，然后顺着漏嘴把汁倒出即可（图 11-97）。

图 11-95（左）
"暖"茶具套装

图 11-96（右）
"牛奶套装"

1　易晓著. 北欧设计的风格与历程 [M]. 武汉：武汉大学出版社，2005：139.

图 11-97 "OMA" 柠檬榨汁碗

虽然金枪鱼创建的时间并不长，但是，金枪鱼抓住了合适的契机和切入点，以设计具有创意、美观实用的陶瓷产品为目标，满足消费者对于日用瓷的审美需求。这样的陶瓷设计风格和品牌运作模式让金枪鱼一举成名。

5）陶瓷产品设计师

梅特·沙夫尼、马伦·黑柏克、安妮·布莱克是三位来自丹麦的优秀的女设计师，其中梅特·沙夫尼擅长设计陶瓷首饰。马伦·黑柏克以日用陶瓷设计为主，并与梅特·沙夫尼合作共同研发陶瓷产品。安妮·布莱克的陶瓷产品设计风格清新、造型简约，她现在是丹麦年轻设计师中的佼佼者。

在丹麦，杰出的女性设计师层出不穷，她们分布在设计的各个领域，发挥着她们的创造力，为丹麦设计行业的发展作出了杰出贡献。在陶瓷产品设计领域，杰出的女性设计师更是数不胜数，她们的陶瓷产品设计，以其细腻的风格，独特的装饰手法，与男性设计师的陶瓷产品设计有诸多不同，呈现出与之分庭抗礼的格局。

（1）梅特·沙夫尼的陶瓷首饰设计

在首饰市场上，还是以金、银、钻石、琥珀、玛瑙、水晶等材料为主，陶瓷首饰是一个新兴的门类，但它具有自身独有的特色，是其他材料不能取代的。陶瓷首饰五彩瑰丽的装饰、青翠欲滴的色釉、温润如玉的质感，都使得它成为首饰门类的一个特有分支，越发受到关注。

梅特·沙夫尼就是一名陶瓷首饰设计师，她的每款陶瓷首饰都是通过手工制作而成的，因此，这些美丽的陶瓷首饰拥有独一无二的造型和装饰，没有任何两款是相同的。梅特·沙夫尼的陶瓷首饰纤细美丽，再加上不同材质和色釉的对比，创造出完全属于她自己风格的陶瓷首饰作品。

（2）马伦·黑柏克与梅特·沙夫尼

马伦·黑柏克的陶瓷产品设计很简洁，她不想创造复杂的物品，简洁的物品同样可以具有特殊的功能和令人愉悦的品性。"陶瓷"和"色彩"是黑柏克最擅长运用的两种物质。黑柏克的陶瓷产品总是充满了独特的女性气质，完美的器物造型，充满图腾式装饰味道的纹样，都是她的陶瓷产品的特色。

马伦·黑柏克分别以"条纹"（stripes）和"花"（flowers）来

命名她的陶瓷产品系列。黑柏克希望能够创造一种让人愉悦的桌上陶瓷器皿，让你每天清晨起床之后，看见它们就会露出会心的微笑，并且这些让人愉悦的陶瓷器皿可以伴随你度过每一天快乐的烹饪和用餐时间。

马伦·黑柏克和梅特·沙夫尼在合作之前，对彼此的设计早有了解，共同的兴趣爱好让她们一起合作开设品牌商店。这间新创办的品牌商店用来销售两人的陶瓷设计作品。在这间特殊的商店里，你可以看见设计师是怎样工作的，也可以知道一件陶瓷产品从构思、草图到制作的全部过程。

这件多功能的陶瓷饮料瓶可以在任何餐桌上使用（图11-98）。饮料瓶狭窄的腰身适合用手来握取，瓶体前端的出水口设计得也很合宜，可以让你放心地倾倒饮料而不担心洒落出来。这个饮料瓶可以根据自己的喜好，储存水、鸡尾酒、饮料等，这是一件功能完备的陶瓷产品。

（3）安妮·布莱克的陶瓷产品设计

安妮·布莱克是当今国际设计界最有影响力的丹麦设计师之一。在过去的几年间，安妮以其独特的陶瓷产品设计取得了极大的成功。2001年，安妮·布莱克在哥本哈根发布了她早期风格的陶瓷产品。从那以后，她逐渐形成自己的设计风格，用简洁却又讲究细节的表达方式创作自己的作品。

安妮·布莱克的作品包括多种样式的碗、盘、杯、花瓶、台灯和珠宝首饰。她的每一件作品都具有独特的造型。这些简约的器形搭配上典雅的装饰，使得产品所具有的纤细柔美的女性风格非常有特色。安妮·布莱克想表达的美是来源于事物的内部，而不是完全直白外露，让人不能产生联想的美感。

"黑蓝"（Black is Blue）、"缝"（Seam）、"倾斜"（Tilt）三个系列的陶瓷产品就非常有代表性，蓝黑这一系列的陶瓷器皿包括：杯子、饮料瓶、盘和碗四个类别（图11-99）。其中，盘和碗的造型与传统的碗盘造型有所区别，上小下大的器形、微微倾斜的边线，让这些碗盘看起来很有特色。再加上独特的钴蓝色装饰花纹，整套餐具非常醒目。缝系列从果盘、灯具、花瓶、花盆、烛台到杯子都囊括其中（图11-100）。果盘和花瓶具有红色的装饰线条，这些线条或点或线，虚虚实实地分布在器皿的表面。花盆、灯具、烛台和杯子的表面则密布

图11-98（左）
"花"系列陶瓷饮料瓶

图11-99（右）
"蓝黑"系列的陶瓷器皿

着凹陷的小圆点装饰，这些圆点排布成各种装饰线条和图案，分布在器皿的四周，形成了淡雅的装饰纹样。倾斜系列产品的表面素雅的釉色装饰使产品看起来很雅致（图 11-101）。独特的碗盘造型，高低不同、独具匠心的布局，再加上红色的点线作画龙点睛的布局。

图 11-100（左）
"缝"系列的陶瓷器皿

图 11-101（右）
"倾斜"系列的陶瓷器皿

5. 电子产品

信息时代电子产品的设计朝着更加"轻、薄、短、小"的方向发展，在电子时代满足使用者功能需求和审美需求的电子产品，现如今不断形成满足信息时代的多元化发展趋势。斯堪的纳维亚国家的电子产品设计，在体现先进的制造技术的基础上，凸显了简约美学的新形象，体现了情感和体验的新境界，表达了使用方式和设计语言的新动向，延伸了女性主义设计的新潮流。

1）简约美学的新形象

挪威新生设计力量的组合"挪威之声"为阿索诺（Asono）公司设计的 DAB 收音机和 MP3 播放器便是简约美学形象的代言。这款于2004 年设计的小型数字收音机功能强大（图 11-102），可支持 DAB 和FM 两种录音模式。在造型方面，简约的矩形构成了基本的外框构造，再搭配小的按键，形成大小虚实的对比。在色彩设计上，采用了素雅的色调，让这款数字收音机看起来清爽亮丽。

图 11-102　DAB 收音机

轻便纤巧的 MP3 播放器是"挪威之声"设计组合为阿索诺公司设计的另一款简约精致的电子产品（图 11-103）。他们希望这款产品与符号化的"Ipod"形成鲜明对比，同时保持挪威设计的极简主义美学风格。MP3 播放器有火柴盒大小，可以戴在脖子上。并且液晶屏幕可以根据使用者的喜好或者心情呈现八种不同的颜色。

图 11-103　MP3 播放器

2）情感和体验的新境界

唐纳德·诺曼（Donald A. Norman）在《情感化设计》一书中描述了情感的多样性与设计之间的关联："本能水平的设计，主要涉及产品的外形；行为水平的设计，反映的是使用的乐趣和效率；反思水平的设计，是自我形象、个人满意和记忆的综合。"[1] 只有反思水平的设计，才会存在情感和体验的最高境界。丹麦著名的品牌：B&O（Bang &

1　Donald A. Norman 著. 情感化设计 [M]. 付秋芳等译. 北京：电子工业出版社，2005：21.

图 11-104（左）
"BeoSound 9000"音乐系统

图 11-105（中）
BeoLab 8002

图 11-106（右）
"BeoCom 2"话机

Olufsen）的产品就是这一设计风格的体现。B&O 的产品不能简单地概括为某个流派，或者是简单美学风格的体现，B&O 的产品设计风格是建立在公司品牌价值理念基础之上，对产品细节的精益求精的塑造。B&O 产品设计的思路是：从生活中找寻设计的概念和灵感，关注消费者的情感、体验，关注产品与使用者的沟通和互动。B&O 充分利用了科技，但不为科技所囿，通过设计使科技产生最大的附加值。"BeoSound 9000"就是这方面设计理念的一个成功案例（图 11-104）。"BeoSound 9000"是时尚音乐系统设计的典范，可以同时放入六张碟片，每张碟片表面不同的画面，也成为装饰的一部分，由于每位使用者放入的碟片不一样，每台播放器也变得不同。这是对消费者情感体验的最好满足形式，使用者可以通过更换碟片达到不一样的装饰效果。当音乐播放器以随机顺序前后移动碟片的时候，几乎察觉不到任何的停顿。卓越的音效和与众不同的使用方式，让用户可以尽情体验经典的设计和震撼的音质，同时，"BeoSound 9000"提供了多种摆放组合方式，这种设计也成为潮流化的设计语言。

3）潮流趋势和设计语言的新动向

电子产品的设计与潮流趋势和设计趋势紧密相关。潮流趋势左右着电子产品的流行方向，"BeoLab 8002"扬声器就是潮流化设计语言的体现（图 11-105），这款造型优雅、结构稳固、外观精致的扬声器具有良好的音效。"BeoLab 8002"以家具的造型出现，让它可以放在家居环境中的任何地方，能够与环境融为一体。这是当下流行的设计潮流之一：电器家具化。

B&O 的产品又体现了潮流化的设计语言，比如："BeoCom 2"话机的设计（图 11-106），话机上突起的按键设计，增加了产品的实用性，同时这些按键、屏幕部分采用了"几何分割"和"平面立体化"的设计语言，这些设计语言成为电子产品设计的潮流化语言。"BeoCom 2"还是对传统电话设计的挑战，柔和的曲线造型正好与人的脸部曲线相契合，握在手中的感觉也很舒适。它采用整块铝，经液压技术压制成型，因此，话机非常坚固，没有锋利的边缘和影响美观的缝隙。

4）女性设计的新潮流

"进入 21 世纪，女性消费也成为消费的主流趋势之一，各商家都

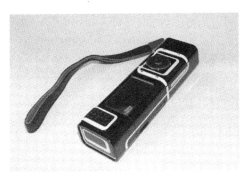 

图 11-107（左）
诺基亚"7280"手机

图 11-108（右）
索爱"Jalou"手机

使出浑身解数，旨在抓住女性消费群体，各项市场调研结果表明，与
男性消费份额相比，女性占据着消费市场的更大份额，因此，有的企
业甚至提出'满足女性就能占领市场'这样的概念。"[1] 因此，斯堪的纳
维亚各大企业，也在不断研究女性群体的需求，不断推出针对女性的
设计。诺基亚"7280"和索爱"Jalou"两款手机都是为女性消费者
设计的。诺基亚 7280 造型时尚前卫（图 11-107），有别于其他诺基亚
机型。显示器横向使用，屏幕在待机状态时就对折成镜子，这一点深
受女性消费群体的喜爱。索爱 Jalou 手机时尚典雅的外观造型来自水
晶宝石的棱角切割概念（图 11-108）。这款手机尺寸很小巧，外盖上
设有隐藏的屏幕，不开盖就可以看见时间。内屏幕采用了全平面镜的
设计，可以随时打开手机当镜子使用。这两款手机的这些特色，得到
女性消费者的青睐。

小结

　　斯堪的纳维亚当代的工业设计在延续传统的同时不断向前发展。芬
兰、瑞典、丹麦和挪威的玻璃、家具、日用品、陶瓷和电子产品设计既
有传统斯堪的纳维亚设计的面貌，又体现了现代科技、文化对于产品设
计的影响。其中，玻璃企业很好地保留了传统的手工制作工艺，并不断
与知名设计师合作，扩大和增强企业的国际影响力和地位。家具行业是
斯堪的纳维亚国家的强势产业，在现代化的家具生产模式中，传统的手
工技艺被很好地保留下来，成为斯堪的纳维亚家具设计的特色。日用品
的设计是体现斯堪的纳维亚文化特色的窗口，北欧寒冷黑暗，斯堪的纳
维亚人需要在家中度过漫长的严冬，因此，也造就了杰出的日用品设计
品质。在陶瓷产品领域，有着具有上百年历史的知名品牌：皇家哥本哈
根、罗斯兰和阿拉比亚陶瓷厂，这些品牌是斯堪的纳维亚设计形象的代
表，已经成为其文化的一部分。除了这些百年历史的知名品牌，新兴的
陶瓷品牌和从事陶瓷产品设计的设计师也不断涌现，并成长为斯堪的纳
维亚当代陶瓷产品设计领域的新生力量。电子产品设计行业，则反映了

1　于清华 . 姐妹情谊和设计的女权主义 [J]. 装饰，2010（9）：84.

斯堪的纳维亚先进的科学技术和工艺制作水平。总之，当代斯堪的纳维亚的工业设计既有传统的一面，又体现了创新的潮流，正是这种两面性，让斯堪的纳维亚的工业设计具有了亲和力和吸引人的个性。

11.4　美国当代的工业设计

美国是最早实现工业设计职业化的国家，工业设计教育也具有悠久历史。美国的设计院校具有自身的特色，比如：美国艺术中心设计学院的王牌专业是汽车设计，克兰布鲁克设计学院则以家具设计课程见长，北卡罗来纳州立大学设计学院则高度重视通用设计（Universal Design）。这种专业化的教育模式与美国高度商业化的社会有着很大关系，美国设计学院教育的转型与社会对设计人才的需求有着紧密联系。美国工业设计是激烈市场竞争的产物，企业要求毕业生能够尽快与市场接轨，为了适应企业和社会的需求，美国的设计院校在课程设置上密切注意与企业接轨，同企业合作研发设计产品，也要求学生到企业进行设计实践，学生的设计课题也往往来自企业。

1990 年代之后，计算机辅助设计的发展，让工业设计的程序与方法发生了很大的变化。一些原本由人工完成的绘制和设计工作让位于计算机辅助完成。美国的企业和工业设计教育受到来自计算机辅助设计的强大冲击。美国的设计院校也开始重视计算机辅助设计，在培养学生具备良好手绘基础的同时，各类设计训练基本上都是在计算机上完成的。其目的也是为了让学生更快地与企业对接，培养务实型的专业设计人才。

11.4.1　美国的企业和设计公司

美国的设计形象很大程度上是由大企业决定的，美国是最早实现设计师职业化的国家，在美国的大企业中很早就设置了设计部门和工业设计师的职业。这些驻厂设计师为美国企业工业设计的发展立下了汗马功劳。

1970 年代爆发的能源危机中，美国的大企业首先受到冲击，尤其是汽车制造行业，这场始自石油的战争让日本的小型车成功进占美国市场，只重样式、耗费能源的美国车受到严重冲击。美国企业开始不断寻求解决办法和途径，来面对这次能源危机。进入 1980 年代，美国大企业经济日趋回暖，这些大企业使美国成为经济上的全球主导者，美国设计也赢得重视。这些大企业包括：福特、通用、哈雷·戴维森、苹果电脑、IBM、微软、摩托罗拉和特百惠。同时，加利福尼亚州的硅谷成了新设计的发展基地。

1. 苹果公司

"苹果"公司的设计已经成为一种鲜明独特的设计语言，形成了产品的"PI"（产品的身份）形象系统。苹果产品简约干净的造型，对细节精益求精的追求，让苹果的产品具有独特的时尚魅力，引领了消费类电子产品的设计潮流，并在世界范围内拥有一批忠实的消费者。

苹果公司发展史上的转折点出现在 1997 年乔布斯的回归。在1997 年之前，苹果公司经历了黯淡无光的岁月，不仅市场销售下滑，还要承受来自华尔街股票跌落的危机以及消费者的怒气。乔布斯重新回到苹果公司之后开始大刀阔斧地改革，将苹果公司的六十多个产品削减到四个。

图 11-109　"Imac"电脑

苹果公司辉煌的设计旅程首先开始于"Imac"（图 11-109），色彩鲜艳的半透明外壳重塑了计算机的形象，摆脱了家用计算机死板的灰黑色方盒子的印象，这是苹果设计语言和风格的开始。2001 年，苹果公司推出了第一台钛合金计算机，这是一种干净简洁的设计风格，标志着苹果公司 Imac 之前那种更趋于新奇异常的设计语言的终结。同年 10 月，苹果公司又推出了"Ipod"，它立即成为数码音乐播放器的新设计标准。此后，苹果公司不断推出新品继续引领时尚电子产品的消费热潮。2010 年，苹果公司推出平板电脑"Ipad"，引起了苹果爱好者的追捧（图 11-110），这款小巧的个人掌上电脑除了具有经典的苹果设计语言之外，在使用上更加人性化，界面设计也非常出色，可以通过触摸屏幕来操作电脑。

图 11-110　"Ipad"平板电脑

苹果设计语言和风格的形成与幕后的设计团队密不可分，来自英国的设计师乔纳森·艾弗（Jonathan Ive）是其中杰出的一位，现任苹果首席设计师，参与设计了多款苹果产品。乔纳森·艾弗设计的成功之处在于他放弃了传统的设计方法，他可以从任何方式切入设计主题，比如：Imac 计算机的灵感来自于水果糖，苹果透明鼠标的灵感来自水滴，Ipod 看起来则像音乐迷的香烟盒……

与乔布斯的相遇让乔纳森·艾弗的设计得到认可，并大放异彩，同样，这也是世界设计界的福音，苹果公司为消费者带来了如此多赏心悦目的设计。真正让苹果的产品从大众产品中区分出来的原因是舒适与完美。苹果产品追求精益求精，任何一点小的视觉瑕疵都是不能存在的。当然，苹果公司也会存在决策上的失误，比如：苹果"G4 Cube"推出不到一年就被放弃，产品厚重的外壳上裂缝般的外观是其中较为严重的问题之一。当然，这些错误与苹果公司一贯的高科技制造者的形象比起来，还不足以撼动苹果公司的根基。在 2010 年之后，乔布斯又带领苹果公司走进新的发展纪元。

2. 其他公司

除了苹果公司之外，美国的微软、摩托罗拉、IBM、特百惠、惠普、

图 11-111（左）
"跳跃"椅

图 11-112（右）
手势遥控器

戴尔公司在经历新千年的金融危机之后，又开始进入新一轮的发展之中。工业设计仍将作为这些企业的生存之本，根植于企业的文化之中。

美国企业和设计公司在这 20 年时间内快速发展起来，其中成立于 1990 年的埃迪欧（Ideo）公司是其中最著名的一家，总部设在美国加州的帕罗奥多，现如今在旧金山、芝加哥、波士顿、伦敦、慕尼黑和上海都设有办事处和分公司。埃迪欧公司主要从事人机界面、机构、电子、软件设计和工业设计，是目前世界上最活跃的大型设计公司之一。埃迪欧最著名的设计包括为苹果电脑和微软公司设计的第一款鼠标，以及为史迪凯（Steelcase）公司设计的椅子"跳跃"（Leap）（图 11-111）。埃迪欧设计公司始终以人本主义为核心，最大程度地满足使用者的使用、心理和行为需求。

除了埃迪欧设计公司，美国在 1980 年代还成立了一批设计公司，现在这些设计公司都具有国际知名度。"月亮"设计（Lunar Design）公司是其中的一家，创建于 1984 年。创始人是杰夫·史密斯（Jeff Smith）、扎德·佛柏厦（Gerard Furbershaw）和罗伯特·布如纳（Robert Brunner）。月亮设计公司主要从事产品设计、包装设计、工程设计、策略设计、交互设计和医疗工程设计。

月亮设计公司 2010 年设计的中空椭圆形的手势遥控器获得无数赞誉（图 11-112），用户可以通过移动手指触摸遥控器来操控它。

还有成立于 1983 年的"连续（Continuum）设计公司"，以突破性创意思维著名。它为许多企业带来了可观的商业利润。现在连续设计公司在米兰和首尔开设了分部。公司不仅有优秀的设计师，还集合了各个领域的精英人物，有从事行为学、心理学研究的专业人士，有进行管理顾问、商业策略和品牌定位的策略师，还有从事软件设计、产品设计和建筑设计的设计师团队。

"奇葩设计"（Ziba Design）公司成立于 1984 年，是一家产品策略设计顾问公司，被美国商业周刊及德国北威州设计中心推崇为国际最成功的设计公司之一。奇葩公司的设计理念是：设计必须具有明确的目的性，设计作品必须具有高标准和良好的结果。"化繁为简、创造简洁的形式"是其设计理念的核心。在这一设计理念的指导下，奇葩设计公司在设计产品时遵循如下几大原则：

（1）和谐是一切设计创造的根本，是和设计相关的诸多事务的协调关系。

（2）设计作品要具有均衡的关系，平衡设计的各方面要素。

（3）产品还要具有良好的语义，要具有创造性和价值。

（4）在产品细节方面，对待细节要精益求精，每一件产品的细节设计都体现设计师对自我的挑战。产品还要通过色彩、造型、细节和平面设计使它看起来更亲切宜人。

纽约的"聪明设计"（Smart Design）公司是美国又一家具有国际知名度的设计公司。聪明设计公司正如它的名字一样，设计出许多聪明的产品。譬如：为 OXO 公司设计的系列食品和调味品包装非常引人注目，并在美国市场获得了很大的商业成功。

"埃蔻设计"（Ecco Design）公司曾经设计了一系列家喻户晓的办公用品，"欧卡"（Orca）迷你订书机（图 11-113）是其著名的设计作品之一。设计师赋予了订书机有机的造型，让这一产品充满了生机和吸引人的特质。无论把它放在书桌上、柜子上还是在办公室中，都会成为人们关注的焦点。同时有机的曲线也很契合人手去拿握。

埃蔻设计公司还注重用户界面设计，界面是人与机器之间传递信息的媒介，包括硬件界面和软件界面。界面设计是计算机科学、心理学、设计艺术学、认知科学和人机工程学的交叉研究领域。随着信息技术和计算机科学的迅速发展，界面设计已经成为世界设计界关注的研究方向之一。在硬件日趋同质化的今天，界面设计成为商家的秘密武器和必胜法宝。

这些设计公司为塑造美国设计的全新形象作出了重要贡献，是世界设计界认识美国设计的窗口。透过这些不同类型的设计公司，我们看到今日美国的工业设计开始走向信息化时代。工业设计的重点不再局限于产品造型设计，各种与产品设计相关的环节都得到重视，通用设计、界面设计已经成为新的关注点。美国当代工业设计的这些新特点，也成为信息化时

图 11-113　"欧卡"迷你订书机

代工业设计的全球化发展趋势。

11.4.2　美国的工业设计师

　　在这 20 年间，出生于 1960、1970 年代的设计师开始成长起来，成为美国当代工业设计承上启下的中坚力量。美国年轻一代的设计师与老一辈设计师一同创造了新时期美国设计的辉煌。这些设计师群体通过杰出的设计作品，让世界设计界认识和关注美国设计，他们是美国当代工业设计的幕后推手。

　　塔克·维耶梅斯特（Tucker Viemeister）曾经在聪明设计公司和青蛙设计公司以及纽约的多媒体公司工作，他称自己是"世界上最后一个工业设计师"。塔克·维耶梅斯特是聪明设计公司的创始人之一，他曾帮助聪明设计公司为 OXO 公司设计了广为人知的"好握力"（Good Grip）厨房工具系列产品。

　　塔克·维耶梅斯特的父亲也是一名工业设计师，从小受父亲影响，将工业设计作为自己今后的职业。当他进入大学之后，发现自己不需要学习工业设计，这和他从小的生长环境有着很大关系，从小对于工业设计的了解，让他很快步入职业设计师的行列。

　　唐纳德·查德－威克（Donald Chad-Wick）和比尔·斯顿夫（Bill Stumpf）则因为他们为赫尔曼米勒设计的"阿埃隆"（Aeron）办公椅（1992 年）而闻名。这把椅子融合了出众的外观造型、良好的人机性能、使用性能和技术性能，而被美国工业设计协会（IDSA）和《商业周刊》杂志赋予"十年最佳设计"的称号。阿埃隆椅能根据就座者不同的体重、姿势和动作进行精准的调整，以适应使用者的身体曲线。

　　理查德·霍尔布鲁克（Richard Holbrook）和杰克·凯利（Jack Kelley）是 20 世纪后半叶最著名的两位美国设计师。理查德·霍尔布鲁克是一位功能主义设计师，1981 年毕业于宾夕法尼亚艺术中心学院设计专业，他很关注产品的样式和设计的区别，认为真正的设计不是靠仅仅变化样式的肤浅层面。杰克·凯利非常注重计算机的作用，他认为信息时代的设计师必须理解计算机在现代化办公中的作用，理解那些依赖计算机的人们，这样才能设计出符合当今办公环境的产品。他还与比尔·斯顿夫合作，在 1970 年代末，共同研究办公室家具发展的变化。杰克·凯利不仅对新兴技术了如指掌，他还进行广泛的市场调研，亲自参与和用户面对面的交流，通过这种方法能更好、更准确地确定设计的切入点。

　　进入新千年之后，美国设计界的代表性人物则是卡里姆·莱希德（Karim Rashid）。他出生于埃及，在加拿大接受教育，现在定居在纽约。卡里姆·莱希德于 1993 年在纽约成立自己的设计公司，从此开始了他以美国为根基的职业设计师生涯。卡里姆·莱希德的设计非常强调

诗意化，他乐于打破工作中条条框框的限制，他的设计
作品中充盈着自由的气息和新鲜的视觉感受。由于卡里
姆·莱希德喜欢使用色彩丰富的半透明塑胶材料，因而
获得"塑胶诗人"的雅号，譬如：他为阿莱西公司设计
的手表（图 11-114），使用的就是这种色彩艳丽的塑胶
材料。

11.4.3　美国的汽车设计

自从 1980 年代之后，美国汽车工业遭遇到来自日
本汽车行业的强大冲击，日本的本田、日产、三菱和富
士公司相继在美国设厂。美国汽车工业为了应对来自日
本的竞争，不断推出新的车型，一改过去 20 年间的直
线设计，不断变换的汽车样式设计也给美国的汽车工业
发展注入了强大的活力。1990 年代之后，各种多功能
车开始独领风骚，美国人喜欢能载货并能越野的汽车。

美国被称为"汽车王国"，拥有自己独特的汽车文化。
美国地广人稀，因此美国人习惯驾驶宽大豪华的汽车在
国土上任意驰骋。美国汽车的减振性能非常好，动力也
很强劲，美国人喜欢这种舒适与实用的汽车。

美国现有的汽车公司除了通用、福特和克莱斯勒之
外，还有迈克、纳维斯达等规模大小不等的汽车公司。
美国是世界上最大的汽车生产地，"其汽车的产量约占
世界的 1/4，销售量约占世界的 30%。"[1] 汽车工业是美国
工业的旗手，可见其在美国经济发展中的重要地位，它决定了美国的
经济命脉。因此，在美国的汽车设计领域涌现出众多优秀的设计师，
他们为美国汽车工业的发展作出了杰出贡献。

随着汽车工业的日趋国际化，汽车设计师的身份也变得越来越国
际化，譬如：美国的汽车设计师金·梅斯（Jmays）和韦恩·切里（Wayne
Cherry）曾经前往欧洲当学徒，之后又返回美国为自己国家的汽车工
业效力。

金·梅斯是美国当代著名的汽车设计师，在美国三大汽车集团从
事款式设计工作。金·梅斯是在 1997 年入主福特汽车公司的，1990
年代福特车型设计起伏不定，落后于戴姆勒－克莱斯勒和通用汽车公
司。金·梅斯接过了来自福特汽车造型设计落后的挑战，他采用了一
种新颖的设计方法：注重汽车的情感和非理性因素。金·梅斯汽车设
计的影响来自两方面，其一是电影对他的影响，其二是时装和建筑的

图 11-114　卡里姆·莱
希德为阿莱西公司设计的
手表

1　张发明著 . 汽车品牌与文化 [M]. 北京：机械工业出版社，2008：57.

图 11-115 "水星 MC4"

影响。从这两个领域，梅斯学会了如何吸引人的眼球，创造强有力的视觉冲击力。

金·梅斯来到福特公司之后，他关注的汽车设计是价格不高，但同样具有影响的概念汽车。譬如：1997 年推出的"水星 MC4"（Mercury MC4）概念车（图 11-115），它的后门打开时像海鸥展开的双翼般有凌空飞翔之感，前后门之间取消了中央支柱，这种结构成为新式家用汽车的结构设计。

韦恩·切里导演了通用汽车公司 1990 年代款式的变化。1990 年代早期对通用汽车公司来说是一段艰难的岁月，为了让通用汽车公司重新振作起来，韦恩·切里从 1990 年代初开始为通用汽车的发展作准备。并确立了以品牌个性发展为核心的设计基调，将生活方式的概念和美国汽车文化引入到汽车设计的思考中。

韦恩·切里为通用汽车公司所作的最大贡献是使公司式样设计部的结构变得有利于发展，这一时期式样设计部也设计出一些杰出的汽车造型。譬如："GMC Terradyne"概念车就是一款接近于武器的汽车。切利还为通用汽车公司聘请了一些优秀的式样设计师和经验丰富的专业人才。到 2000 年的时候，切里领导的通用公司式样设计部已经让公司的汽车样式设计走在了世界前列。

小结

美国当代工业设计的发展在近 20 年间取得了一定成绩，美国的教育体系为优秀设计人才的培养作出了贡献。以市场机制为核心，以商业利益为标准的培养模式，让美国工业设计专业的学生在毕业后能快速融入企业的设计模式中。美国的大企业继续引领设计的潮流，苹果公司的产品成为消费类电子产品的新时尚，苹果公司也第一次让塑胶这种材料告别了廉洁材料的形象，变成时尚设计的代言。除了这些大品牌公司之外，美国的设计公司和职业设计师也为美国当代工业设计的发展推波助澜，形成了新时期美国工业设计的面貌和局势。

11.5　英国和法国当代的工业设计

11.5.1　英国当代工业设计

英国的工业设计在经历战后几十年的复兴，进入 1990 年代之后开始了新一波的发展。不可否认，在二战之后的几十年间，英国社会、经济和工业的发展，不同程度地出现衰退，英国早已失去"工业帝国"的领导地位。但是，这并不意味着英国的工业设计停滞不前，新时期，新的发展机遇也不断为英国的设计行业带来冲击和改变。

英国前首相撒切尔夫人曾经说过这样的话："可以没有政府，但不能没有工业设计"，可见英国政府对工业设计的重视程度，将其提上了议事日程。撒切尔夫人认为如果忘记了良好设计的重要性，那么英国的工业设计将不再具有竞争力。英国政府也开始资助工业设计行业的发展。截至 2007 年 3 月，"英国文化体育与传媒部发布了《文化与创意 2007》（Culture & Creativity in 2007）报告，以案例的形式总结了这十年来创意产业的发展成果。创意产业在整个国民经济增加值中的比例超过了 7%，并以每年 5% 的速度在增长，产值达 560 亿英镑，解决了 180 多万人的就业问题。而设计行业在创意产业中占据了很大一部分的比重。"[1]

在英国，设计不仅是一个突如其来的灵感，而是建立在全方位的调研基础之上的。英国的设计教育非常注重调查研究，比如，设计一款通信类产品，导师会引导学生进行"交流"方面的研究。前期的工作不是画几款通信类产品的草图，而是围绕"交流"这一主题进行调查研究。发现各种"交流"的方式，每种交流方式的优缺点，不同载体对人的影响，对社会、伦理的影响，还要进行技术、材料、美学、市场方面的研究，从中找出有价值的课题导入方向。

除了注重研究之外，英国的设计教育还强调演讲表达，并建立了导师辅导制度，完善了评估体系。学生每次做完作业后都要制作演示文件公开演讲，推销他们的设计作品。导师辅导制度是正式的课程之外的辅导体系，学生可根据兴趣爱好选择和被分配给不同的导师，这些导师都是学有专长的业内人士，或是跨行业的专家。完善评估体系的建立也是让学生掌握设计方法的重要手段，每个设计项目开始的时候，学生都有一份项目简介，不仅要解释课程的目的，还要明确考核和培养学生哪方面能力，而这些就成为最终的评估标准。整个评估过程由导师和同学们共同参与完成。这样的评估体系可以促进学生之间的交流和相互监督，培养学生思考问题的能力，总结和积累经验，发

1　彭婧 . 在传统与变革中前进的英国现代工业设计 [D]. 无锡：江南大学硕士论文，2008：48.

图 11-116　戴森公司出品的真空吸尘器

现自身存在的问题和缺点。

在经历各种设计思潮的洗礼之后，英国的工业设计开始走向成熟，呈现既不激进，也不保守的发展态势。英国的工业设计师更青睐于采用理性、务实的态度来设计产品。这期间出现了许多杰出的设计师。1947 年出生的詹姆斯·戴森（James Dyson）就是其中最著名的一位，他是新型无尘集袋（双重旋风）真空吸尘器的发明者，他发明的双重旋风系统，被看做是自 1908 年第一台真空吸尘器发明以来的首次重大科技突破，彻底解决了旧式真空吸尘器气孔容易堵塞的问题（图 11-116）。当初，戴森花费了五年时间做了五千多个模型，最终使用双气旋系统，可以将灰尘从空气中分离出来，从而解决了吸尘器尘土堵塞和吸力不足的问题。戴森也通过一系列的吸尘器设计获得了无数国际设计大奖，成为英国家喻户晓的人物。如今戴森（Dyson）公司成为西欧最大的真空吸尘器服务商。

在英国当代工业设计师中，类似詹姆斯·戴森这样的优秀设计师还有很多。贾斯帕·莫里森、奈杰尔·科茨（Nigel Coates）、罗斯·拉夫格如、突尼斯出生的汤姆·迪克森、以色列出生的罗恩·阿拉德等人，都是英国著名的工业设计师。贾斯帕·莫里森的设计作品被认为是"新简约主义"设计的典范，这位 1959 年出生于英国的设计师，对当代年轻设计师产生了很大的影响。麦克·杨在谈到贾斯帕·莫里森的时候这样评价他："关注贾斯帕·莫里森的作品对任何一个人来说都是重要的功课。"[1] 德国设计师康斯坦丁·格瑞克则说："因为在英国皇家艺术学院与老师贾斯帕·莫里森相遇，一切才有了现在的发展和契机。"[2] 贾斯帕·莫里森的设计以简约、精准、考究的外观为人称颂，他为意大利的麦哲思公司设计的"酒馆"（Trattoria）椅（图 11-117），则完美体现了他的这一设计风格。

奈杰尔·科茨出生于 1949 年，科茨是英国杰出的建筑、室内和产品设计理论家，他还进行各种设计实践，或者从事教育行业来传播他的设计理念。科茨在灯具和家具设计领域颇有建树，他设计的水晶灯"欧若拉"（Aurora）是他众多设计作品中的一个，这款水晶灯晶莹璀璨又便于清洁，体现了功能与装饰的完美结合（图 11-118）。

新时期英国也涌现出更多杰出的工业设计师，具有国际声望的设计师：罗斯·拉夫格如也是其中之一，他早年间在青蛙设计公司担任

1　叶颖著. 设计私地图 [M]. 上海：上海人民出版社，2008：191.
2　叶颖著. 设计私地图 [M]. 上海：上海人民出版社，2008：191.

图 11-117（左）
"酒馆"椅

图 11-118（右）
"欧若拉"水晶灯

项目设计师，还为索尼公司设计过随身听，为苹果公司设计过计算机。此后，众多国际知名品牌不断与他合作，让罗斯·拉夫格如成长为国际知名的设计师。拉夫格如的作品体现了自然界的灵感启发和对生态问题的关注，他的设计努力追求和谐自然的美感，将有机形态和材料、加工工艺相结合，创造出具有说服力和技术美学特质的作品。

拉夫格如为摩若索公司设计的超自然椅（图 11-119），是其设计理念的体现。椅子具有有机的曲线，苗条、结实而又充满生命的动感。当阳光在穿孔的椅背投射而下的时候，在地面留下的美丽投影更增强了空间环境的美感。这款椅子结合了人体美学和先进的制造技术，采用双层的玻璃纤维材料制作而成。椅子内部还增加了固定的框架结构，使椅子具有牢固的强度和稳定性。拉夫格如将材料、技术、功能和美学价值发挥到极致，开辟了与众不同的设计方法和美学标准。

还有突尼斯出生的汤姆·迪克森，以色列出生的罗恩·阿拉德。与其他设计师不同的一点是，汤姆·迪克森只受过半年设计基础课程的训练。由于热爱电焊工艺而让他关注设计行业，从事这一行业可以让迪克森的创意激情得到释放。迪克森有一个绰号叫"脊椎设计师"，这是形容迪克森的设计注重的是技术、材料和结构，他对单纯的造型不感兴趣，这也是他与众不同的设计方法。罗恩·阿拉德善于尝试用各种不同的新工艺，来制作独具创意的作品。尤其金属和塑料材质是他进行创意设计的法宝。

除了这些脍炙人口的设计师之外，英国年轻的设计力量不断崛起。现在以亚洲作为根据地的麦克·杨，英国家具行业中设计产品数量最多的设计师西蒙·彭杰利（Simon Pengelly），"巴伯·奥斯哥柏"（Barber Osgerby）双人设计组合，还有设计上海世博会英国馆的建筑师托马斯·海瑟维克（Thomas Heatherwick）等人。

麦克·杨 1966 年出生于伦敦，毕业于金斯顿大学，之后进入汤姆·迪克森的设计工作室工作了四年之久。1997 年在伦敦成立创意工作团队，1999 年又与妻子在冰岛成立"M.Y.Studio"饰品公司。2003年之后前往亚洲发展，2006 年之后主要在香港从事设计业务。他认为亚洲是他设计的舞台。

图 11-119　超自然椅

对于麦克·杨而言，只在一个领域重复设计是很枯燥的事情，他的设计领域跨界到家具、珠宝、室内、服装设计行业。如图 11-120 所示的 USB 手环，是他的经典设计作品之一，这个产品融合了功能性和装饰性于一体，是麦克·杨 2004 年设计的。

西蒙·彭杰利于 1993 年成立设计工作室，进行家具和产品设计。西蒙·彭杰利的设计注重以实用性的方法解决设计问题，密切关注材料和工艺，并将自己的情感融入设计中，创造出一件件令人惊叹的作品。这件沙拉碗的设计荣获了 2010 年红点设计大奖（图 11-121），这个碗是由约瑟夫·约瑟夫（Joseph Joseph）公司生产的，约瑟夫·约瑟夫公司是英国的双胞胎兄弟理查德·约瑟夫和安东尼·约瑟夫（Richard and Antony Joseph）创立的厨具设计品牌。

1969 年出生的爱德华·巴伯（Edward Barber）和杰伊·奥斯哥柏（Jay Osgerby）组成的设计组合：巴伯·奥斯哥柏，是近年来在国际设计界走红的双人设计组合。这两位年轻的英国设计师毕业于伦敦皇家艺术学院，他们是大学的同学，从 1996 年开始一起合作作设计。他们的设计作品不断公之于世，其合作的生产商也是国际知名品牌。巴波·奥斯哥柏为克拉森公司设计了"土星"（Saturn）衣帽架（图 11-122），土星衣帽架具有刚毅简约、犹如雕塑般的线条，采用实心山毛榉材料搭配金属挂钩制成，这件作品由克拉森公司 2007 年出品。

托马斯·海瑟维克因设计上海世博会英国馆而闻名，但在国内很少有人关注他的产品设计。他还是一位优秀的产品设计师，他为意大利的麦哲思公司设计的"纺"（Spun），是一把具有雕塑感的椅子，融合了舒适的功能性和娱乐性于一体，坐在纺椅中可以放松身体随意摇晃转圈，为使用者带来与众不同的体验（图 11-123）。

新时期英国设计师创造的这种杰出的设计案例不胜枚举，从这些设计师的代表作中，我们可以发现他们源自莫里斯时代英国设计所追求的诚实、正直和精良的优秀传统。从 1990 年代到如今，英国工业设计得以采用更开放的态度，更新的加工工艺和材料，利用各种可行的手段将功能和形式融为一体，从而创造了新时期英国工业设计的新

图 11-122（左）
"土星"衣帽架

图 11-123（右）
"纺"椅

特点，从中产生了一批对国际工业设计行业具有深远影响的设计师和作品。

11.5.2　法国当代的工业设计

"法国是人所共知的浪漫之都，是奢侈品消费的大国，以往人们对于法国创意的印象多集中在服装、建筑和影视领域，其实产品设计也是法国设计公司开展的一项主要业务。这项服务占到了所有设计公司业务量的 60%。只不过产品设计的利润相对较低，据统计 2001 年产品设计的营业额仅占全部设计业的 12%。"[1] 面对这种市场行情，不容乐观的利润似乎并没有影响年轻一代设计师的创意热情，透过各种展览所反映出的产品设计活力旺盛蓬勃。

与其他盎格鲁－撒克逊国家对待艺术和工业的务实态度不同，工业设计直到 1990 年代才在法国获得独立地位，并作为一个完整的学科而存在。作为一项活动，设计是从两个渊源发展而来的，一方面，基于科学模型的工程师所掌握的技术性文化，从工业时代一开始就控制了产品的概念和生产；另一方面，艺术装饰设计者所拥有的历史观和敏感度，但艺术装饰的创新仅限于室内设计，而且生产工艺仍然是人工的。

1990 年代初，意大利设计的热潮影响到法国。这一时期出现了许多著名的设计师和设计组织。菲利普·斯塔克是其中的杰出代表。1990 年代之后，法国政府意识到设计对国民经济的重要促进作用，态度发生很大转变。在 1993 年法国政府破天荒地出版了一本关于现代设计的非常重要的著作《工业设计：一个世纪的反映》（由法国政府的下属几个部门出资出版，出版公司是：Plammarion/APCI），这本著作是目前论述工业设计资料最完整的著作之一。由此也可以看出法国政府态度的转变。

法国设计的推广是由文化部和工业部承担的，它们为设计行业提供政策支持和资金援助。文化部下属的造型艺术专门委员会（DAP）推行一系列有助于法国设计发展的措施。工业部主要进行三个方面的

1　朱林 . 浪漫之都的创意小调 [J]. 产品设计，2006（32）：78.

工作，其一是刺激中小企业的设计需求，协助企业利用设计成果；其二是协助建立工业设计师职业资格管理局，促进设计行业的发展；其三是参与设计教育，工业部鼓励在理科院校设立设计科目，以便未来的设计师能更好地与企业沟通合作。

此外，家具创新促进会（Valorisation de I'Innovation dans I'Ameublement，简称VIA）也在法国1990年代的新设计运动中扮演主要角色。这一组织设置奖励机制，举办各种设计竞赛和展览来鼓励家具设计的创新化发展。并尽可能为设计师介绍制造商，让他们的设计作品变成产品投放市场。工业部的代表也定期参加会议，评估设计师作品的市场潜力和可行性，被选中的设计作品会制成样品，以调查市场前景、制作程序和成本。这一运作机制在短短的几年间就使数百件家具设计得以生产并投放到市场上。

这一时期，许多公司也以其优良的设计获得良好的名声，譬如：以先锋派家庭娱乐系统而成名的汤姆森多媒体（Thomson Multimedia）公司。但是，在工业设计领域真正得到发展的是法国的汽车设计行业。雷诺公司在1987年聘请了帕特里克·勒·奎蒙（Patrick Le Quément）加盟，他对雷诺的主要贡献是将新汽车的概念推向领先地位，发展出新式的汽车设计语言，并鼓励原创思想。帕特里克·勒·奎蒙的新式汽车设计语言是通过聘请不同思想体系的产品设计专家，而不是汽车设计专家来解决汽车造型问题。这些专家将汽车的外表和总体性能作为一个整体加以考虑，而不仅仅是考虑汽车的外壳形状。帕特里克·勒·奎蒙还将设计看做文化环境中的一项活动，从而成功地为雷诺公司设立了产品文化的全新标准。雷诺公司生产的太空车（Espace）成为1990年代欧洲货车的典范。

在其他产品设计领域，法国也涌现出非常多的杰出设计师，1965年出生的女设计师玛塔丽·葛哈瑟（Matali Cresset）是其中杰出的一位。她曾经在菲利普·斯塔克的工作室工作过五年，和斯塔克一起工作的经历让她很快成长起来，谈起那段经历她总是心怀感激。玛塔丽出生于法国的乡村，她曾经以乡村女青年自居。因此，她的很多设计都是和"故事情节"联结在一起的，比如，她早期的成名作"当吉姆来到巴黎"（图11-124），就是考虑到假如有一天乡下的表弟吉姆突然造访你在巴黎的蜗居该怎么办。狭小的空间永远是让巴黎人最头痛的事情，玛塔丽设计了一个可以卷起来的铺盖，还配备有台灯和闹钟，是为那些突然到来的访客准备的。她的这件作品中充盈着慷慨好客和纯真自然的本色。

进入新千年之后，玛塔丽的设计进入成熟期，她开始涉足不同的设计领域：舞台设计、工业产品设计、家具设计、室内设计、图形设计、展示设计和艺术指导都囊括其中。她是一个泛欧洲化的

设计师，从不把自己限定在一个国家内，她的作品没有显著的门派特色。比如：她设计的休闲椅"佩雷斯-2"（Pèrès-2）（图 11-125），简约大气的造型，精准的细节构造让她的设计呈现出理性的一面，这种设计风格不属于欧洲的任何一个国家，是一种泛欧洲化的设计潮流。

　　1990 年代之后，法国的工业设计行业快速发展起来。伴随着工业设计的发展，不断出现众多优秀的产品设计师。比如，1967 年出生的帕特里克·朱伊恩（Patrick Jouin），他也曾经在菲利普·斯塔克手下工作，并担任过斯塔克的副手。帕特里克·朱伊恩的设计理念是"不为设计而设计"，他总是先把重点放在材料上，希望依靠材料原始的质感来体现物体的形状。"立方体 S1"（Solid S1）凳子就是采用具有支撑力的聚酰胺粉末制作的（图 11-126），凳子的结构酷似一具骨架，外皮则宛如皮肤组织般具有柔软的触感。

　　生态主义者吉利斯·贝莱（Gilles Belley）的设计反映了当下的浪潮，随着环保议题日益得到重视，法国的设计师也体现了这种设计趋势。吉利斯·贝莱设计的最大特点是重视自然本质，尽可能采用有机生态材料来制作产品。2004 年他与法国国家电力公司研发设计部门合作，推出了一系列节能的电子类产品。贝莱设计的能源节约信号指示灯，可以通过改变颜色提示使用者节约能源（图 11-127）。

　　与欧洲其他国家的工业设计师不同，法国的设计师更具有浪漫的情怀，这其中包括：梦想家康斯坦斯·圭塞特（Constance Guisset）、诗人约阿希姆（Joachim Jirou-Najou），以精致优雅的设计而著称的玛丽·奥利尔·施蒂克（Marie-Aurore Stiker）等人。

　　康斯坦斯·圭塞特的设计作品呈现出来的是一种梦想的创意世界。她的设计作品具有一种哲学意境和诗意化的表达方式。这与她多元化的工作模式具有很大关系。作为法国高等经

图 11-124（左）
"当吉姆来到巴黎"

图 11-125（中）
"佩雷斯 -2"

图 11-126（右）
"立方体 S1" 凳子

图 11-127　能源节约信号指示灯

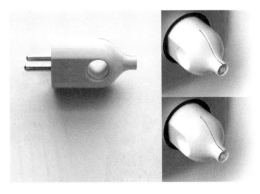

济学院的毕业生，她曾涉足日本政界，并在日本前外交部部长柿泽聪士（Koji Kakizawa）手下担任助理。回国后她进入巴黎高等政治学院文化管理系学习，之后又进入国立高等工业设计学院学习。如此短的时间内，她完成了从政界到管理系专业和工业设计专业的跨界转型。从康斯坦斯·圭塞特的作品中我们可以看到她从不同角度观察事物，发现创意的能力。譬如，康斯坦斯·圭塞特设计的"双面水族箱和鸟笼"（Duplex）（图 11-128），假设了一只在笼子里的鸟与一条在鱼缸里的鱼的碰面场景，作品鲜活生动，具有梦幻般的诗意，从一个不同的侧面切入到设计的主题。

诗人约阿希姆认为设计是一种手段，可以建立一种共同的设计语言，用来交流思想产生诗意的创作体验。约阿希姆设计的家具图案和颜色都极具感染力，他还研究家具和建筑的关系，将家具纳入到建筑的整体中加以思考。约阿希姆最终试图通过诗意的表达方式诠释家具设计的独特魅力，阐释家具设计与建筑之间不可分割的连带关系。

玛丽·奥利尔·施蒂克的设计以精致优雅著称，她毕业于法国国立高等工业设计学院。玛丽最初是学习哲学专业的，同时她对美学有着浓厚的兴趣。玛丽的作品也呈现出精致优雅的美学特征。2007 年，她在 VIA 项目的资助下设计了一个薄板椅："折叠"（La Pliée）（图 11-129），这把椅子采用了激光切割技术，将不锈钢板裁割、折叠、解构、重组成一把别具一格的金属椅，如同日本的折纸艺术，这把纤细精巧的椅子具有优雅精致的气质。

除了浪漫优雅的艺术情调，法国的工业设计还呈现出理性的一面，其中的代表人物包括以科学家著称的马修·雷汉尼（Mathieu Lehanneur），务实主义者菲利普·尼格罗（Philippe Nigro）。马修·雷汉尼 2001 年从法国国立高等工业设计学院毕业之后创立了自己的工作室，他的设计工作涉猎领域颇广，从奢侈品、家具、舞台设计到科学界都囊括其中。马修对人体与环境方面的科学研究兴趣颇大，2007 年，他与哈佛大学的大卫·爱德华兹（David Edwards）合作，设计了通过植物实现空气过滤的系统"贝尔空气"（Bel Air）（图 11-130），这是自然与科技结合的产物。马修把高科技和自然融合，带入到我们的日常生活中。务实主义者菲利普·尼格罗是一位自

图 11-128（左）
"双面水族箱和鸟笼"

图 11-129（右）
"折叠"椅

图 11-130（左）
"贝尔空气"系统

图 11-131（中）
"合流"沙发

图 11-132（右）
"Missed Trees"花瓶

由职业的设计师，他热衷于模块化的设计，他所设计的家具体现了对生活方式所带来的各种变化和限制性因素的思考。他设计的"合流"（Confluences）沙发便是将五颜六色的躺椅、扶手椅和休闲沙发解构之后进行拼贴重组而产生的一种新的家具模式（图 11-131）。

让·玛利·玛颂（Jean-Marie Massaud）与上述几位法国设计师不同，他的设计灵感来源于抽象事物。玛颂认为设计应创造一种身心愉悦的感受和完美平衡，人生的真谛是自然与环境的和谐统一。他的设计作品关注周边环境，关注环境与人的关系。比如他设计的"Missed Trees"花瓶就给人一种错觉（图 11-132），这也体现了他对于人与环境关系的思考。

小结

英国和法国具有悠久的设计历史和传统，曾经一度引领世界设计的浪潮。但是进入 20 世纪之后，其发展趋势逐渐变缓，被德国、意大利和斯堪的纳维亚等国赶上并超越。1990 年代之后，英国和法国政府逐步意识到工业设计的重要性，不断采取措施，设立各种机构来促进工业设计的发展。这些措施和手段逐渐取得成效，英国和法国的工业设计逐渐形成自身的特色，并出现众多优秀的设计师。

11.6　荷兰当代的工业设计

荷兰是一个自然资源有限、国土狭小、人口众多的国家。荷兰的这种地域特征对荷兰的设计也带来了深远的影响。荷兰设计师更关注环保、关注环境问题。荷兰人也养成了精打细算的习惯，荷兰人有效地利用各种资源、杜绝浪费，在荷兰看不到大手大脚的铺张浪费，这与荷兰特殊的文化背景有着深层次的关系。

荷兰现在是世界上的经济强国，经济的发展也伴随着设计艺术的繁荣。荷兰设计在最近几十年间得到国际设计界的关注，知名的设计团体和生产厂商层出不穷，他们有前卫设计团体楚格、摩艾（Moooi），还有老牌企业飞利浦、阿提弗特（Artifort）家具公司、荷兰皇家蒂士拉马肯（Tichelaar）陶瓷公司等。荷兰在最近几十年间也涌现出许多设计明星，他们是：马塞尔·万德斯（Marcel Wanders）、海拉·杨格瑞斯、提奥·林美（Tejo Remy）、理查德·赫顿（Richard Hutten）、约根·贝（Jurgen Bey）、马腾·巴斯（Marteen Barrs）等人。他们在国际设计界不断得到肯定和好评。

荷兰设计的发展离不开荷兰政府，这是推动荷兰设计发展的重要力量之一。荷兰规范化的行业体制，为荷兰设计师节省了许多时间，能够让他们专心从事设计创作。荷兰政府还提供各种各样的设计类津贴，帮助那些怀揣设计梦想的年轻设计师实现他们的理想，缓解他们的经济压力。政府还会支持荷兰设计公司参加国内外的设计展览，并且报销他们的参展费用和差旅费。荷兰设计正是在政府强大的资金援助下，再加上规范化的行业体制，从而得到快速的发展，促进了整个荷兰设计产业的振兴。

11.6.1　荷兰的设计公司和企业

1. 荷兰前卫设计团体楚格

楚格是荷兰最前卫的设计团体，创办于1993年，公司在这二十几年间发展得有声有色，从一个不知名的设计团体，一举成为荷兰前卫设计的代名词。楚格能有今天的成就，公司的创始人和合作设计师们功不可没，楚格设计公司是由两位荷兰人：兰尼·朗马克斯（Renny Ramakers）和赫斯·贝克（Gijs Bakker）创办的，正是他们的共同努力，让楚格这个品牌发展壮大，不断国际化、潮流化。

朗马克斯和贝克在1993年带着16件前卫的设计作品，参加当年在米兰举办的设计展，这些产品包括安装了废旧自行车车灯的咖啡机、用20个旧抽屉捆成一捆的家具，还有用旧布做成的椅子（图11-133）……让他俩没想到的是，当年的展览取得了轰动效果，在展览的最后一天，他们收到了无数的订单。当时的重要媒体：法国的解放报发表了这样一篇文章：《楚格设计所展现的简洁性并不让人厌烦》，这个报道给楚格设计以极大的肯定。楚格设计冲击了当时追求豪华奢侈、繁复雕琢的后现代主义流行风格。在1980年代末的设计界，由孟菲斯设计引导的激进化的装饰风格还在盛行，楚格设计就像一股清新的风，为雕饰的设计界带来一股清新、质朴的简洁设计之风。

现在，楚格的设计成为荷兰时尚设计的风向标，公司网罗了众多世界知名的设计师，进行多元化的国际设计合作项目，不断提升楚格品牌的国际形象和团队凝聚力。如今楚格设计走入了主流博物馆和设计爱好收藏者的家中，它们得到无数的赞誉，也受到不断地批评。正是在这种持续不断的关注下，楚格慢慢成长为国际著名的设计公司。

楚格品牌不仅仅是前卫设计的代名词，在这些设计的背后还包含了深层面的人文因素，包含了设计师对环境的关注，对文化的解析，对设计产品所包含的自省和警示作用的探索。楚格设计的一个最重要的贡献，就是将文化价值注入产品功能中，使产品具有了艺术化的审美价值，这些环节环环相扣形成一套完善的楚格设计哲学。

楚格设计带动了荷兰设计的新浪潮，在楚格的影响下，荷兰出现了一批前卫的设计师，他们活跃在世界设计舞台上，使荷兰设计成为不可小觑的一股设计潮流。楚格设计使荷兰设计逐步纳入了世界设计版图，国际设计界开始关注荷兰设计，也是从楚格开始的。

如今楚格设计在国际设计界也拥有自己的地位，但是，荷兰国内对于楚格的批评声却不断，有些批评甚至很刻薄、毫不留情。就像大多数的业内人士所指出的一样，楚格的设计太前卫、过于艺术化，偏离了生产的轨迹，很多产品都没有办法进行批量化生产。这些产品只能作为博物馆的藏品或者展览会的展品，而不能成为消费品走入寻常百姓的生活。楚格设计似乎更注重提供一种用户的使用体验，而不是一件适合批量化生产的工业产品，这有悖于设计的初衷。

楚格的这种做法，在荷兰设计院校中也有反应，荷兰设计院校的学生们也正用艺术化的手法来进行设计，他们没有考虑任何与生产有关的事宜，只热衷于制作样品，只有少数学生把设计与生产实践结合起来。有评论认为：这是一个危险的信号，要明白设计的基础在于功能化、美学和生产。

提奥·林美在 1991 年设计的碎布椅就体现了楚格前卫的设计理念和艺术化的表现手法（图 11-133），这把椅子使用 15 包旧衣服层层包裹而成，椅子内部采用钢支架作固定之用。把碎布重新利用后做成一张舒适的椅子，它所传达出的意味和任何一把椅子都是不同的，同时，它还讲述了一个关于碎布再利用的故事。

图 11-133　碎布椅

2. 摩艾公司

"Moooi"是从荷兰语"Mooi"引申而来的，Mooi是美丽的意思，公司创始人马塞尔·万德斯把这个词语多加了一个 o，预示着 Moooi 是非常美丽的设计的含义。摩艾公司是近几年荷兰迅速崛起的产品制造品牌，公司创建于 2001 年，最初创办摩艾的目的，是想为富有创造力的年轻设计师提供一个逻辑思考的平台，因为工业设计师必须与制造商不断地沟通协调，不断地摩擦和历练，设计作品才有可能最终变成产品。许多设计师都是把公司当做艺术品来经

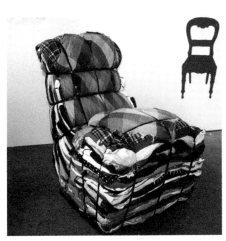

营的，没有进行商业化的运作模式，这样做的后果可能将使荷兰的创意产业陷入危机。如今的摩艾成为荷兰最重要的制造商之一，它现在不仅仅是一个家居用品生产商，它已经成为一种风格和时尚的代表，引领荷兰的设计潮流。

摩艾除了进行大批量的设计生产之外，也进行各种前卫的艺术和设计探索，所以，摩艾在很大程度上既是商业化的公司，又是艺术品的实验基地。摩艾的设计师善于从生活中寻找灵感，设计出与众不同的产品，摩艾的产品也深受国内外消费者的喜爱。

摩艾的价值观有十一项准则：诚实、尊重、改善提高、全心投入、进取心和创造性、顾客至上、商业化、团队合作、实事求是、不断发展、快乐生活。正是这种富有活力的团队合作精神，让设计师们在摩艾快乐地工作创作着，也使得摩艾成为前卫设计师进行创意设计的大本营。

3. 飞利浦公司

1990年代是飞利浦公司发生重大变革的年代，1991年斯特凡诺·马尔扎诺（Stefano Marzano）接手了飞利浦公司，他提出了"高级设计"的概念。"所谓'高级设计'是指一种设计哲学，它强调的是满足真正需要和拥有永恒价值的产品创新。"[1]飞利浦公司在1991年确定了自己的使命：创造人、产品与自然环境和人为环境之间的和谐。以改善人们的生活品质为目标，不断推出适合现代人生活方式的消费类产品、医疗保健类产品和照明产品。

为了对消费者进行深入了解，飞利浦公司成立了由多学科、多文化背景的专业人士组成的工作组。这些专家有来自社会学方面的专家，有来自人类学方面的专家，还有心理学研究的专家，以及飞利浦的技术专家。这些领域的专业人士以人本主义为核心，确立了飞利浦在消费者研究领域的领先地位。

进入21世纪之后，飞利浦公司根据新的发展趋势不断调整设计策略，2004年，飞利浦公司确定了新的品牌形象定位："精于心·简于形"，承诺为消费者提供"为您设计、轻松体验、创新先进"的产品和解决方案。比如"起床"（Wake Up）灯光闹钟就是一款交互式产品设计（图11-134），它会随着你设定时间的到来而慢慢变亮，让你舒舒服服地起床。

图11-134 "起床"灯光闹钟

1 Stefano Marzano. 设计意识融入组织——飞利浦的设计管理 [J]. 朱林译. 艺术与设计：产品设计，2003（5）：80.

飞利浦公司目前有三个部门，分别是医疗保健事业部、照明事业部以及优质生活事业部。产品包括消费类产品、医疗保健类产品和照明产品。医疗保健事业部主要为整个护理周期提供创新型技术性解决方案。照明事业部以降低能耗，减少碳排放为目标，推出以用户为导向的高效节能的照明方案和产品。优质生活事业部以"精于心·简于形"的品牌定位为出发点，为消费者提供全新的消费体验，以此满足消费者的身心和情感需求。

4. 皇家蒂士拉马肯陶瓷公司

荷兰最古老的陶瓷公司是建于 1572 年，有着四百多年历史的荷兰皇家蒂士拉马肯陶瓷公司。在这四百多年的时间里，皇家蒂士拉马肯陶瓷公司一直走在传统陶瓷生产和制作的前沿领域，并在该领域积累了丰富的技术和资料。现今，皇家蒂士拉马肯陶瓷公司的产品类别非常丰富，不仅包括日用瓷，还有精美的绘画陶瓷、像玻璃一样光滑的墙面砖、手工制作的瓷瓦，甚至包括复杂的重建项目工程都囊括其中。

皇家蒂士拉马肯陶瓷公司是一个家族企业，其产品历经四百年持久不衰，其中的秘密就在于他们始终坚持产品的手工制作品性，这在大机器生产盛行的年代，这种手工品性变得弥足珍贵起来。在产品质量控制方面，皇家蒂士拉马肯公司拥有最全面的手工陶瓷生产技术，不断为消费者提供高水准、做工精良的手工陶瓷制品，也使得公司在激烈的市场竞争中处于不败之地。在陶瓷产品设计方面，皇家蒂士拉马肯陶瓷公司绝不跟风，坚持自己的创作准则，正是这种百折不挠的精神，使皇家蒂士拉马肯公司的陶瓷制品盛销不衰。

皇家蒂士拉马肯陶瓷公司以生产传统陶瓷而闻名，但是，公司的经营理念并不是一成不变的，在 1990 年代，公司的第十三代接班人决定对公司的生意进行彻底地改头换面，进行现代化陶瓷产品的设计生产，于是他们聘请了诸多国际知名的设计师为其量身定做产品。这些设计师包括：罗得里克·沃斯（Roderick-Vos）、约伯·斯米茨（Job Smeets）、海拉·杨格瑞斯和马塞尔·万德斯等人。皇家蒂士拉马肯公司从不肯轻易聘请设计师为其设计产品系列，公司延请的设计师都是业界的佼佼者，除了上述四人之外，公司还聘请迪克·范·霍夫（Dick van Hoff）为其设计产品。迪克·范·霍夫设计的系列办公用品，名字叫做"工作"，包括两盏台灯、一个闹钟、花瓶和笔盒（图 11-135）。这些产品采用陶瓷和木材两种材质制作而成。色调素雅、造型简洁的陶瓷办公用品与传统办公用品古板的形象

图 11-135 "工作"系列办公用品

形成鲜明对比。

如今的皇家蒂士拉马肯陶瓷公司成为业界的佼佼者，受到广泛的关注。公司充分利用内部的专业技术生产现代瓷砖、建筑用陶瓷和定制的艺术品，并参与大型建筑工程项目的制作。他们不断创新以达到新的高度，使陶瓷这种产品成为与时尚、潮流联系在一起的日常生活必需品，这是传统陶瓷产品所不具备的品性。

5. 阿提弗特家具公司

阿提弗特公司创建于1890年，是荷兰知名的家具企业，如今已有一百多年的历史了。公司最初是由朱·沃格曼（Jules Wageman）创建的，他早期是做装裱匠和室内装潢生意的，但是他一直梦想着能拥有一间属于自己的公司，在他不懈的努力下，终于在1890年实现了他的梦想。

1958年，阿提弗特任命了室内和家具设计师科考·良·乐（Kho Liang le）为艺术总监，他的任命为阿提弗特今后的发展带来巨大影响。作为公司的首席设计师，他具有前瞻性的视野，拥有设计艺术的广博知识，具备国际性的社交范围，这一切能力使他在1960～1970年代成为公司重要的人力资源。他组织跨国的设计团队，联手打造了六十余款惊艳国际家具界的经典作品。使公司逐渐走向国际，巩固了阿提弗特国际知名品牌的地位，科考·良·乐为公司的发展作出了卓越贡献。

除了科考·良·乐之外，公司还拥有法国著名设计师皮埃尔·保兰（Pierre Paulin）和美国著名设计师杰弗里·哈科特（Geoffrey Harcourt）等强大的设计师阵容。皮埃尔·保兰引进新的技术和生产方式生产家具。保兰的设计充满了创新的色彩和时尚的品位，他的家具设计引人注目，色彩鲜艳的坐具设计在世界各地得到了广泛关注和喜爱。在1980年代，皮埃尔·保兰和杰弗里·哈科特继续设计新的家具品种，丰富阿提弗特的家具品类，使阿提弗特的家具设计能不断发展完善，并且具有鲜明的个性。现如今，八十多岁高龄的皮埃尔·保兰仍然帮助阿提弗特确定产品的风格。这个法国设计师已经在设计舞台上活跃了六十多年，并且为阿提弗特工作了50年。

最近几十年间，公司在维持原有政策的同时，也随着时代的发展不断调整进步，并且与贾斯帕·莫里森、沃尔夫冈·麦兹哲（Wolfgang Mezger）、勒内·霍尔滕（René Holten）和杨·柏斯芒（Jan Pesman）等知名设计师合作研发新产品。1998年，阿提弗特公司成为兰德（Lande）集团的一部分，继续书写着它的历史。但是，进入1990年代，面对激烈的国际市场竞争，公司的发展并不是一帆风顺的，由于公司定位和市场环节出现的问题，导致公司发展滞后。阿提弗特及时调整自己的设计定位，再一次回到商业生产的轨道上，并在米兰的国际家具展览会上，再一次清楚地表达了公司的商业化设计生产的定位。

在刚刚到来的 21 世纪，阿提弗特公司在产品生产模式的改进上花费了很多精力。2003 年，阿提弗特在科隆和米兰国际家具展览中展出了六件新的家具，颇受关注。阿提弗特公司又在荷兰的斯海恩德尔（Schijndel）和比利时建立了新厂。阿提弗特通过不断努力，致力于把家具生产技术和装潢艺术完美地结合在一起。

11.6.2 荷兰新生设计力量的崛起

1. 马塞尔·万德斯

马塞尔·万德斯 1963 年出生于荷兰。现在是荷兰当代著名的设计师，他也是国际设计界最重要的年轻设计师之一。万德斯的设计范畴非常广泛，不仅设计产品，室内设计和建筑设计也是他的涉猎范畴。他不仅是一位设计师，同时，他还是一位成功的商人。万德斯于 1995 年成立了自己的工作室"万德斯奇迹"（Wanders Wonders），之后，他又于 2001 年创办了摩艾公司，用来实现他的设计制造梦想。摩艾在万德斯的带领下，在商业领域取得了极大的成功。现如今，摩艾已成为欧洲知名的设计公司和制造商，作为公司的合伙人，万德斯在公司担任设计总监的职位。

万德斯对美有着独特的见解，他认为美是无所不在的，甚至能够由丑滋生出来。他最有创意的作品莫过于"蛋形花瓶"了（图 11-136），蛋形花瓶是一件经典的作品，产品尺寸小巧、造型怪异，这些花瓶是万德斯在避孕套里放进鸡蛋进行制模做成的。这件作品带有典型的嬉皮味道，来源于万德斯对生活的突发奇想，偶然却充满趣味。

万德斯绘制的"一分钟代尔夫特蓝色"限量版陶瓷产品（图 11-137），在表面装饰上采用了手工涂鸦的绘制手法，陶瓷表面轻松随意的装饰，是用手指快速自然涂抹之后的杰作。这些漂亮的瓷器表面的蓝色色釉，虽然少了精致的勾画，却平添了简练洒脱之美。以"代尔夫特"来命名这系列陶瓷器皿，更是凸显了产品的荷兰文

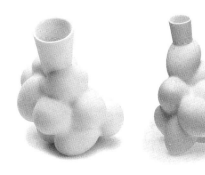

图 11-136（左）
"蛋形花瓶"

图 11-137（右）
"一分钟代尔夫特蓝色"系列的花瓶

化底蕴。代尔夫特是荷兰名城，就像中国的景德镇一样，是荷兰陶瓷生产的重镇，这座城市以陶瓷闻名整个欧洲乃至世界。这系列陶瓷产品不仅具有后工业时代弥足珍贵的手工艺品性，还具有浓郁的荷兰文化底蕴。

提起万德斯的设计风格，他也很难给自己下个定义。他喜欢作贴近生活的设计，善于从生活中找寻设计的原创点。对于许多设计师来讲，或许他们喜欢透过灵感去找寻创意的点子，灵感这个词被越来越多地运用，仿佛是点石成金的万能法宝一般，存在于虚幻的思维空间中。但是，万德斯认为灵感来自于人们的日常生活，比如说平时想做的事情，想去的地方都可以成为灵感的源泉。

2. 理查德·赫顿

理查德·赫顿被认为是荷兰当代最成功的和最有影响力的设计师之一，自从 1993 年开始，就与楚格合作设计产品，他是楚格最重要的合作设计师。理查德·赫顿的设计范畴比较广，他不仅设计产品，家具设计、室内设计和展示设计都是他设计的范畴。

现在，理查德·赫顿工作和生活在鹿特丹，他的设计理念就是"玩"，把工作当成一种娱乐，在玩中发现设计的原创点。对于理查德·赫顿来说，他可以边玩边工作，设计师是一个二十四小时都要工作的职业，赫顿能不停地思考，这种职业给了他很大的自由性和新鲜感，这是他喜欢这个职业的主要原因。

理查德·赫顿的设计作品风格鲜明，其中万字椅和十字椅是两件涉及宗教和政治主题的家具，是理查德·赫顿 1994 年为"维罗纳"的展览设计的（图 11-138），展览的主题要求设计作品和意大利的文化有关。黑色的椅子采用了"万字符"的造型，质疑了法西斯与宗教之间的分界何在；白色的十字形长椅则诠释了意大利政治与天主教之

图 11-138 关于象征主义座椅的练习：万字椅和十字椅

间的联系。

　　3. 约根·贝

　　约根·贝是荷兰当代著名设计师，楚格最重要的合作设计师，荷兰最前卫、最具探索精神的设计中坚力量。约根·贝设计了众多优秀的作品，从树干长椅、家具桌椅、花园长椅、再到 2009 年楚格纽约旗舰店的设计，都是约根·贝的力作。

　　约根·贝 1989 年毕业于埃因霍温设计学院，这所被誉为荷兰设计师摇篮的著名院校。毕业后，约根·贝开始与楚格合作，可以说楚格成就了约根·贝，当然，约根·贝杰出的设计作品，也让楚格声名大噪，这是一个双赢的过程，双方良好的合作是彼此共同成长的基础。

　　约根·贝逐渐成长为荷兰设计的中坚力量，与马塞尔·万德斯、理查德·赫顿等人一起成为荷兰设计的代表。约根·贝秉持着一贯的设计准则，将物品的功能和本质赤裸裸地呈现出来，不作任何的修饰，让观者产生对生活用具的思考，这是约根·贝的设计哲学。此外，再设计也是他热衷从事的主题，约根·贝引领了当今设计界再设计与再制造的风潮。

　　约根·贝在设计产品的时候，环保主题一直是他关注的方向之一。1999 年设计的"花园长椅"就体现了环保主题（图 11-139）。椅子采用落叶和枯草与树脂混合在一起压制而成，产品可以切割成任何长度。这种材料安全、环保，对环境没有任何危害，当椅子报废后又可以作为复合肥料回归大自然。

11.6.3　非主流的荷兰设计

　　荷兰是一个充斥着风车、木鞋、乳酪和郁金香的国度，这里具有独特的文化形式，先进的制造体系，优秀的产品品牌，这些都让荷兰文化和设计充满了吸引力。但，荷兰文化还包括与众不同的情色文化，这是荷兰特色文化之一。作为欧洲最开放的国家，荷兰拥有合法的红灯区，性爱博物馆……这一切都对荷兰的设计产生着影响。我们也可以从荷兰的产品中一窥这种开放的氛围。其中，以情色家具设计闻名的马里奥·菲利波恩（Mario Philippona）就是其中的一位，他推出了女性人体系列的家具，设想大胆出位、表现手法与众不同。他将女性的形体特征通过木料雕刻技术融合到家具创新设计中，设计了一系列经典的情色家具。公众对他的设计褒贬不一，但这并不影响他迅速窜红，在荷兰国内颇为受人关注，而且引领了 2006 年家具设计的流行时尚。

图 11-139　"花园长椅"

图 11-140 "Pame-la" 抽屉柜

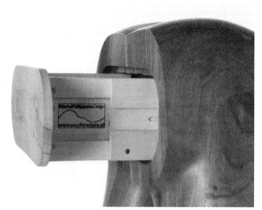

　　菲利波恩从小就热爱木材雕刻艺术，他迷恋木头那种温润的质感和天然的纹理。他曾经做过木工学徒，这种手工艺训练使他和木材结下了不解之缘，也让他对木材这种材料驾轻就熟。他先后在美国和荷兰的建筑学院学习深造过，并于 1993 年在荷兰成立了自己的工作室，开始艺术创作之路。在 1999 年，菲利波恩受到荷兰雕刻家格哈德·兰廷克的影响，开始进行情色家具设计的探索研究。"帕米·拉"(Pame-la)是一个用樱桃木制作的女人身体造型的抽屉柜（图 11-140），是菲利波恩设计的第一个情色家具作品。

　　除了菲利波恩另类的家具设计作品，凡·利斯豪特工作室（Atelier van Lieshout）也以风格独特的非主流设计闻名，这间设计工作室始创于 1995 年，主创人是艺术家乔珀·凡·利斯豪特（Joep van Lieshout），"Atelier"在法语中的意思是车间，自从 1994 年采用这个名字开始，乔珀·凡·利斯豪特意在强调作品的共创性，这个车间除了制造令人咋舌的艺术品之外，还设计各种另类的产品，譬如：2009 年设计的"生殖"台灯（Fertility Lamp）。

　　荷兰当代著名的珠宝设计师泰德·诺顿（Ted Noten）也是情色设计的大家。他新近的作品"阳具旁边围绕的梅斯人"（Messin' around with willy），在一个阳具造型的器物上，围绕着一圈旅行度假的小人儿。泰德·诺顿是当代荷兰最知名的珠宝设计师，他设计的珠宝首饰颠覆了传统设计的窠臼。虽然他的许多设计极具争议，但是泰德·诺顿的珠宝设计将人的情感、幽默和故事串联在一起，透过珠宝来传达这种故事性和情感性。

小结

　　荷兰是一个人口众多、国土狭小、资源有限的西欧小国，但是在设计艺术的发展方面，荷兰并不落后于发达国家，从"荷兰风格派"开始，荷兰设计艺术开始引领世界潮流。步入 1990 年代，荷兰的楚格设计团体、摩艾公司、飞利浦公司、皇家蒂士拉马肯陶瓷公司、阿提弗斯公司共同让荷兰设计继续保持领先优势。荷兰当代也出现了众多优秀的工业设计师，马塞尔·万德斯、理查德·赫顿、约根·贝等成为荷兰设计的中坚力量。

除了这些主流的荷兰设计之外，以开放闻名的荷兰还有另类的非主流设计，马里奥·菲利波恩、乔珀·凡·利斯豪特、泰德·诺顿等非主流设计师，将荷兰设计带入了另一种境地。这也是荷兰情色文化的具体反映。透过这些林林总总的现象，可以看到当代荷兰设计正以一种开放的面貌和崭新的姿势继续引领设计的潮流。

11.7　日本当代的工业设计

日本设计在 1980 年代之后，进入了高速发展时期，日本发展成为设计强国、经济强国，设计正在不断地改变着这个国家。早在几十年前日本政府就意识到设计的重要性，并且颁布法令支持和保护设计的发展，以此来推动日本经济的繁荣和人民生活水平的提高。各种设计组织和设计活动层出不穷。比如：TDB 设计周（Tokyo Designers Block）、设计潮流展（Design Tide）、东京设计师周（Tokyo Designer's Week）等。

1.TDB 设计周

Tokyo Designers Block 设计周的活动简称 TDB 设计周，发起于 2000 年，之后每年举办一次，一直持续到 2004 年，一共成功举办了五届。第一届设计周以青山为根据地，活动为期五天，举办了一系列设计展览，还召开了高水平的研讨会，让来自世界各地的设计师们有一个交流讨论的平台。TDB 设计周每届都有不同的主题，2000 年的主题是"设计改变都市"（Design Changes City），2001 年的主题是"为生活的设计"（Design for Life），2002 年的主题是"设计无国界"（Design Has No Boundaries），2003 年的主题是"设计与时俱进"（Everything Goes,Design Flows),2004 年的主题则是"变革 1968"（1968 Revolution）。这一系列设计周和年展活动规模越做越大，每年的设计主题都反映了设计的潮流和趋势，为日本设计界带来诸多影响和发展契机，使得日本的设计师有更多机会与来自世界各地的设计师交流合作。

2.设计潮流展

2005 年 TDB 设计周宣布停办，在 CIBONE 等商店的支持下，开始举办"设计潮流展"（Design Tide）。参加这一设计活动的设计师来自不同的设计领域，有产品设计师、建筑师、平面设计师、纺织品设计师等。与 TDB 设计周的主题不同，设计潮流展的内容更加具有原创性和超前的商业性，展览的定位更具潮流化。如何把握参展作品的发展趋势，使设计能够与市场相结合成为策展的挑战。2007 年设计潮流展的主题是"设计与和平"(Design & Peace),思考的是设计如何在人类社会中被真正地需求,展出的内容多与"你真正需求什么"的主题相关。有许多知名设计师参加了此次展览,包括:汉博特·卡姆帕纳和费尔南多兄弟、马塞尔·万德斯、吉冈德仁、汤姆·迪克森等人。

3. 东京设计师周

东京设计师周(Tokyo Designer's Week)是目前日本举办的一系列展览中的一个,其前身是 1986 年开始举办的"东京设计师周末"(Tokyo Designer's Saturday),当时是仅限于专业设计师和厂商参加的活动。从 1997 年开始,开放为大众参与的全民设计活动,旨在提高日本国民的设计意识和审美欣赏水平。

东京设计师周在每年的 10 月份举办,届期将举办一系列设计活动,有专业设计师展、商店展、学生设计展、日本品牌展、设计论坛、音乐会等。在 2005 年之后又新增加了"东京设计 100%"展览,这是一个高水准的设计展览,在日本国内和国际上都具有较大的影响力,也成为日本当代最重要的设计活动之一。在东京设计 100% 的展览中,主要展出最新的产品设计或者概念设计,甚至米兰设计展中的新设计也会移师到东京来参展。

东京设计师周是日本举办的重要的设计活动,通过一系列的展览,以及相关的商业交流活动,对日本设计起到了极大的促进作用,同时也让日本的设计走向世界设计的舞台,受到国际设计界的广泛关注。

11.7.1　日本企业的工业设计

近 20 年间,信息技术以无可阻挡的迅猛之势席卷了发达国家的社会、经济和文化生活的各个领域,日本是受信息技术影响最深的国家之一。互联网在日本得到快速普及,作为一种信息传播工具,互联网成为现代化办公模式和商业领域的最佳媒介。1990 年代在东京等大城市的便利店中互联网已被大量应用,为消费者提供便利的服务。数字电视也走入日本百姓的生活中,并和移动通信联结,在多媒体的手机上可以下载和发送文件,这些先进的信息技术为日本人的生活带来了巨大的改变。

信息技术也为日本企业带来了新的发展契机,日本大型企业如索尼、本田、丰田、NEC 公司先后推出机器宠物、机器人和新型汽车,这些现代化的企业中,信息技术和工业设计得到良好应用。

1999 年 12 月索尼公司正式推出了第一代商业版机器狗"爱宝"(Aibo),这是一种具有人工情感和智能的电子宠物,可以通过学习培养个性、与主人建立情感。爱宝机器狗目前为止一共推出了五代,每一代机器狗的造型都有变化(图 11-141),功能都更加强大。譬如:第一代爱宝会摆出姿势提醒主人为自己充电,第五代爱宝则会自动跑到专用充电器自行充电。爱宝机器狗拥有先进的人工智能系统,这一

图 11-141（左）
"爱宝"机器狗

图 11-142（右）
球太郎

系统可以让它与外界交流，并具有喜怒哀乐、惊恐、厌恶、惊奇等不同的人工情感。

　　索尼公司在 1999 年推出爱宝狗之后，又于 2002 年 3 月在横滨举行的机器人博览会上推出了球太郎（Q-taro）（图 11-142）。这只球重 1kg，直径 17cm，在球体中安装了 30 个以上的传感器，包括：红外传感器、光传感器、磁力传感器、声音传感器。球体可以在感知到人的体温后被激活，它能够在平面上翻滚，通过调整自身的亮度和运动，球太郎可以表达自己的感情。而且，它还可以和其他球太郎互动，发出声音、做出动作。它还能通过声音识别技术对语音作出反应，当有音乐伴奏的时候，它还会随着音乐而旋转舞动。此外，它还有自动绕开障碍物和自动充电的功能，当电量不足的时候，它会自动回到充电器前充电。

　　球太郎是一种机器人，它代表了人与机器之间的沟通和交流，这个球只对人的交互行为有反应，与索尼家族的其他产品相比，它的反应方式更加细腻、微妙。就像抚摸自己的爱犬一样，抚摸球太郎可以减弱心脏跳动的频率。这只家庭使用的机器人，能够为使用者营造温馨的家庭氛围，减少人们的工作和生活压力。

　　NEC 公司生产的伴侣型个人机器人"帕佩罗"（PaPeRo）（图 11-143），是一个很好的交互式产品设计的个案。这款机器人的研发始于 1997 年，在 NEC 公司组成的科研团队中，机械工程师、计算机专家、语音识别技术专家和交互式工业设计师共同努力，研发了这款人工智能化的机器人产品。

图 11-143 伴侣型个人机器人 "PaPeRo"

帕佩罗看起来像一个太空男孩，有两只黑黑的大眼睛，这是一个具有人工智能的造型可爱的机器人。从功能角度来看，PaPeRo拥有图片、图像和语音、声音识别功能。它可以根据动态识别用户的手势和情绪，从而达到人机交流互动。图像的识别是通过内置在头部的两台摄像机获得的，声音的识别则通过NEC特别开发的"聪明声音"（Smart Voice）系统来完成。

设计师有意把帕佩罗的个性设置成好奇和乐于助人型，它能通过与用户交流从而获得一些有用的知识。它还可以执行一些简单的功能性任务，比如：转换电视频道、开关电灯、空调、收发电子邮件等。此外，帕佩罗还能够运用运动传感器和图像识别技术侦知入侵者，可以作为安全系统来使用。

几乎所有的日本大公司都大力进行自身的产品研发。在机器人的研究领域，本田公司率先迈出了一步，2000年本田推出可用双脚走路的机器人"阿西莫"（Asimo）（图11-144）。ASIMO名字的来源是Advanced（新纪元）、Step in（进入）、Innovative（创新）、Mobility（移动工具）的首字母缩写。本田的这一项工作从1986年就已启动，研究过程漫长而艰辛。阿西莫早期的研究目标是设计一个人类伴侣，到后期研究目标转向为人类的帮手。

阿西莫机器人拥有先进的功能，能够爬楼梯和慢速奔跑，还能做各种复杂的动作，它还具有语音识别和人脸辨识功能，可以通过语音控制以及手势进行交流。这些功能的实现是由阿西莫身上安装的传感器实现的，它拥有360°全方位感应，可以辨识人和物体，从事各种复杂的判断和工作，并能够与人交流沟通。日本的一些大企业甚至租用了阿西莫作为接待员。

在日本的汽车行业，丰田公司研发了两款概念车："I-Foot"和"I-Unit"（图11-145、图11-146），"I-Foot"的驾驶者可以通过操纵杆来遥控使用。"I-Unit"则体现了丰田公司的重要理念，通过人车合

图11-144（左）
机器人"阿西莫"

图11-145（中）
"I-Foot"

图11-146（右）
"I-Unit"

一来扩展人的无限潜力。体现出人的移动与个人世界的扩展，与自然、社会和文化更深层次的接触和碰撞，营造人与环境和地球的协调统一。

在信息技术如此高度发展的当代社会，信息技术所衍生出的产品不可避免地存在一些诟病和弊端。最通常的批评就是技术的理性化、缺乏温情的产品造型，不能给消费者心理慰藉。与上述企业先进的技术产品相比，"无印良品"（MUJI）则另辟一条质朴化的设计和发展之路。无印良品于 1980 年创始于日本，是西友株式会社开发的概念性商品品牌。创始人是田中一光先生，他从日常生活的审美意识中提炼出品牌的核心理念，创造了极简主义的生活概念。在简化产品造型的同时，进一步简化生产过程，制造出造型简洁、价格适中的商品。

与其说无印良品是一个品牌，还不如说无印良品是一种生活哲学。它不强调追逐流行或者个性，而是着眼未来去开发产品，创造出平实好用的日常消费品。无印良品提倡的是一种"慢设计"风格，我们可以通过这样的设计来感受"缓慢生活"的方式。为纷繁芜杂的物质世界平添一份淡雅的宁静。无印良品的世界是一个素雅的世界，早在浮夸的 1980 年代，无印良品就旗帜鲜明地提出了，要欣赏原始素材和质料的美感。以减为荣、以简为美，不断去除多余的装饰，拿掉商标、拿掉一切不必要的加工和色彩，简单包装，贩卖一种简单的生活理念，这就是无印良品的核心理念。

无印良品的所有商品都剥去了浮华的外表，展现给观者的是最本真的清纯面貌。在商品的外包装方面，无印良品注重产品的质地，使用环保的无漂白纸做商品袋。包装力求简洁朴素，强调以商品本色示人，不作过分的包装修饰。让我们欣赏一种雅致清爽之美，给人耳目一新的感觉。在商品的颜色方面，可以用素雅两个字来诠释，所有商品的色调几乎都是淡雅的色调。

无印良品麾下网罗了众多优秀的设计师为其设计产品和企业形象，这些设计师包括日本知名的一线设计师：深泽直人、原研哉等人。这些设计师的加盟，无疑为无印良品品牌形象的树立，起到了积极的推动作用。深泽直人为无印良品设计的"CD 播放器"（CD Player）堪称经典（图 11-147）。他将播放器的外形设计成排风扇的样子，将 CD 放进播放器之后，轻轻拉动绳子就可以播放歌曲了。这款产品设计风格独特、造型简约，符合无印良品一贯的美学追求。

总之，无印良品作为 20 世纪末期，日本产业界新崛起的原创商品品牌，它的出现具有划时代的意义。无印良品的商品具有简约、素雅的质朴风格，为浮华的物质世界注入了清新、自然的质朴之风。它不同于技术性的理性和功能化的产品，无印良品的设计美学具有典型的日本文化特色，它提出的优雅而质朴的生活提案，在世界范围内形成了广泛的影响。

图 11-147　CD 播放器

11.7.2　日本的工业设计师

　　"日本制造业组织传统的做法是，运用一个严谨的系统来发展一个特定的技术，以方法学为基础，把智能合理运用到特定的事物或问题中去。这种基础性的方法有助于企业开发新产品和进行产品改良。日本制造业主不习惯采取激进的革命性方式大跨度地发展产品。直到相对最近的时期，很多日本的设计师都是以这种方式工作的：一大群设计师像隐士一样在屋子里隐姓埋名地工作，在团队里共同合作，从不标榜任何个人的身份。"[1] 日本企业界的这种设计师合作模式，让企业从事设计的员工很难有国际知名度，这也是日本与众不同的企业文化之一。因此，日本具有国际知名度的工业设计师很少。

　　深泽直人（Naoto Fukasawa）算是日本当代最著名的设计师之一，他不仅在日本国内享有盛誉，在西方设计界也受到广泛关注。深泽直人于 1956 年出生于日本山梨县，1980 年从多摩艺术大学的产品设计系毕业。毕业之后，他进入日本制表业的爱普生精工株式会社担任设计师。工作了 8 年之后，深泽直人前往美国，寻找新的契机来发展自己的事业。1989 年，他来到美国旧金山，加入了当时只有 15 人的设计公司"ID two"，即埃迪欧的前身。在埃迪欧工作 8 年之后，深泽直人返回日本并且协助埃迪欧组建了日本的设计分部。2003 年他在东京成立了自己的设计公司：深泽直人设计公司。2003 年年底他还与其他公司合作，创建了一个新的品牌"±0"，主要设计家用电器和日用杂货。

　　深泽直人善于从人的"下意识"领域出发进行研究，他的许多产品设计都是人的下意识动作的研究成果的产物。比如：他为"±0"公司设计的"有托盘的台灯"就是对人的下意识动作的研究结果（图11-148）。通常情况下，人们在每晚睡觉之前会把身上佩戴的物品取下，下意识地放在床头柜上，很多时候人们又经常会忘记这些随身物品放

图 11-148　"有托盘的台灯"

1　（美）安德鲁·戴维．精细设计——独具匠心的日本产品设计 [M]．鲁晓波等译．北京：清华大学出版社，2004：6.

在哪里了，于是，在要出门的时候会到处寻找。因此，深泽直人设计了这个有托盘的台灯，可以在晚上睡觉之前把随身的物品放在托盘里，这样就不用每天出门之前到处找物品了。

简洁和理性是深泽直人的设计作品传达出的最显著的设计风格，这一设计理念的形成源自深泽直人对产品与人、以及环境之间关系的认知，他认为一件合格的产品，就是要让使用者在接触产品的时候产生一种自然亲切之感，在使用的时候凭着直觉，拿起来就知道怎样用，而不需要去阅读说明书才知道它的用处。消除人与物品操作界面的隔阂，在直觉层面传达出物体的本意，让使用者在使用产品的过程中感受到设计带来的愉悦感和操作的简洁便利性，这是深泽直人对自己的要求。

除了深泽直人之外，近年来吉冈德仁（Tokujin Yoshioka）通过米兰设计周的交流和展示平台被西方设计界熟知。吉冈德仁 1967 年出生于日本，他是继深泽直人之后，又一位被西方设计界关注的日本设计师。

图 11-149　"Pane" 椅

吉冈德仁与他同时代的设计师相比，他没有去国外学习的经历，他的设计具有浓郁的日本文化底蕴。如今，吉冈德仁成为当代设计界举足轻重的年轻设计师，在家具设计和室内设计领域享有盛誉。在 2006 年的米兰家具展中，吉冈德仁推出的"面包"（Pane）椅颇受瞩目（图 11-149）。"Pane"在意大利语中是"面包"的意思，设计师使用了一种透明的海绵状材料来制作这把座椅。在椅子的操作手册上一步步说明了这把椅子的完成步骤，有点像食谱的味道。这把椅子不仅外形和名称都有面包的意味，就连制作过程也非常类似。在加工这把椅子的时候，首先将半圆柱形的海绵块卷曲，裹上布之后塞入一个纸筒之中，放入烤箱之中烘烤，烘焙到 104℃，将椅子的形状固定。在制作过程中，吉冈德仁也像一位厨师那样，使用不同材料进行烘焙尝试，当然他也烤焦过好几个。

安积申、柴田文江、喜多俊之、梅田正德四位设计师也具有国际知名度，安积申（Shin Azumi）以简约设计见长，他的作品删繁就简，绝无一丝累赘。柴田文江（Fumie Shibata）是日本设计界最活跃的女性工业设计师，她对医

疗器械设计十分感兴趣，2004 年，她为欧姆龙（Omron）公司设计的电子体温计"温度"（Temp）是其代表作（图 11-150）。这件简约适用的产品成为体温计设计的典范。喜多俊之（Toshiyuki Kita）是日本设计界的元老，他是一位多元化的设计师，从事环境、空间、工业设计等门类的设计，他为夏普公司设计的电视"Aquos"让夏普公司的电视销量猛增了 20 倍（图 11-151）。梅田正德（Masanori Umeda）则是以米兰为基地的日本设计师，他的作品体现了日本文化和西方文化的交融和碰撞。他为艾德拉公司设计的以"花"为题材的原创家具"月光花园扶手椅"（Moonlit Garden Armchair）和"玫瑰椅"（Rose Chair）让人称道（图 11-152）。

11.7.3　汽车设计

　　1970 年代爆发的两次石油危机成为日本汽车工业发展史上的转折点，飙升的油价让欧美汽车厂纷纷减产，人们对汽车的兴趣也大为减少。而省油低能耗的日本车逐渐获得消费者的青睐。日本车开始进占欧美汽车市场，一时风头无两。然后进入 1990 年代之后，日本的汽车工业却没能将这一辉煌延续下去，许多厂商出现状况，欧美的汽车工业也渐渐恢复了元气，回过头来并购了日本的汽车公司。"通用汽车在富士重工、五十铃和铃木三家公司分别拥有 20%、49% 和 9.9% 的股份，福特汽车则拥有马自达 33.4% 的股份，戴姆勒 - 克莱斯勒拥有三菱汽车 34% 的股份。"[1]1999 年，日产汽车公司也出现严重亏损，作为日本第二大汽车公司，日产的亏损让日本汽车工业雪上加霜。日产汽车公司被迫将 36.8% 的股权转让给法国雷诺公司，这是日本汽车工业爆发的一次大危机。进入新千年之后，丰田汽车则因为盲目扩张，造成汽车品质下降、问题不断而备受消费者诟病，2010 年年初，丰田总裁丰田章南被迫前往美国接受质询。这些危机彻底撼动了日本汽车工业的神话。2010 年之后，曾经辉煌的日本汽车工业究竟何去何从，将是一大悬念。

1　张发明著 . 汽车品牌与文化 [M]. 北京：机械工业出版社，2008：191.

小结

日本设计界在这 20 年的发展历程中，取得了一定的成绩，产生了多位具有国际影响的设计师，但总体来说，日本的设计形象还是由大企业决定的。这些企业有数码消费类产品制造商：佳能、尼康、日立、松下、NEC、夏普、索尼和东芝，交通工具制造商：本田、马自达、尼桑、铃木、丰田和雅马哈，这些企业引领了世界设计的潮流，也让日本设计具有国际地位，尤其是索尼公司成功地将自己打造成全球设计的引导者。

第 12 章　信息时代的工业设计

12.1　信息技术对工业设计的影响[1]

　　20 世纪中期，社会各个方面都呈现出急剧的变革，这种变革以信息技术为基础，这种变革必将使人类告别工业社会而进入一个崭新的社会。美国著名社会学家丹尼尔·贝尔称这个崭新的社会为"后工业社会"。美国著名未来学家奈斯比特说后工业社会就是信息社会。当然，信息社会可能只是一个过渡性的概念，是目前社会发展的一个阶段。但信息的表达和处理，的确是今天乃至未来社会，人的主要活动内容和方式，信息的本质是人的知识和思想的表达，其背后是知识，是人类智能及其创造。

　　现代信息技术的概念则是指 1970 年代以来，随着微电子技术、计算机技术和通信技术的发展，围绕着信息的产生、收集、存储、处理、检索和传递，形成的一个全新的、用以开发和利用信息资源的高技术群。包括微电子技术、新型元器件技术、通信技术、计算机技术、各类软件及系统集成技术、光盘技术、传感技术、机器人技术、高清晰度电视技术等。其中以微电子技术、计算机技术、软件技术、通信技术为主导。

　　进入 1980 年代，随着信息技术的高速发展，计算机作为设计的辅助工具得到普及，网络的建立与迅速扩张，都为工业设计朝向多元化发展准备了充足的条件。在工业社会里，工业设计的目的是为了促进销售，以商业主义为核心，是为了满足消费者使用功能需求的造物活动。而在信息社会里，技术的发展带来了设计理念的深层变革。工业设计的目的，也从以促进生产销售的商业主义核心，转变为以关注使用者体验和情感等心理需求为核心。产品设计朝着更人性化、更和谐的层面发展。

　　从工业社会到信息社会的转变，工业设计的目的也由提供有形的物质产品，向提供服务和非物质产品方向过渡。工业社会以技术

1　这一节内容引自于本人硕士毕业论文。

为中心，信息社会则是以知识为中心。在这种情形下，工业设计是以科学技术的发展和网络技术的普遍应用为前提，来探询和研究"人、自然、社会"的相互关系及其发展方向。在考虑生态环境和自然资源的同时，满足人类深层次的需求，为人类创造更合理健康的生存环境和生活方式。

随着信息技术的不断深化和发展，技术性因素在工业设计中将具有重要作用。譬如：在汽车行业中技术性因素、智能化技术则更频繁地被应用。在一辆现代化的汽车上，电子成本的价钱已经远远超过了钢铁，在汽车设计中，技术性含量越来越重，高技术在设计中的应用，大大提高了产品的附加价值，这种由高技术的应用所带来的效益不胜枚举。梅赛德斯奔驰汽车推出会说话的导航系统，这种导航系统的功能是把你从一个地点引导到你所想去的另一地点，在途中将会提供有声导游服务，向你介绍沿途的风土人情及餐饮、住宿等情况。如果你的智能汽车被盗，它还可以打电话给你告诉它的位置，或许它的声音听起来好像受到了惊吓一样。正是这种技术性因素的作用，提升了设计的附加值，同时又满足了信息时代人们的心理需求。

由此可见，在工业设计领域设计手段、方式的变化，技术性因素起到了极大的促进作用。由技术性因素的发展而带来的设计方式、理念以及设计实践的变革还有很多，如韩国三星公司研制出能与因特网连接的家用电器，如冰箱、炊具、洗衣机、洁具等。这种上网的冰箱可以通过商品的条形码来识别商品（图 12-1），并可通过网上超市自动定购。上网的炊具触摸控制屏能连接因特网（图 12-2），可以从网上获取食谱，并控制整个感应烹饪板，烹饪的时间和温度被自动控制了。当不使用时，热硬化硅的感应烹饪板能被卷入主体中。同时，这款炊具还配有味觉感应器，帮助准备美味菜肴，而一旦机器出现故障，还能自动呼叫维修服务。上网洗衣机可以根据清洗的数量，让厂家提供最佳的清洗程序。上网洁具可以随时化验使用者的排泄物，并将化验数据传送给家庭保健医生，随时关注使用者的健康状况。此外，洗衣机还可以和电炉、洗碗机相互联络，谁最紧迫，就优先使用。正是这种技术性因素的应用，提升了设计的附加值，同时满足了人本主义的设计要求。由此可见，在工业设计领域中设计手段、方式的变化，技术性因素起到了巨大的促进作用。

图 12-1（左）
韩国三星公司的智能化家电——上网的冰箱

图 12-2（右）
韩国三星公司的智能化家电——上网的炊具

12.2　信息时代工业设计的风格

12.2.1　体验设计

　　体验设计是伴随着体验经济出现的，体验经济最早是由美国"策略地平线"（Strategic Horizons LLP）公司的两位创始人：约瑟夫•派恩和詹姆斯•吉尔摩在1998年提出来的。当年，他们在《哈佛商业评论》7/8月号期刊上发表了"欢迎进入体验经济"一文，这是最早关于体验经济的记载。在随后的1999年，哈佛商学院出版社出版了两人合著的《体验经济》（The Experience Economy）一书，此后，体验经济的提法日益受到人们的关注。体验经济的产生，伴随着个性化消费时代的来临，人们对产品的精神需求达到了前所未有的高度。工业设计作为以人为核心的创造性活动，对人的关注提到了一个新的高度。设计进入了以满足消费者情感体验需求为基调的崭新时代，体验设计也就自然而然地产生了。

　　关于体验设计的定义，谢佐夫曾经在《体验设计》中对其进行了界定：它是将消费者的参与融入设计中，是企业把服务作为"舞台"、产品作为"道具"、环境作为"布景"，使消费者在商业活动过程中感到美好的体验过程。体验设计有别于传统的工业设计模式，在体验设计中，产品只作为一个道具出现，它不仅是具有使用功能，满足消费者需求的物质载体，它还要给消费者带来使用的愉悦和难忘的体验经历。

　　产品带来的体验是指产品给消费者带来的美好体验与回忆。产品是体验设计的基础，是为使用者提供触景生情的美好回忆的"道具"，它是为整个体验"剧情"过程提供服务，它必须满足"演出"的需求。而体验设计这一"剧情"之所以能够引起观众的共鸣，是因为它印证和引出了使用者过去的或将来的某种生活体验和情景构想。从这一层面意义来讲，产品带来的体验为消费者提供的是一种能够激发参与性的生活体验方式。设计师的设计灵感也往往来源于日常生活的感悟。

比如：台湾体验设计大赛的获奖作品"绿头苍蝇"（Blowfly）闹钟（图12-3），就是来源于日常生活情景体验的设计作品。

　　喜爱赖床的人或许都有这样的经历，当闹钟铃声响起的时候，他们会关掉闹钟又继续睡去。闹钟通常没有发挥它的功效，不能把你真正从睡梦中唤醒，而绿头苍蝇闹钟是一款可以真正把你唤醒的闹钟。闹钟设计的灵感来自于日常生活的体验，当夏天的晚上，有蚊子在枕边"嗡嗡嗡"地飞来飞去的时候，通常都无法入睡。绿头苍蝇

图12-3　"绿头苍蝇"闹钟

Bronze Prize
Blowfly
Ena Macana & Nadine Meisel, Spain

闹钟就是模仿了蚊子或苍蝇飞行时发出的声音，当你设定的时间到达的时候，闹钟就会从底座上飞起来，在房间内飞舞发出嗡嗡声，必须起床才能抓到它，把它放回底座上声音才停止，这样你就完全清醒了。

12.2.2 交互设计

在日常生活中，我们要和许多产品进行交互，比如，早晨起床叫醒你的闹钟，准备早餐时使用的微波炉……在使用这些产品所提供的服务的时候，使用过程中的互动和感觉就是一种交互设计和体验。随着网络和技术的发展，产品提供的交互方式越来越多，人们也越来越重视产品所具有的交互体验。因此，交互设计作为一门关注交互体验的新学科诞生于 1980 年代，它是由埃迪欧的一位创始人比尔·莫格里奇，在 1984 年的一次设计会议上提出来的。莫格里奇最开始命名交互设计为"软面（Soft Face）"，后来更名为交互设计（Interaction Design）。

交互一词起源于英语"Interaction"和"Interactive"，泛指人与自然界的一切事物的交流过程。在人与产品的交互过程中，人是交互的主体，产品是交互的客体。人使用产品就是与产品进行交互，其交互过程必然伴随着一系列交互行为的产生。好的交互产品能够与使用者达成良好的交流互动，为使用者带来便利和愉悦的享受。交互设计是产品设计领域新兴的设计理念之一，它要求在产品设计中注重人与产品的交互，要考虑用户的使用背景、使用经验以及在操作过程中的感受，从而最终设计出符合用户需求的产品。

交互设计所涵盖的范围非常广泛，比尔·莫格里奇将交互设计定义为如下六个层面：软件、产品、空间、游戏、因特网和服务，工业设计领域所涉及的交互设计只是其中之一。在不同的设计领域交互设计的侧重点也有所不同，工业设计领域的交互设计所关注的是产品与使用者之间的交流互动。根据交互设计的界定，交互式产品设计是要设计产品的交互系统，这个系统包括人、人的行为、产品的使用场景、产品中融合的技术因素，以及最终的产品五个部分，这五个部分共同组成了产品的交互系统，产品交互设计的实质是交互系统的设计。

交互设计和工业设计有许多共同点，现在越来越多的工业设计师加入到交互设计的行列，与工业设计一样，交互设计也是一门涉及诸多领域的边缘性学科，它综合了工程、人机和市场等方面的学科知识和因素。严格说来交互式产品设计的说法并不科学和严谨，使用这样的称呼是为了区别一般意义上的产品设计，以免引起认识上的混乱。交互式的产品设计具有一般意义上的产品设计所没有的特性，这一类的产品通常具有与使用者交流互动的功能，给使用者带来不一样的体

图 12-4 "空气开关"灯

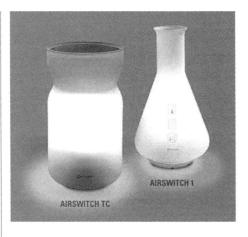

AIRSWITCH TC

AIRSWITCH 1

验和感受。譬如："空气开关"（Airswitch）是一系列具有创新功能的交互式台灯（图 12-4），其具备独特的开关控制和调节灯光明暗的技术。当手在台灯上水平移动的时候，可以控制灯的开关，上下移动的时候，可以调节灯的明暗。这种具有交互体验的台灯给使用者带来不一样的感受和体验，让开灯关灯的日常行为充满了乐趣，这也是交互设计的魅力所在。

12.2.3 通用设计

通用设计也称为共通性设计、全方位设计、广适化设计、适用性设计、全球化设计。通用设计原本是建筑用语，后被应用于工业设计领域。通用设计的早期定义是，与性别、年龄、能力等差异无关，适合所有生活者的设计。1998 年通用设计的定义被修正为如下内涵：在最大限度的可能范围内，不分性别、年龄与能力，适合所有人使用的环境或产品的设计。通用设计的目的是让设计更好地服务于广大的群体，让产品和整个环境空间能为男女老幼、身障或行动不便的族群提供最大的便利。

通用设计的概念最早由美国北卡罗来纳州州立大学的罗恩·梅斯（Ron Mace，1941～1998 年）提出，早在 1974 年，罗恩·梅斯在国际残障者生活环境专家会议中提出这一概念。梅斯本人除了是建筑师和工业设计师外，还是一名小儿麻痹症患者，因此对生活中的各种不适宜感悟颇深。1989 年，罗恩·梅斯在北卡罗来纳州州立大学成立"通用设计中心"（Center for Universal Design），对通用设计进行系统研究。梅斯等人概括出通用设计的七条原则：公平性（Equitable Use）、灵活性（Flexibility Use）、易操作性（Simple and Intuitive Use）、易感性（Perceptible Information）、容错性（Tolerance for Error）、省力性（Low Physical Effort）、空间性（Size and Space for Approach and Use）。

（1）公平性原则要求设计应不分年龄、对象、性别、族群、体能状况，对所有的使用者一视同仁，同时，设计的产品或环境空间能为拥有不同能力的人使用。

（2）灵活性原则是指产品具有可调整性，能最大限度地满足使用者的不同喜好和能力。

（3）易操作性原则要求产品要易于操作，让不同年龄和背景的人能够不经思考就知道如何使用。

（4）易感性原则是指设计不要局限在视觉方面，要从人的各个感官出发，比如嗅觉、触觉等方面入手思考。设计要为特殊群体，尤其是身体功能退化或者残障的老年人服务。

（5）容错性原则指在使用时将发生危险和错误的概率降到最低，比如：一些具有危险性的家电，应具有自动断电功能，防止使用后忘记拔掉插头引起火灾。

（6）省力性原则是让使用者不需要耗费过多精神和体力。

（7）空间性原则是指要注意适当的尺寸和空间，如果是要用手来操作的产品，要考虑手的尺寸的大小，可能变换的握法等方面的因素。

通用设计的七大原则是针对建筑、室内、环境设施和产品设计而言的。在工业设计领域，一个成功的通用设计往往可以解决很多方面的问题，比如：为左撇子设计的尺子、为力气小的人设计的易开启的瓶盖等，通用设计可以为人们的生活带来更多便利。

美国的聪明设计公司前不久设计了一套"聪明"的通用性别医护服（图 12-5）。众所周知，医院里的医护服是所有医护工作者穿着的服装，由医院统一购买、发送和清洗消毒。但是，过去医院中的医护服更适合男性工作者穿着，对于女性工作者来说，这些服装很不合身，也不便于活动。医生们常常自嘲，她们每天穿着"睡衣"在工作。新的医护服设计首先要解决的是因性别差异，造成的医护服不合身的问题。新设计吸收了运动服的特点，加固的领口设计使女性穿着起来更得体（图 12-6）。在肩部和袖子的设计上，吸收了和服设计的特点，能够让穿着者最大限度地活动手臂（图 12-7）。可以向上卷起的裤腰为女性提供了便利，让她们可以调整裤裆的位置。还有裤子底边的纽扣可以调整裤长（图 12-8）。最后，斜插

（从左至右）

图 12-5　通用性别医护服

图 12-6　领口设计

图 12-7　肩部和袖子的设计

图 12-8　可调节的裤长

式的口袋可以容纳医护工作者日常携带的工具、文件、手机和钥匙等物。斜插袋还借鉴了冲浪短裤的设计，可以防止物品在坐下的时候掉落。新的医护工作服在 2009 年 3 月美国召开的手术室注册护士协会（AORN）会议上一经推出就引起了广泛关注和欢迎。由此可见，良好的通用设计可以解决许多实际生活和工作中存在的问题。这也是通用设计日益受到关注的原因所在。

12.2.4 女性主义设计

　　"女性主义方法分析设计中的妇女地位，它的核心是对父权制度的一种审视。父权制以各种手段——制度上的、社会的、经济的、心理的和历史的——对妇女全面参与社会活动的条件进行了限制，特别是对设计的每个环节。这样的后果使得女性被僵化地描述成只适合某种特定的行为模式。特定的职业与社会角色被标上了女性的特征，它勾画出一种女性应该追求的生理与智力上的理想。这些成规对女性的职业选择、女性与设计的关系和女性拥有的活动空间——无论是家庭的还是工作的——带来了巨大的压力。"[1] 这是谢里尔·巴克利采用女性主义方法分析设计中妇女地位的论证。随着妇女地位的逐步提高与巩固，近 20 年间，女性主义成为设计的潮流之一。这其中既包括以妇女作为消费者和客体层面，也包括女性设计师在父权制度下的各种挑战和探索性试验。

　　女性主义设计不是"为了女性的设计"和"女性从事设计"的概念，女性主义设计是采用方法论和认识论的视角，诠释将女性主义与设计结合的可能性。"两者结合的最佳方式，是女性主义作为视角介入设计，而非作为设计的具体方法的应用……一方面，女性主义并不是设计的唯一视角；另一方面，女性主义设计已经不仅仅是针对女性意识的启蒙，比如挖掘设计历史中被人为隐秘的女性设计师……"[2]，正视女性设计师在设计史中的地位，仅仅是女性主义设计的一个小的方向，女性设计师作为女性主义设计潮流的推动者，"设计史家必须承认，女性和她们的设计对于完善设计史的结构起到了决定性的作用。"[3] 现代意义上女性的独立始于第二次世界大战期间，职业女性的出现，使得妇女成为各个行业的主力军。尤其是二战之后，女性设计师作为一种新兴的职业逐渐兴起，并不断发展壮大，成为与男性设计师齐头并进的重要设计力量。现代意义上的第一代杰出

1　（美）维克多·马格林．设计问题——历史·理论·批评 [M]．柳沙，张朵朵等译．北京：中国建筑工业出版社，2010：247.

2　张黎．设计的边界：女性主义与设计的可能性 [M]//2009 全国美术院校首届博士研究生学术论坛论文集．石家庄：河北美术出版社，2009：183.

3　（美）维克多·马格林．设计问题——历史·理论·批评 [M]．柳沙，张朵朵等译．北京：中国建筑工业出版社，2010：249.

女性设计师有：艾诺·阿尔托、艾林·格雷等人，她们开辟了女性设计师这一职业的先河。其后，维维安·朵兰·布娄·胡伯、娜娜·迪赛尔、梅佳·伊索拉等女性设计师继续高举女性主义旗帜，将女性设计师的风采淋漓尽致地演绎出来。

图 12-9　梅斯的设计作品

　　女性设计师以自身独特的视角，以不同于男性设计师的思考模式，不断丰富和完善着设计的风格和潮流。譬如：荷兰著名女设计师梅斯（Maroeska Metz）的设计作品具有与众不同的特色（图 12-9），她的每件设计作品都采用了涡旋纹装饰，这些卷曲的、律动的线条让她的设计充盈着律动感。

12.2.5　低碳设计

　　世界经济在经历工业化、信息化之后，现今走入低碳化时代。低碳概念正式出现是在英国政府在 2003 年发表的白皮书《我们未来的能源：创建低碳经济》（Our Energy Future：Creating A Low Carbon Economy）中。在该书里首次将低碳经济作为战略目标确立下来。低碳经济是在可持续发展的理念指导下，通过技术创新、制度创新、产业转型和新能源开发的方式和手段，达到减少碳排放的目的，让经济和社会发展与环境之间取得平衡。

　　低碳设计概念的出现源自低碳经济，低碳经济模式要求采用设计手段减少碳排放，降低能源的消耗，减少对环境的危害。工业设计作为文化创意产业之一，具有低碳设计的优势。工业设计所提倡的绿色设计也是一种低碳设计模式。低碳设计要求产品在报废后能够进入下一轮的循环中，减少物质材料的浪费，降低对环境的影响。

图 12-10　"边桌 -C"

　　楚格、宜家、无印良品、杜威图赛（Dovetusai）等公司都加入低碳设计的行列，将可生物降解、节能、低能耗、无毒、可回收再生、回收利用等原则纳入到公司产品设计生产的准则中。譬如：贾尔斯·米勒（Giles Miller）为杜威图赛公司设计的"边桌 -C"

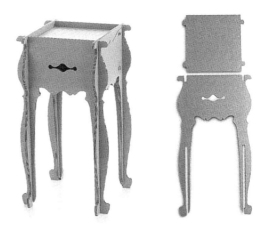

（Sidetable-C）（图 12-10），就是一件融合古典家具形态和现代低碳理念的设计作品。桌子采用了可回收的再生纸板制成，这件产品具有可生物降解、可回收再生、回收利用几方面的低碳特点。当产品使用寿命结束时，可回归土壤被生物分解；也可以作为纸板材料被回收再生，或者再次被利用。

低碳设计的推广和实施还有待时日，这不仅要求设计师和生产商联合起来推行低碳设计和产品，还要求人们在日常生活中贯彻"低碳生活"原则，在生活作息时尽量减少能源的消耗，减少碳排放。低碳生活是一种生活态度，一种自然而然节约资源的习惯。要从生活中的点滴处着手，让这一习惯成为自然。

低碳设计是建立和谐社会和环境友好型社会的关键，有利于人民素质的提高，生活水平的提升。低碳经济的发展是社会进步的标志，当世界经济步入低碳化时代，标志着以信息技术为基础的技术和制度创新，产业转型和新能源开发模式的正式确立，低碳经济也成为未来社会的经济发展模式。

12.2.6　服务设计

在信息化社会中，设计的重心从生产转变为精简消费和提供高品质的生活和用户体验。服务设计是信息化社会的产物，萌起于信息化社会，成长于互联网时代。服务设计在过去几十年间倾向于关注酒店和餐饮业，今天，服务设计关注的是为企业、社会提供数字化、信息化的服务，通过服务设计让参与服务、提供服务和享用服务的群体获得良好的用户体验。

截至目前，服务设计并没有一个明确的定义。服务设计不是一门新兴的学科，它是一种新的思维方式，通过不断发展的方式和手段，把多种学科的不同方法和工具结合起来运用。服务设计可以溯源至传统的工业设计，但与传统工业设计的目标不同，传统工业设计是以商品的大批量生产和销售为目的。服务设计是以用户为导向的，以利益相关方共同合作共创为基础的，同时又是具有次序感和整体性的设计模式。

雅各布·施耐德在他的《服务设计思维》一书中概括了服务设计的五个原则：以用户为中心、共创、次序、实物、整体性。荷兰铁路集团的服务设计就体现了这些原则。荷铁集团为方便乘客搭乘火车委托两家设计公司协同创作，针对乘客在乘车过程中的用户痛点进行设计创新。新的设计方案是在候车的站台上增加 LED 电子显示屏（图 12-11），电子显示屏上会显示即将达到的列车的信息，这些信息包括：即将到达列车的车厢数目，在站台的停车位置，车门的位置，一等车厢、二等车厢和静音车厢的位置，有斜坡可以使用轮椅的车厢号，以及哪

图12-11　LED电子显示屏

些车厢人数满员，而哪些车厢有空位和多少空位的情况。在站台上候车的乘客可以根据这些情况有序候车。

在荷铁集团的服务设计项目的实施过程中，设计公司、项目委托方、乘客，以及列车的司机和工作人员等利益相关方，需要协同合作。设计公司通过利益相关方的访谈和调研，发现用户痛点和机会点，从而按照次序逐步完成各种形式的用户访谈、观察用户，之后绘制事件的时间轴和服务历程图、用户历程图、服务生态图、再到服务蓝图……条件允许的话，服务设计项目在最终实施之前进行体验测试，这样可以及时发现问题，尽早调整，为委托方节省时间和金钱，为使用者带来良好的用户体验。在这一服务设计项目中，"实物"是 LED 电子显示屏，乘客通过查看显示屏信息，能够更便捷有序地乘车，为乘客提供良好的服务体验和旅程回忆。不过，产品设计在服务设计中不是必须存在的，这与传统工业设计以商品生产为主要目的有着很大区别。

小结

信息化时代的到来为工业设计带来了巨大的改变和新的发展契机，体验设计、交互设计、通用设计、服务设计都是信息时代设计发展的新风格，这些设计风格体现了信息时代设计对于消费者的深层次关注。工业设计也在这场变革中不断调整策略，迎合出现的各种新风格。女性主义设计也成为最近几十年关注的焦点，这与女性社会地位的空前提高有着紧密的联系。此外，低碳设计提上议事日程，全球气候变暖，爆发的新一轮经济危机和能源危机，也让世界各国意识到减少碳排放，提倡经济、社会和环境的协调发展的重要性，低碳设计也正是在这一趋势下产生的新潮流。

参考文献

一、外文著作

1. Alexander Von Vegesack(1996), 100 Masterpieces from the Vitra Design Museum Collection, Druckhaus Uhl.

2. Charlotte and Peter Fiell(2005), Designing The 21st Century, Ute Wachendorf, Cologne.

3. Cheryl buckley(2007), designing modern britain, reaktion books ltd.

4. John Heskett (1987), Industrial Design, London : Thames and Hudson Ltd.

5. Jennifer hudson(2010), 1000 new designs 2, laurence king publishing ltd.

6. Edward Lucie-Smith (1983), A History of Industrial Design, Phaidon.

7. Renny Ramakers(2004), Simply Droog, Droog Amsterdam.

8. Industrial design in the United States(1959), the european productivity Agency of the european economic co-operation

9. Just for fun(2008), page one publishing pte ltd..

二、中文著作

1. ［美］安德鲁·戴维. 精细设计——独具匠心的日本产品设计[M]. 鲁晓波等译. 北京：清华大学出版社，2004.

2. ［丹］阿德里安·海斯，狄特·海斯，阿格·伦德·詹森著. 西方工业设计300年[M]. 李宏，李为译. 长春：吉林美术出版社，2003.

3. ［德］伯恩哈德·E·布尔德克. 产品设计——历史理论与务实[M]. 胡飞译. 北京：中国建筑工业出版社，2007.

4. Bernhard Burdek. 工业设计——产品造型的历史、理论及实务 [M]. 胡佑宗译. 台湾：亚太图书出版社，1996.

5. 彭婧. 在传统与变革中前进的英国现代工业设计 [D]. 江南大学硕士论文，2008.

6.［英］彭妮·帕斯克. 设计百年——20 世纪汽车设计的先驱 [M]. 郭志锋译. 北京：中国建筑工业出版社，2005.

7.［英］弗兰克·惠特德福著. 包豪斯 [M]. 林鹤译. 北京：生活·读书·新知三联书店，2005.

8.［美］大卫·瑞兹曼著. 现代设计史 [M]. 王栩宁等译. 北京：中国人民大学出版社，2007.

9. Donald A.Norman. 情感化设计 [M]. 付秋芳等译. 北京：电子工业出版社，2005.

10. 涂翠珊. 设计——让世界看见芬兰 [M]. 台北：田园城市文化事业有限公司，2007.

11.［英］尼古拉斯·佩夫斯纳. 现代设计的先驱者——从威廉·莫里斯到格罗皮乌斯 [M]. 北京：中国建筑工业出版社，2004.

12. 李乐山. 工业设计思想基础 [M]. 北京：中国建筑工业出版社，2003.

13.［法］勒·柯布西耶著. 走向新建筑 [M]. 陈志华译. 西安：陕西师范大学出版社，2004.

14. 李砚祖著. 造物之美 [M]. 北京：中国人民大学出版社，2000.

15. 林桂岚. 挑食的设计 [M]. 济南：山东人民出版社，2007.

16.［日］铃木绿著. 黄碧君译. 非设计不生活 [M]. 北京：中国人民大学出版社，2007.

17.［美］罗德尼·卡黎索著. 发明与发现 [M]. 任东升等译. 天津：百花文艺出版社，2009.

18.［英］雷蒙·威廉斯著. 关键词——文化与社会的词汇 [M]. 刘建基译. 北京：生活·读书·新知三联书店，2005.

19.［美］罗德尼·卡黎索. 改变人类生活的418项发明与发现 [M]. 任东升等译. 天津：百花文艺出版社，2009.

20.［英］克里斯·莱夫特瑞著. 欧美工业设计5大材料顶尖创意——金属 [M]. 杨继栋等译. 上海：上海人民美术出版社，2004.

21.［英］克里斯·莱夫特瑞著. 欧美工业设计5大材料顶尖创意——玻璃 [M]. 杨继栋等译. 上海：上海人民美术出版社，2004.

22.［英］克里斯·莱夫特瑞著. 欧美工业设计5大材料顶尖创意——塑料 [M]. 杨继栋等译. 上海：上海人民美术出版社，2004.

23.［英］克里斯·莱夫特瑞著. 欧美工业设计5大材料顶尖创意——陶瓷 [M]. 杨继栋等译. 上海：上海人民美术出版社，2004.

24. 江湘芸. 设计材料及加工工艺 [M]. 北京：北京理工大学出版社，2003.

25.［法］让·鲍德里亚. 消费社会 [M]. 刘成富等译. 南京：南京大学出版社，2008.

26. 张夫也. 外国工艺美术史 [M]. 北京：中央编译出版社，2003.

27. 朱红文. 工业·技术与设计 [M]. 郑州：河南美术出版社，2000.

28. 张发明著. 汽车品牌与文化 [M]. 北京：机械工业出版社，2010.

29.［美］斯蒂芬·贝利，菲利普·加纳著. 20 世纪风格与设计 [M]. 罗筠筠译. 成都：四川人民出版社，2000.

30. 叶颖. 设计私地图 [M]. 上海：世纪出版集团、上海人民出版社，2008.

31. 原研哉. 设计中的设计 [M]. 济南：山东人民出版社，2007.

32. 于清华. 品味荷兰·设计物语 [M]. 台北：艺术家出版社，2010.

33. 于清华. 品位芬兰·设计物语 [M]. 宁波：宁波出版社，2008.

34. 易晓. 北欧设计的风格与历程 [M]. 武汉：武汉大学出版社，2005.

35. 约瑟夫·派恩，詹姆斯·H·吉尔摩著. 体验经济 [M]. 夏业良等译. 北京：机械工业出版社，2002.

36. 王明旨. 工业设计概论 [M]. 北京：高等教育出版社，2007.

37. 王受之. 世界现代设计史 [M]. 北京：中国青年出版社，2002.

38. 吴东龙. 设计东京 [M]. 济南：山东人民出版社，2007.

39. 王敏. 玻璃器 [M]. 上海：上海科技教育出版社，2006.

40.［美］威廉·斯莫克著. 包豪斯的理想 [M]. 周明瑞译. 济南：山东画报出版社，2010.

三、译著，中文编著

1. 保拉·安特那利编著. 日常设计经典 [M]. 杨育修等译. 台北：积木文化，2007.

2.［德］伯恩哈德·E·布尔德克编著. 产品设计——历史、理论与务实 [M]. 胡飞译. 北京：中国建筑工业出版社，2007.

3.［美］米切尔·特伦科尔编著. 阿尔托建筑作品与导游 [M]. 陈佳良等译. 北京：中国水利水电出版社，知识产权出版社，2005.

4. 范迪安主编 . 意大利设计 50 年 [M]. 北京：中国美术馆出版，2006.

5. 童慧明主编 . 100 年 100 位家具设计师 [M]. 广州：岭南美术出版社，2006.

6. 李亮之编著 . 艺术讲坛包豪斯 [M]. 哈尔滨：黑龙江美术出版社，2008.

7. 刘先觉编著 . 密斯•凡•德•罗 [M]. 北京：中国建筑工业出版社，2005.

8. 李家驹主编 . 日用陶瓷工艺学 [M]. 武汉：武汉工业大学出版社，1992.

9. 胡景初等编著 . 世界现代家具发展史 [M]. 北京：中央编译出版社，2005.

10. 何人可主编 . 工业设计史 [M]. 北京：高等教育出版社，2004.

11. 胡佑宗等译 . 包豪斯的继承与批判——乌尔姆造型学院 [M]. 德国下萨克森州：汉诺威大学工业设计研究所。

12. 胡景初等编著 . 世界现代家具发展史 [M]. 北京：中央编译出版社，2005.

13. 海柔尔•康伟(Hazel conway)编著 . 设计史 [M]. 邹其昌译 . 北京：高等教育出版社，2007.

14. 曾坚等编著 . 北欧现代家具设计 [M]. 北京：中国轻工业出版社，2002.

15. [英] 朱迪斯•卡梅尔－亚瑟编著 . 包豪斯 [M]. 颜芳译 . 北京：中国轻工出版社，2002.

16. 赵一凡等主编 . 西方文化关键词 [M]. 北京：外语教学与研究出版社，2006.

17. 紫图大师图典丛书编辑部 . 新艺术运动大师图典 [M]. 西安：陕西师范大学出版社，2003.

18. 邵宏主编 . 西方设计：一部为生活制作艺术的历史 [M]. 长沙：湖南科学技术出版社，2010.

19. 殷紫编著 . 北欧新锐设计 [M]. 重庆：重庆出版社，2005.

20. 王序主编 . 欧洲创造产品 [M]. 北京：中国建筑工业出版社，2004.

21. [美] 维克多•马格林编著 . 设计问题——历史•理论•批评 [M]. 柳沙、张朵朵等译 . 北京：中国建筑工业出版社，2010.

22. 简明不列颠百科全书，中国大百科全书出版社，1985 年版第二卷。

23. [德] 雅各布•施耐德等著 . 服务设计思维 [M]. 郑军荣译 . 南昌：江西美术出版社，2015.

图书在版编目（CIP）数据

工业设计史／于清华编著. —北京：中国建筑工业
出版社，2016.12
设计史论丛书
ISBN 978-7-112-20112-9

Ⅰ.①工⋯　Ⅱ.①于⋯　Ⅲ.①工业设计-历史-
世界　Ⅳ.①TB47-091

中国版本图书馆CIP数据核字（2016）第278126号

本书以时间为主线，对1750年至2010年间工业设计进行叙述，梳理其发展脉络。叙述上，各章节均注重对设计作品的评述，并结合大量代表作品图片予以生动展现，在这一过程中，尤其关注对现代主义对于工业设计的影响，工业设计与社会、文化、经济和技术的关系等问题的探讨。本书适合用于工业产品、建筑等设计工作者以及相关专业的高等院校师生阅读、参考。

*　　*　　*

责任编辑：张　晶　周　觅
责任校对：焦　乐　关　健

设计史论丛书
李砚祖　主编
工业设计史
于清华　编著
*
中国建筑工业出版社出版、发行（北京海淀三里河路9号）
各地新华书店、建筑书店经销
北京嘉泰利德公司制版
北京中科印刷有限公司印刷
*
开本：787×1092毫米　1/16　印张：20¼　字数：388千字
2017年5月第一版　2017年5月第一次印刷
定价：**65.00**元
ISBN 978-7-112-20112-9
（29578）